全新量子力学习题

范洪义　任　刚　著

中国科学技术大学出版社

内 容 简 介

本书以发展狄拉克符号法为主线,系统地介绍了有序算符内积分(IWOP)技术及其应用. 本书包含10章,分别对IWOP技术、粒子数态、相干态、纠缠态、量子主方程、不变本征算符、算符的外尔编序、压缩态、角动量、量子纠缠态和费恩曼-赫尔曼定理等专题编撰了适量的新习题. 本书以例题和习题相结合的方式,给读者以指导和练习. 每章习题大部分都配有参考答案. 此外,除第5章外其他章还有配套思考练习,留给读者更大的思考空间.

本书中的习题全部是由作者在长期的科研工作中自己新构思的,具有明显的创新性和基础性,可以配合学生学习量子力学、量子光学和固体物理.

图书在版编目(CIP)数据

全新量子力学习题/范洪义,任刚著.—合肥:中国科学技术大学出版社,2012.3

ISBN 978-7-312-02897-7

Ⅰ. 全… Ⅱ. ①范… ②任… Ⅲ. 量子力学—习题 Ⅳ. O413.1-44

中国版本图书馆 CIP 数据核字(2012)第 016125 号

出版发行 中国科学技术大学出版社
　　　　　安徽省合肥市金寨路96号,230026
　　　　　http://press.ustc.edu.cn
印　刷　中国科学技术大学印刷厂
经　销　全国新华书店
开　本　710 mm×960 mm　1/16
印　张　17.5
字　数　265 千
版　次　2012 年 3 月第 1 版
印　次　2012 年 3 月第 1 次印刷
定　价　32.00 元

前　言

孔子曰,"学而时习之"(《论语·学而第一》),指出了"习"的重要性. 如果把孔子说的这句话作为一篇八股文的题目,那么首先要破题(即分析题面和题意). 古人曾把此题破为"纯心于学者,无时而不习也",上句破"学",下句破"时习",这是分破法,也是明破、顺破. 同一个题目也可破为"学务时敏(题面),其功已专也(题意)",这里暗破了"习",这也称为捣(总)破法. 如果题目改为"学而时习之,不亦说(悦)乎"(有两句),则其题面和题意与上题就有区别. 可以正破为"说(悦)因学而生,唯时习者能之也",这是清嘉庆举人高凤台的正破; 而清同治进士陈康琪则反破此题为"为学而惮其苦,圣人以'时习'诱之焉". 可见破题可以在认清题面的基础上从不同的角度出发,角度不同,或侧重面不同,解题的立意也要做相应的变通.

这也给我们今人举出了如何分析题目的范例,即解题可从因至果,也可从果至因,做物理题更是如此.

要真正理解物理,必须做题. 我们不可想象,一个书法爱好者观摩了很多次书法展览,评头品足一番后就能写出一手好字. 要成为书法家,必须聚墨为池、笔耕不辍、勤奋用心练习,练到握笔的指节上长出老茧,练到随心所欲,才能意在笔先. 所以我们要用多种方法多做物理题,在解题中一方面加深理解,更为重要的方面是培养创新能力.

做物理题不同于解数学题. 做物理题的过程中时时刻刻要顾及物理意义,要学会量纲分析、数量级估计、对称性辨认等. 积累了经验,就可以化艰为易,就可以从多个侧面去解,也许就会发现新的真理.

做物理题不能拘泥于某一种思维模式，而要善于在遵循与打破模式之间游刃有余. 量子力学的题目又难又活, 因为量子力学内容丰富, 涉及面广, 含义深刻, 又不易懂, 甚至连费恩曼这样的天才物理学家也认为没有人真正懂得量子力学, 但是通过做题, 我们可以趋近 "懂" 的境界.

本书收编的习题都是新构思的, 是在发展狄拉克符号法的基础上悟出来的, 具有基本的重要性. 狄拉克认为: "The symbolic method, however, seems to go more deeply into the nature of things. It enables one to express the physical laws in a neat and concise way, and will probably be increasingly used in the future as it becomes better understood and its own special mathematics gets developed." 可见符号法是量子力学的语言, 具有抽象性与普适性, 所以一旦在数学上发展了它, 形成了一套新的数理方法, 就可悟出很多有物理背景的习题来.

事实上, 这本书不光是一个习题集. 爱因斯坦曾说: "提出一个问题有时比解决一个问题还难." 或曰: "提出一个问题相当于解决此问题的一半." 所以悟出新题目的过程, 就充溢着创新性; 进一步给予新解答, 其价值就体现在物理意义. 例如, 每个学量子力学的人都知道坐标表象的完备性关系式 $\int_{-\infty}^{+\infty}\mathrm{d}x|x\rangle\langle x|=1$, 但是大家可能只是知其然, 而不知其所以然, 对 $|\ \rangle\langle\ |$ 这类积分到底是如何实现的是否作过思考呢? 如果我们将这个完备性关系式稍微做一下变化而写为 $\int_{-\infty}^{+\infty}\mathrm{d}x\left|\dfrac{x}{\mu}\right\rangle\langle x|\,(\mu>0)$, 那么这个积分结果又是什么呢? (只知 $\mu=1$ 时的积分值为 1.) 这是一个积分型的投影算符. 这个题目看似平庸, 而真正实现这个积分并不容易. 学会这个积分, 你就会看到一道新风景, 它不但具有形式美, 而且具有抽象美. 已故画家吴冠中认为: "抽象美是形式美的核心." 对艺术如此, 对科学也然. 读者可以通过做这本习题集体会量子力学深层处的美. 这也说明表象理论的确需要发展, 我们对狄拉克符号法的理解确实应该更深入.

我们不提倡题海战术, 如目前有的人辅导高考那样. 我们编撰《全新量子力学题集》的动机是启迪思考, 让人在做题中体会创新. 有悟性的人必能从我们的习题中想出新的问题, 或许是一篇不错的论文的开端.

读这本书, 难免会为一道题绞尽脑汁数天, 而不得解; 忽一日, 茅塞顿开, 豁然开朗, 或可称为顿悟（改变思维的定式）, 思至随心初成才, 算成所欲方显真, 这就是思考的快乐. 让我们期待这样的快乐吧.

作者感谢中国科学技术大学张淑林副校长对本书出版的支持.

范洪义

2011 年 9 月于中国科学技术大学

目 次

前言 i

第1章 有序算符内的积分技术 **1**

    1.1 新增基础知识与例题 1

    1.2 习题 12

    1.3 思考练习 15

    1.4 习题解答 16

第2章 有关福克空间态矢量的若干问题 **36**

    2.1 新增基础知识与例题 36

    2.2 习题 39

    2.3 思考练习 41

    2.4 习题解答 42

第3章 相干态 **50**

    3.1 新增基础知识与例题 50

    3.2 习题 60

    3.3 思考练习 62

    3.4 习题解答 64

第 4 章　纠缠态表象 **81**
4.1　新增基础知识与例题 81
4.2　习题 91
4.3　思考练习 95
4.4　习题解答 97

第 5 章　量子主方程 **126**
5.1　新增基础知识与例题 126
5.2　习题 135
5.3　习题解答 137

第 6 章　用不变本征算符法求解量子动力学系统的能隙 **158**
6.1　新增基础知识与例题 158
6.2　习题 166
6.3　思考练习 168
6.4　习题解答 171

第 7 章　外尔编序算符内的积分技术 **184**
7.1　新增基础知识与例题 184
7.2　习题 188
7.3　思考练习 190
7.4　习题解答 190

第 8 章　压缩态 **200**
8.1　新增基础知识与例题 200
8.2　习题 208
8.3　思考练习 210

8.4　习题解答 211

第9章　系综平均意义下的费曼–赫尔曼定理 220
　9.1　新增基础知识与例题 220
　9.2　习题 226
　9.3　思考练习 229
　9.4　习题解答 229

第10章　用IWOP技术研究角动量算符及量子转动 240
　10.1　新增基础知识与例题 240
　10.2　习题 244
　10.3　思考练习 246
　10.4　习题解答 247

附录　一些常用公式 **266**

结语 **270**

第 1 章 有序算符内的积分技术

1.1 新增基础知识与例题

半个多世纪以来,量子理论不断完善,使得"现在第一流的物理学家做第二流的工作都非常困难". 一般认为,量子理论是由古典物理概念演化而来的,这一过程大约完成于 20 世纪中叶后的二三年. 由于崭新的创想和新颖的数学形式的建立,以及物理意义和哲学解释,整个新理论的系统就确立无疑了.

狄拉克 (Dirac) 是量子力学的创始人之一, 他的名著《量子力学原理》问世于 1930 年, 从那以后半个多世纪中一直是该领域中的一部基本的、权威的教科书. 在该书中, 狄拉克总结了海森伯 (W. Heisenberg) 的矩阵理论和薛定谔的量子态概念, 提出了自己独特的表述量子论的数学形式 ——符号法, 从而使量子论成为严密的理论体系. 在书中, 狄拉克用他的 "神来之笔" 引入了右矢和左矢的概念, 简洁而深刻地反映了量子力学中力学量和态矢之间的关系. 他把非对易的量子变量称为 q 数, 发展出比矩阵力学更为普遍的 q 数理论, 其中包括表象理论和以不对易量 q 数为基础的方程.

关于狄拉克创立量子力学的 "符号法", 科学史上曾有这么一件事. 1925 年夏天, 量子力学创始人之一的海森伯在英国剑桥大学作了一个报告, 题目是 "运动学和力学关系的量子论再解释"; 8 月, 他将论文寄给剑桥大学的福勒 (R. H.

Fowler) 教授. 福勒教授将海森伯的报告转交给自己的学生狄拉克. 10 月, 狄拉克在一次乡间散步时, 忽然想起海森伯文章中的不可对易关系与经典力学的泊松括号十分相像, 但已经记不清楚具体什么样子了. 他立刻赶回住所, 翻遍了所有的书籍和笔记, 结果仍查不到泊松括号的确切定义. 不巧因为那天是星期天, 又到了傍晚, 所有的图书馆都关闭了. 狄拉克当时度 "时" 如年地熬过了那一夜. 第二天他一大早就迫不及待地到图书馆, 终于在惠特克 (E. T. Whittaker) 所著的《论粒子和刚体的分析动力学》中找到了泊松括号, 并且一切正如他所预想的. 在这一基础上, 狄拉克创立了量子力学的 "符号法". 根据此方法, 在基本的泊松括号等号右边乘以 $i\hbar$, 就可以得到量子括号.

1980 年以来, 本书作者之一范洪义教授在量子力学中所创造和发展的有序算符内积分 (英文简称: IWOP) 技术, 作为一种特殊的数学物理方法, 使得狄拉克的符号法更完美、更具体, 从而能更多更好地表达物理规律, 也使牛顿–莱布尼茨的积分对象从普通函数进入到 ket-bra 算符.

虽然算符的正规乘积排序的概念起源于量子场论, 并在几乎所有的量子场论书中有所介绍, 但我们觉得其有关性质须作进一步阐明. 关于玻色算符 a 和 $a^\dagger$ 的任何多项式函数, 不失一般性可写为

$$f\left(a, a^\dagger\right) = \sum_j \cdots \sum_m a^{\dagger j} a^k a^{\dagger l} \cdots a^m f(j, k, l, \cdots, m), \tag{1.1}$$

其中 $j, k, l, \cdots, m$ 是正整数或零. 利用玻色算符对易关系 $[a, a^\dagger] = 1$, 总可以将所有的产生算符 $a^\dagger$ 都移到所有湮灭算符 a 的左边, 这时称已变化了的算符函数为正规乘积形式, 以 : : 标记. 其重要的性质是:

(1) 在正规乘积内玻色子算符相互对易, 即 $a^\dagger a =: a^\dagger a:$, 又因 $a^\dagger a =: a a^\dagger:$, 所以有 $: a^\dagger a := : a a^\dagger :$.

(2) c 数 (即普通函数) 可以自由出入正规乘积记号.

(3) 由性质 (1), 可对正规乘积内的 c 数进行积分或微分运算, 前者要求积分收敛.

(4) 正规乘积内的正规乘积记号可以取消.

(5) 正规乘积 $:W:$ 与正规乘积 $:V:$ 之和为 $:W+V:$.

(6) 正规乘积算符 $:g(a,a^\dagger):$ 的相干态矩阵元为 $\langle z'|:g(a^\dagger,a):|z\rangle = g(z'^*,z)\langle z'|z\rangle$.

(7) 真空投影算符 $|0\rangle\langle 0|$ 的正规乘积展开式是 $|0\rangle\langle 0|=:\exp(-a^\dagger a):$.

(8) 厄米共轭操作可以进入 $::$ 内进行, 即 $:(W\cdots V):^\dagger =:(W\cdots V)^\dagger:$.

(9) 在正规乘积内以下两个等式成立:

$$:\frac{\partial}{\partial a}f(a,a^\dagger):=\left[:f(a,a^\dagger):,a^\dagger\right],$$
$$:\frac{\partial}{\partial a^\dagger}f(a,a^\dagger):=\left[a,:f(a,a^\dagger):\right]. \tag{1.2}$$

对于多模情况, 上式可作如下推广:

$$:\frac{\partial^2}{\partial a_i \partial a_j}f\left(a_i,a_j,a_i^\dagger,a_j^\dagger\right):=\left[\left[:f\left(a_i,a_j,a_i^\dagger,a_j^\dagger\right):,a_j^\dagger\right],a_i^\dagger\right]. \tag{1.3}$$

【例 1.1】 已知粒子数态的完备性关系式 $\sum_{n=0}^{+\infty}|n\rangle\langle n|=1$, $|n\rangle=\frac{a^{\dagger n}}{\sqrt{n!}}|0\rangle$, 证明: 真空投影算符 $|0\rangle\langle 0|$ 的正规乘积展开式为 $|0\rangle\langle 0|=:\exp(-a^\dagger a):$.

证明 由粒子数态的完备性, 可得

$$1=\sum_{n=0}^{+\infty}|n\rangle\langle n|=\sum_{n,n'}^{+\infty}|n\rangle\langle n'|\frac{1}{\sqrt{n!n'!}}\left(\frac{\mathrm{d}}{\mathrm{d}z^*}\right)^n(z^*)^{n'}\bigg|_{z^*=0}$$
$$=\exp\left(a^\dagger\frac{\partial}{\partial z^*}\right)|0\rangle\langle 0|\exp(z^*a)\bigg|_{z^*=0}. \tag{1.4}$$

设真空态投影算符 $|0\rangle\langle 0|$ 的正规乘积形式为 $:W:$ (W 待定), 代入式 (1.4), 得

$$1=\exp\left(a^\dagger\frac{\partial}{\partial z^*}\right):W:\exp(z^*a)\bigg|_{z^*=0}. \tag{1.5}$$

此时, 式 (1.5) 中 $:W:$ 的左边恰好为产生算符 $a^\dagger$, 右边为湮灭算符 a, 故可以把式 (1.5) 右边的项完全纳入正规乘积记号内, 即

$$1=:\exp\left(a^\dagger\frac{\partial}{\partial z^*}\right)W\exp(z^*a)\bigg|_{z^*=0}:. \tag{1.6}$$

利用正规乘积的性质 (3) 和 (4) 完成微分运算, 得到

$$1 =: \exp(a^\dagger a) W :=: \exp(a^\dagger a) : W : : . \tag{1.7}$$

可见, $|0\rangle\langle 0| =: \exp(-a^\dagger a) : .$

点评 本题的关键在于利用"离散 δ 函数"的具体形式, 即

$$\delta_{nn'} = \frac{1}{\sqrt{n!n'!}} \left(\frac{\mathrm{d}}{\mathrm{d}z^*}\right)^n (z^*)^{n'} \bigg|_{z^*=0}.$$

【例 1.2】 根据正规乘积的性质, 给出算符 $\exp(\lambda a^\dagger a)$ 的正规乘积形式.

解 首先利用粒子数态的完备性, 可得

$$\begin{aligned}\exp(\lambda a^\dagger a) &= \sum_{n=0}^{+\infty} \exp(\lambda a^\dagger a) |n\rangle\langle n| = \sum_{n=0}^{+\infty} \exp(\lambda n) |n\rangle\langle n| \\ &= \sum_{n=0}^{+\infty} \exp(\lambda n) \frac{a^{\dagger n}}{\sqrt{n!}} |0\rangle\langle 0| \frac{a^n}{\sqrt{n!}}.\end{aligned} \tag{1.8}$$

然后利用正规乘积的性质 (1),(2) 和 (5), 得

$$\exp(\lambda a^\dagger a) = \sum_{n=0}^{+\infty} : \frac{1}{n!} \left(\mathrm{e}^\lambda a^\dagger a\right)^n \mathrm{e}^{-a^\dagger a} : =: \exp\left[\left(\mathrm{e}^\lambda - 1\right) a^\dagger a\right] : . \tag{1.9}$$

于是, $\exp(\lambda a^\dagger a)$ 的正规乘积形式为 $: \exp\left[\left(\mathrm{e}^\lambda - 1\right) a^\dagger a\right] : .$

点评 在求算符的正规乘积形式时, 往往"无中生有", 首先通过插入某种量子态的完备性 "1", 然后利用该态的性质进行分析.

【例 1.3】 利用粒子数表象 $\langle n|$, 给出坐标本征态 $|q\rangle$ 在福克 (Fock) 空间的波函数.

解 本题有多种解法, 这里只介绍两种: 第一种是传统的做法; 第二种借用 IWOP 技术.

解法 1 用动量算符 P 和坐标算符 Q 来定义产生算符和湮灭算符:

$$a = \frac{Q + \mathrm{i}P}{\sqrt{2}}, \quad a^\dagger = \frac{Q - \mathrm{i}P}{\sqrt{2}}, \tag{1.10}$$

并注意到在福克空间存在以下关系:

$$a|n\rangle = \sqrt{n}|n\rangle, \quad a^\dagger|n\rangle = \sqrt{n+1}|n+1\rangle, \tag{1.11}$$

于是基态 $|0\rangle$ 的波函数 $\langle q|0\rangle$ 可以由下式给出:

$$0 = \langle q|a|0\rangle = \langle q|\frac{Q+\mathrm{i}P}{\sqrt{2}}|0\rangle = \frac{1}{\sqrt{2}}\left(q+\frac{\mathrm{d}}{\mathrm{d}q}\right)\langle q|0\rangle, \tag{1.12}$$

即

$$\langle q|0\rangle = c\exp\left(-\frac{1}{2}q^2\right), \tag{1.13}$$

其中 c 是归一化系数, 可以由下式确定:

$$1 = \langle 0|0\rangle = \int_{-\infty}^{+\infty}\mathrm{d}q\,\langle 0|q\rangle\langle q|0\rangle = |c|^2\int_{-\infty}^{+\infty}\exp\left(-q^2\right) = |c|^2\sqrt{\pi}, \tag{1.14}$$

所以

$$\langle q|0\rangle = \pi^{-1/4}\exp\left(-\frac{1}{2}q^2\right). \tag{1.15}$$

利用坐标表象的完备性关系式 $\int_{-\infty}^{+\infty}\mathrm{d}q|q\rangle\langle q| = 1$, 粒子数态 $|n\rangle = \frac{a^{\dagger n}}{\sqrt{n!}}|0\rangle$ 和式 (1.15), 得到

$$\begin{aligned}\langle q|n\rangle &= \frac{1}{\sqrt{n!}}\int_{-\infty}^{+\infty}\mathrm{d}q'\,\langle q|a^{\dagger n}|q'\rangle\langle q'|0\rangle \\ &= \frac{1}{\sqrt{2^n n!}}\int_{-\infty}^{+\infty}\mathrm{d}q'\left(q-\frac{\mathrm{d}}{\mathrm{d}q}\right)^n\delta(q-q')\langle q'|0\rangle \\ &= \frac{1}{\sqrt{2^n n!\sqrt{\pi}}}\left(q-\frac{\mathrm{d}}{\mathrm{d}q}\right)^n\mathrm{e}^{-\frac{q^2}{2}}. \end{aligned} \tag{1.16}$$

利用厄米 (Hermite) 多项式的表达式

$$\mathrm{H}_n(q) = \mathrm{e}^{\frac{q^2}{2}}\left(q-\frac{\mathrm{d}}{\mathrm{d}q}\right)^n\mathrm{e}^{-\frac{q^2}{2}}, \tag{1.17}$$

把式 (1.16) 变为

$$\langle q|n\rangle = \frac{1}{\sqrt{2^n n!\sqrt{\pi}}}\mathrm{e}^{-\frac{q^2}{2}}\mathrm{H}_n(q). \tag{1.18}$$

进一步，可知

$$\langle q|\mathrm{H}_n(Q)|0\rangle = \langle q|2^n:\left(\frac{a+a^\dagger}{\sqrt{2}}\right)^n:|0\rangle$$
$$= \left(\sqrt{2}\right)^n \langle q|a^{\dagger n}|0\rangle = \sqrt{2^n n!}\,\langle q|n\rangle, \tag{1.25}$$

于是

$$\langle q|n\rangle = \frac{1}{\sqrt{2^n n!}}\mathrm{H}_n(q)\langle q|0\rangle = \frac{1}{\pi^{1/4}\sqrt{2^n n!}}\mathrm{H}_n(q)\exp\left(-\frac{q^2}{2}\right). \tag{1.26}$$

点评 对比解法 1 与 2，可见传统的做法比较麻烦，而利用 IWOP 技术进行求解显得简洁明了．

【例 1.4】 在福克空间我们引入介于 $|q\rangle$ 和 $|p\rangle$ 之间的中介表象

$$|x\rangle_{\lambda,v} = \left[\pi\left(\lambda^2+v^2\right)\right]^{-1/4}$$
$$\times \exp\left[-\frac{x^2}{2(\lambda^2+v^2)} + \sqrt{2}a^\dagger\frac{x}{\lambda-\mathrm{i}v} - \frac{\lambda+\mathrm{i}v}{2(\lambda-\mathrm{i}v)}a^{\dagger 2}\right]|0\rangle, \tag{1.27}$$

验证其中介性，并证明其完备性和正交性．

证明 利用玻色算符对易关系 $[a,a^\dagger]=1$ 及 $a|0\rangle=0$，可得

$$a|x\rangle_{\lambda,v} = \frac{1}{v+\mathrm{i}\lambda}\left[\sqrt{2}\mathrm{i}x + (v-\mathrm{i}\lambda)a^\dagger\right]|x\rangle_{\lambda,v}. \tag{1.28}$$

上式可以变形为

$$\frac{(v+\mathrm{i}\lambda)a - (v-\mathrm{i}\lambda)a^\dagger}{\sqrt{2}\mathrm{i}}|x\rangle_{\lambda,v} = x|x\rangle_{\lambda,v}. \tag{1.29}$$

再根据式 (1.10)，可知

$$(\lambda Q + vP)|x\rangle_{\lambda,v} = x|x\rangle_{\lambda,v}. \tag{1.30}$$

可见，当 $\lambda=1$, $v=0$ 时，$|x\rangle_{\lambda,v}$ 变为

$$|q\rangle|_{q=x} = \pi^{-1/4}\exp\left(-\frac{q^2}{2} + \sqrt{2}qa^\dagger - \frac{a^{\dagger 2}}{2}\right)|0\rangle; \tag{1.31}$$

当 $\lambda=0$, $v=1$ 时，$|x\rangle_{\lambda,v}$ 变为

$$|p\rangle|_{p=x} = \pi^{-1/4}\exp\left(-\frac{p^2}{2} + \sqrt{2}\mathrm{i}pa^\dagger + \frac{a^{\dagger 2}}{2}\right)|0\rangle. \tag{1.32}$$

因此, $|x\rangle_{\lambda,v}$ 可以称为坐标表象和动量表象的一个中介新表象.

$|x\rangle_{\lambda,v}$ 作为表象的必要条件之一应该满足完备性关系, 利用 IWOP 技术可以证明:

$$\int_{-\infty}^{+\infty} dx |x\rangle_{\lambda,v}{}_{x,v}\langle x|$$
$$= \left[\pi\left(\lambda^2+v^2\right)\right]^{-1/2} \int_{-\infty}^{+\infty} \exp\left[-\frac{x^2}{\lambda^2+v^2}+\sqrt{2}x\frac{a^\dagger}{\lambda-iv}-\frac{\lambda+iv}{2(\lambda-iv)}a^{\dagger 2}\right]$$
$$\times |0\rangle\langle 0| \exp\left[\sqrt{2}x\frac{a}{\lambda+iv}-\frac{\lambda-iv}{2(\lambda+iv)}a^2\right]$$
$$= \left[\pi\left(\lambda^2+v^2\right)\right]^{-1/2} \int_{-\infty}^{+\infty} : \exp\left[-\frac{x^2}{\lambda^2+v^2}+\sqrt{2}x\frac{a^\dagger}{\lambda-iv}-\frac{\lambda+iv}{2(\lambda-iv)}a^{\dagger 2}\right.$$
$$\left.-a^\dagger a+\sqrt{2}x\frac{a}{\lambda+iv}-\frac{\lambda-iv}{2(\lambda+iv)}a^2\right]:$$
$$= \left[\pi\left(\lambda^2+v^2\right)\right]^{-1/2} \int_{-\infty}^{+\infty} : \exp\left\{-\frac{1}{\lambda^2+v^2}\left[x-(\lambda Q+vP)\right]^2\right\} :$$
$$= 1. \tag{1.33}$$

因此, $|x\rangle_{\lambda,v}$ 是完备的.

下面进一步证明 $|x\rangle_{\lambda,v}$ 的正交性. 从式 (1.30) 易知

$$\langle q|(\lambda Q+vP)|x\rangle_{\lambda,v} = \left(\lambda q-iv\frac{\partial}{\partial q}\right)\langle q|x\rangle_{\lambda,v} = x\langle q|x\rangle_{\lambda,v}, \tag{1.34}$$

其解为

$$\langle q|x\rangle_{\lambda,v} = c\exp\left[\frac{iq(x-\lambda q/2)}{v}\right], \tag{1.35}$$

式中 c 为积分常数, 由坐标表象的正交性确定, 即

$$\delta(q-q') = \langle q|q'\rangle$$
$$= \int_{-\infty}^{+\infty} dx \langle q|x\rangle_{\lambda,v}{}_{\lambda,v}\langle x|q'\rangle$$
$$= |c|^2 \int_{-\infty}^{+\infty} dx \exp\left[i(q-q')\frac{x}{v}+i\frac{\lambda}{2v}(q'^2-q^2)\right]$$
$$= |c|^2 2\pi v \delta(q-q'), \tag{1.36}$$

第 1 章　有序算符内的积分技术

因此 $c = (2\pi v)^{-1/2}$, 代入式 (1.35), 可得

$$\begin{aligned}
{}_{\lambda,v}\langle x| x'\rangle_{\lambda,v} &= \int_{-\infty}^{+\infty} \mathrm{d}q\, {}_{\lambda,v}\langle x| q\rangle \langle q |x'\rangle_{\lambda,v} \\
&= (2\pi v)^{-1} \int_{-\infty}^{+\infty} \mathrm{d}q \exp\left[\mathrm{i}\frac{q}{v}(x'-x) - \frac{\mathrm{i}}{2v}\lambda(x^2 - x'^2)\right] \\
&= \delta(x - x').
\end{aligned} \tag{1.37}$$

至此, 正交性证毕.

【例 1.5】　已知三维空间直角坐标可以转换为球坐标:

$$\bar{x} = (x,y,z), \quad x = r\sin\theta\cos\varphi, \quad y = r\sin\theta\sin\varphi, \quad z = r\cos\theta, \tag{1.38}$$

相应的径向坐标算符定义为

$$\hat{r}^n \equiv \int \mathrm{d}^3\bar{x}\, r^n |\bar{x}\rangle\langle\bar{x}|. \tag{1.39}$$

求 R^n 的正规乘积展开形式.

解　根据一维空间的坐标本征态表达式 (1.19) 及 (1.38), 可知

$$\begin{aligned}
|\bar{x}\rangle &= |x\rangle|y\rangle|z\rangle \\
&= \pi^{-3/4}\exp\left[-\frac{1}{2}(x^2 + y^2 + z^2) + \sqrt{2}(xa_1^\dagger + ya_2^\dagger + za_3^\dagger) - \frac{1}{2}\sum_{i=1}^{3} a_i^{\dagger 2}\right]|000\rangle \\
&= \pi^{-3/4}\exp\left[-\frac{1}{2}r^2 + \sqrt{2}r\left(a_1^\dagger\sin\theta\cos\varphi + a_2^\dagger\sin\theta\sin\varphi + a_3^\dagger\cos\theta\right) - \frac{1}{2}\sum_{i=1}^{3} a_i^{\dagger 2}\right] \\
&\quad \times |000\rangle.
\end{aligned} \tag{1.40}$$

利用 IWOP 技术, 可知在球坐标下, 有

$$\begin{aligned}
|\bar{x}\rangle\langle\bar{x}| = \pi^{-3/2} :\exp\Big\{&-r^2 + \sqrt{2}r\left[\left(a_1^\dagger + a_1\right)\sin\theta\cos\varphi + \left(a_2^\dagger + a_2\right)\sin\theta\sin\varphi \right. \\
&\left. + \left(a_3^\dagger + a_3\right)\cos\theta\right] - \sum_{i=1}^{3}\left[\frac{1}{2}\left(a_i^{\dagger 2} + a_i^2\right) + a_i^\dagger a_i\right]\Big\}:
\end{aligned}$$

$$= \pi^{-3/2} : \exp\left[-r^2 + 2r\left(Q_1\sin\theta\cos\varphi + Q_2\sin\theta\sin\varphi + Q_3\cos\theta\right) - \sum_{i=1}^{3} Q_i^2\right] :$$
$$= \pi^{-3/2} : \exp\left(-r^2 + 2r\boldsymbol{n}\cdot\boldsymbol{Q} - \boldsymbol{Q}^2\right) :, \tag{1.41}$$

其中 $Q_i = (a_i + a_i^\dagger)/\sqrt{2}$ $(i=1,2,3)$, $\boldsymbol{n}$ 为方向向量:

$$\boldsymbol{n} = (\sin\theta\cos\varphi, \sin\theta\sin\varphi, \cos\theta), \quad \boldsymbol{Q} = (Q_1, Q_2, Q_3). \tag{1.42}$$

下面对极角 θ 与方位角 φ 积分. 根据泊松积分公式

$$\int_0^{2\pi} \mathrm{d}\varphi \int_0^{\pi} \mathrm{d}\theta \sin\theta\, f(m\sin\theta\cos\varphi + n\sin\theta\sin\varphi + k\cos\theta)$$
$$= 2\pi \int_{-1}^{1} f\left(u\sqrt{m^2 + n^2 + k^2}\right) \mathrm{d}u, \tag{1.43}$$

得

$$\int \mathrm{d}^3\bar{x}\, |\bar{x}\rangle\langle\bar{x}|$$
$$= \pi^{-3/2} \int_0^{+\infty} r^2\mathrm{d}r \int_0^{2\pi} \mathrm{d}\varphi \int_0^{\pi} \sin\theta : \exp\left(-r^2 + 2r\boldsymbol{n}\cdot\boldsymbol{Q} - \boldsymbol{Q}^2\right) : \mathrm{d}\theta$$
$$= \frac{2}{\sqrt{\pi}} \int_0^{+\infty} r^2\mathrm{d}r \int_{-1}^{1} \mathrm{d}u : \exp\left(-r^2 + 2ru\sqrt{Q_1^2 + Q_2^2 + Q_3^2} - \boldsymbol{Q}^2\right) :$$
$$= \frac{2}{\sqrt{\pi}} \int_0^{+\infty} r^2\mathrm{d}r : \frac{1}{2r|\hat{r}|} \exp\left(-r^2 + 2ru|\hat{r}| - |\hat{r}|^2\right)\Big|_{-1}^{1} :$$
$$= \frac{1}{\sqrt{\pi}} \int_0^{+\infty} \mathrm{d}r : \frac{r}{|\hat{r}|} \left\{\exp\left[-(r-|\hat{r}|)^2\right] - \exp\left[-(r+|\hat{r}|)^2\right]\right\} := 1, \tag{1.44}$$

其中 $|\hat{r}| \equiv \sqrt{Q_1^2 + Q_2^2 + Q_3^2}$. 根据式 (1.44), 有如下定义: $\hat{r}^n = I_{n-} - I_{n+}$,

$$I_{n\pm} \equiv \int_0^{+\infty} \frac{\mathrm{d}r}{\sqrt{\pi}} : \frac{r^{n+1}}{|\hat{r}|} \exp\left[-(r\pm|\hat{r}|)^2\right] :$$
$$= \int_{\pm|\hat{r}|}^{+\infty} \frac{\mathrm{d}r}{\sqrt{\pi}} : \frac{(r\mp|\hat{r}|)^{n+1}}{|\hat{r}|} \exp(-r^2) :$$
$$= \sum_{k=0}^{n+1} C_{n+1}^k : \left(\int_0^{+\infty} + \int_{\pm|\hat{r}|}^{0}\right) r^k \frac{\mathrm{d}r}{\sqrt{\pi}|\hat{r}|} (\mp|\hat{r}|)^{n+1-k} \exp(-r^2) :, \tag{1.45}$$

式中 $n > -2$, 从而可得 $\hat{r}^n$ 的正规乘积展开形式:

$$\hat{r}^n = I_{n-} - I_{n+}$$

$$= \sum_{k=0}^{n+1} C_{n+1}^k : |\hat{r}|^{n-k} \left[1 - (-1)^{n+1-k}\right] \int_0^{+\infty} r^k \frac{\mathrm{d}r}{\sqrt{\pi}} \exp\left(-r^2\right) :$$

$$+ \sum_{k=0}^{n+1} C_{n+1}^k : |\hat{r}|^{n-k} \left[1 + (-1)^{n+1}\right] (-1)^k \int_0^{|\hat{r}|} r^k \frac{\mathrm{d}r}{\sqrt{\pi}} \exp\left(-r^2\right) : . \quad (1.46)$$

进一步的计算见式 (1.89)~(1.92).

【例 1.6】 一束激光的相干态用 $|\alpha\rangle$ 表示. 求其经过 δ 位势 $\delta(Q)$ 后变为 $|\alpha'\rangle$ 的概率幅.

解 由坐标表象的高斯形式的完备性, 可知

$$\langle \alpha' | \delta(Q) | \alpha \rangle = \langle \alpha' | \int_{-\infty}^{+\infty} \frac{\mathrm{d}q}{\sqrt{\pi}} \delta(q) : \exp\left[-(q-Q)^2\right] : |\alpha\rangle$$

$$= \langle \alpha' | : \frac{1}{\sqrt{\pi}} \exp\left(-Q^2\right) : |\alpha\rangle$$

$$= \frac{1}{\sqrt{\pi}} \exp\left[-\frac{1}{2}\left(\alpha^2 + \alpha'^{*2} + 2\alpha\alpha'^*\right)\right] \langle \alpha' | \alpha \rangle. \quad (1.47)$$

【例 1.7】 在量子力学中, 全同粒子之间有置换对称性, 例如粒子 1 与 2 的置换用算符

$$P_{21} = \iint_{-\infty}^{+\infty} \mathrm{d}q_1 \mathrm{d}q_2 |q_2 q_1\rangle \langle q_1 q_2| \quad (1.48)$$

来表示. 求此算符的显式形式.

解 利用式 (1.19) 和 IWOP 技术对式 (1.48) 积分, 得

$$P_{21} = \frac{1}{\pi} \iint_{-\infty}^{+\infty} \mathrm{d}q_1 \mathrm{d}q_2 : \exp\left[-q_1^2 - q_2^2 + \sqrt{2}\left(q_2 a_1^\dagger + q_1 a_2^\dagger + q_1 a_1 + q_2 a_2\right)\right.$$

$$\left. - \frac{1}{2}\left(a_1 + a_1^\dagger\right)^2 - \frac{1}{2}\left(a_2 + a_2^\dagger\right)^2\right] :$$

$$= : \exp\left(a_2^\dagger a_1 + a_1^\dagger a_2 - a_1^\dagger a_1 - a_2^\dagger a_2\right) :$$

$$=: \exp\left[\begin{pmatrix} a_1^\dagger, & a_2^\dagger \end{pmatrix} \begin{pmatrix} -1 & 1 \\ 1 & -1 \end{pmatrix} \begin{pmatrix} a_1 \\ a_2 \end{pmatrix}\right]:. \tag{1.49}$$

利用算符恒等式 (重复指标表示求和)

$$\exp\left(a_i^\dagger \Lambda_{ij} a_j\right) =: \exp\left[a_i^\dagger \left(e^\Lambda - I\right)_{ij} a_j\right]: \tag{1.50}$$

($\Lambda = (\Lambda_{ij})$, I 为单位矩阵), 可知

$$\begin{aligned} P_{21} &= \exp\left[-\frac{\mathrm{i}}{2}\pi\left(a_2^\dagger - a_1^\dagger\right)(a_1 - a_2)\right], \\ P_{21} &= \exp\left(\frac{\mathrm{i}}{2}\pi J_y\right)(-1)^N \exp\left(-\frac{\mathrm{i}}{2}\pi J_y\right), \end{aligned} \tag{1.51}$$

其中 $J_y = \left(a_1^\dagger a_2 - a_1 a_2^\dagger\right)/(2\mathrm{i})$.

不难证明

$$P_{21} a_1^\dagger P_{21}^{-1} = a_2^\dagger, \quad P_{21} a_2^\dagger P_{21}^{-1} = a_1^\dagger, \tag{1.52}$$

其中 $P_{21}^2 = 1$, 故有 $P_{21}^{-1} = P_{21}^\dagger$.

1.2 习题

1. 利用粒子数表象 $\langle n|$, 给出动量本征态 $|p\rangle$ 在福克空间的波函数.

2. 利用坐标本征态和动量本征态在福克空间的形式, 分别给出坐标表象和动量表象完备性的高斯积分形式.

3. 设有新态

$$|x\rangle_{s,r} = \frac{\pi^{-1/4}}{\sqrt{s^* + r^*}} \exp\left\{\frac{1}{2(s^* + r^*)}\left[-(s^* - r^*)x^2 - (s+r)a^{\dagger 2} + 2\sqrt{2}xa^\dagger\right]\right\}|0\rangle,$$

其中 s, r 为复参量, 且满足 $|s|^2 - |r|^2 = 1$. 证明: $|x\rangle_{s,r}$ 可以看做带复参数的坐标–动量中介表象, 即它是完备的.

4. 利用坐标表象的完备性, 求 $Q^n = 2^{-n/2}(a+a^\dagger)^n$ 的正规乘积形式.

5. 求 $e^{\lambda Q^2}$ 的正规乘积形式, 并求当 λ 足够小时, 它对真空态的修正 (到 λ 的一次方).

6. 利用动量表象的完备性, 求 $P^n = (2i)^{-n/2}(a-a^\dagger)^n$ 和 $e^{\lambda(P-\sigma)^2}$ 的正规乘积形式.

7. 利用式 (1.46), 讨论如下算符的正规乘积展开:

(1) $\hat{r}^{2m}$;   (2) $\hat{r}^{2m-1}$.

8. 对于式 (1.46), 若 $n=-2$, 求 $\hat{r}^{-2}$ 的正规乘积形式.

9. 根据坐标表象 $|x\rangle$ 的完备性, 求 X^{-1} 的正规乘积形式.

10. 根据坐标表象 $|x\rangle$ 的完备性, 求 X^{-n} 的正规乘积形式.

11. 设具有微扰 X^{-1} 的谐振子的哈密顿量为 $H = \dfrac{P^2}{2} + \dfrac{1}{2}X^2 + \lambda X^{-1}$, 其中 λ 很小. 利用第 9 题的结论, 讨论微扰项对系统能级的影响.

12. 根据动量表象的完备性, 求 P^{-1} 的正规乘积形式.

13. 利用 IWOP 技术给出 P 和 Q 之间的幺正变换.

14. 定义宇称算符 $(-1)^N = \int_{-\infty}^{+\infty} dq |q\rangle\langle -q|$, 利用 IWOP 技术给出其正规乘积形式, 并讨论此算符的作用效果.

15. 求对应于经典正则变换 $(q_1, q_2) \mapsto (Aq_1 + Bq_2, Cq_1 + Dq_2)$ 的量子幺正算符, 其中 $AD - BC = 1$, A, B, C 和 D 皆为实数.

16. 求证: $H_n(X) = 2^n : X^n :$, $X^n = (2i)^{-n} : H_n(iX) :$.

17. 利用粒子数算符 N, 证明: $|0\rangle\langle 0| =: e^{-a^\dagger a} :$.

18. 利用狄拉克发明的 δ 函数 $|x\rangle\langle x| = \delta(x-X)$ 或 $\delta(p-P) = |p\rangle\langle p|$, 求坐标表象 $|x\rangle$ 和动量表象 $|p\rangle$ 的表达式.

19. 利用单模坐标本征态 $|x\rangle$, 求 $H_n(fX)$ 的正规乘积.

20. 利用双模坐标本征态 $|x,y\rangle \equiv |x\rangle|y\rangle$, 求 $H_n\left(\dfrac{X+Y}{\sqrt{2}}\right)$ 和 $H_m(fX+gY)$ 的正规乘积.

21. 对于三体置换算符

$$P_{231} = \iiint_{-\infty}^{+\infty} d^3 q \left| \begin{pmatrix} q_2 \\ q_3 \\ q_1 \end{pmatrix} \right\rangle \left\langle \begin{pmatrix} q_1 \\ q_2 \\ q_3 \end{pmatrix} \right|, \tag{1.53}$$

利用 IWOP 技术, 求其显式.

22. 对于 n 体玻色子算符, 让 $(u, v, \cdots, w)$ 代表一个 n 体置换矩阵

$$(u, v, \cdots, w) = \begin{pmatrix} \delta_{u1} & \delta_{u2} & \cdots & \delta_{un} \\ \delta_{v1} & \delta_{v2} & \cdots & \delta_{vn} \\ \vdots & \vdots & & \vdots \\ \delta_{w1} & \delta_{w2} & \cdots & \delta_{wn} \end{pmatrix} \tag{1.54}$$

的 $n!$ 个不同的置换矩阵组成的 n 阶置换群中的元素, 由此可构造出 n 体置换算符

$$P_{uv\cdots w} = \int_{-\infty}^{+\infty} \cdots \int dq_1 dq_2 \cdots dq_n \left| (u, v, \cdots, w) \begin{pmatrix} q_1 \\ q_2 \\ \vdots \\ q_n \end{pmatrix} \right\rangle \left\langle \begin{pmatrix} q_1 \\ q_2 \\ \vdots \\ q_n \end{pmatrix} \right|. \tag{1.55}$$

利用 IWOP 技术, 求其显式.

23. 通常, 定义一个信号函数 $f(x)$ 相对于 ψ 的小波变换为

$$W_f(\mu, s) = \frac{1}{\sqrt{\mu}} \int_{-\infty}^{+\infty} f(x) \psi^* \left(\frac{x-s}{\mu} \right) dx. \tag{1.56}$$

按量子力学的观点, 上式可改写为

$$W_f(\mu, s) = \frac{1}{\sqrt{\mu}} \int_{-\infty}^{+\infty} \langle \psi | \frac{x-s}{\mu} \rangle \langle x | f \rangle dx, \tag{1.57}$$

其中 $\langle \psi |$ 是相对于给定的母小波的态矢, $|f\rangle$ 是要作变换的态矢, $|x\rangle$ 是坐标本征矢, 由此引入算符

$$U(\mu, s) \equiv \frac{1}{\sqrt{\mu}} \int_{-\infty}^{+\infty} dx \left| \frac{x-s}{\mu} \right\rangle \langle x |. \tag{1.58}$$

利用 IWOP 技术, 求其显式.

1.3 思考练习

1. 求坐标算符函数
$$\frac{X}{e^X - 1} \tag{1.59}$$
的正规乘积展开.

提示 用级数展开
$$\frac{X}{e^X - 1} = \sum_{n=0}^{+\infty} \frac{B_n}{n!} X^n, \tag{1.60}$$

其中 B_n 为伯努利 (Bernoulli) 数:
$$B_n = \frac{n!}{2\pi i} \oint_C \frac{z}{e^z - 1} \frac{dz}{z^{n+1}}, \tag{1.61}$$

式中围道 C 是绕原点、半径 $|z| < 2\pi$ 的圆, 从而能避开 $\pm 2\pi i$ 处的极点.

2. 求指数算符 $\exp\left(g\sqrt{1-X^2}P\right)$ 的正规乘积形式.

3. 求算符 $\exp\left[f(a_1 - a_2)^2\right] \exp\left[g\left(a_1^\dagger - a_2^\dagger\right)^2\right]$ 的正规乘积展开式.

4. 如果你看过狄拉克的《量子力学原理》一书, 你认为符号法 "抽象" 的原因何在?

5. 请你列举出几个由连续基矢 ket-bra 构成的积分型投影算符, 并给出它们的物理意义.

6. 求证态矢量 $\int_{-\infty}^{+\infty} dq |q\rangle$ 是平移不变的, 并讨论在坐标表象中动量算符的逆算符的表示.

7. 试证明算符 P^2, Q^2 和 $2i(QP + PQ)$ 组成一个封闭的代数, 并在此基础上证明指数算符的分解公式为

$$\exp\left[\frac{1}{2i}(P^2 + \omega^2 Q^2)t\right] = \exp\left(\frac{P^2}{2i\omega}\tan\omega t\right)\exp\left[\frac{i}{2}(QP+PQ)\ln\cos\omega t\right]$$
$$\times \exp\left(\frac{\omega Q^2}{2i}\tan\omega t\right). \tag{1.62}$$

8. 求谐振子的坐标表象转换矩阵元

$$\langle q't'|\,qt\rangle = \langle q'|\exp\left[-\mathrm{i}T\left(\frac{P^2}{2}+\frac{\omega^2}{2}Q^2\right)\right]|q\rangle. \tag{1.63}$$

1.4 习题解答

1. 求解类似于例 1.3, 注意

$$\begin{aligned}\langle p|\,n\rangle &= \frac{1}{\sqrt{n!}}\int_{-\infty}^{+\infty}\mathrm{d}p'\,\langle p|\,a^{\dagger n}\,|p'\rangle\,\langle p'|\,0\rangle = \frac{(-\mathrm{i})^n}{\sqrt{2^n n!}}\left(p-\frac{\mathrm{d}}{\mathrm{d}p}\right)^n\langle p|\,0\rangle \\ &= \frac{(-\mathrm{i})^n}{\sqrt{2^n n!}\sqrt{\pi}}\mathrm{e}^{-\frac{p^2}{2}}H_n(p),\end{aligned} \tag{1.64}$$

于是, 动量本征态的福克表象为

$$\begin{aligned}|p\rangle &= \sum_{n=0}^{+\infty}|n\rangle\,\langle n|\,p\rangle \\ &= \pi^{-1/4}\mathrm{e}^{-\frac{p^2}{2}}\sum_{n=0}^{+\infty}\left(\frac{\mathrm{i}a^{\dagger}}{\sqrt{2}}\right)^n\frac{1}{n!}H_n(p)|0\rangle \\ &= \pi^{-1/4}\exp\left(-\frac{p^2}{2}+\sqrt{2}\mathrm{i}pa^{\dagger}+\frac{a^{\dagger 2}}{2}\right)|0\rangle.\end{aligned} \tag{1.65}$$

读者也可利用 IWOP 技术解之.

2. 对于坐标表象, 有

$$\begin{aligned}\int_{-\infty}^{+\infty}\mathrm{d}q\,|q\rangle\,\langle q| &= \int_{-\infty}^{+\infty}\frac{\mathrm{d}q}{\sqrt{\pi}}:\exp\left[-q^2+\sqrt{2}q\,(a+a^{\dagger})-\frac{1}{2}\,(a+a^{\dagger})^2\right]: \\ &= \int_{-\infty}^{+\infty}\frac{\mathrm{d}q}{\sqrt{\pi}}:\mathrm{e}^{-(q-Q)^2}:= 1.\end{aligned} \tag{1.66}$$

对于动量表象, 有

$$\int_{-\infty}^{+\infty}\mathrm{d}p\,|p\rangle\,\langle p| = \int_{-\infty}^{+\infty}\frac{\mathrm{d}p}{\sqrt{\pi}}:\exp\left[-p^2+\sqrt{2}\mathrm{i}p\,(a^{\dagger}-a)+\frac{1}{2}\,(a-a^{\dagger})^2\right]:$$

$$= \int_{-\infty}^{+\infty} \frac{\mathrm{d}p}{\sqrt{\pi}} : \mathrm{e}^{-(p-P)^2} := 1 \tag{1.67}$$

它们都是高斯积分.

3. 利用 IWOP 技术, 可以证明 $|x\rangle_{s,r}$ 的完备性如下:

$$\int_{-\infty}^{+\infty} \mathrm{d}x |x\rangle_{s,r}\,_{s,r}\langle x|$$
$$= \frac{1}{\sqrt{\pi}|s+r|} \int_{-\infty}^{+\infty} \mathrm{d}x : \exp\left[-\frac{1}{|s+r|^2}\left(x - \frac{s^*a + ra^\dagger + sa^\dagger + r^*a}{\sqrt{2}}\right)^2\right] :$$
$$= 1. \tag{1.68}$$

将 a 作用于 $|x\rangle_{s,r}$, 得

$$a|x\rangle_{s,r} = \left(\frac{\sqrt{2}x}{s^*+r^*} - \frac{s+r}{s^*+r^*}a^\dagger\right)|x\rangle_{s,r}, \tag{1.69}$$

即

$$\frac{1}{\sqrt{2}}\left[(s^*+r^*)a + (s+r)a^\dagger\right]|x\rangle_{s,r} = x|x\rangle_{s,r}. \tag{1.70}$$

令

$$s = \frac{1}{2}[A+D-\mathrm{i}(B-C)], \quad r = \frac{1}{2}[D-A-\mathrm{i}(B+C)], \tag{1.71}$$

则 $s-r = A+\mathrm{i}C$, $s^*+r^* = D+\mathrm{i}B$. 根据 $|s|^2 - |r|^2 = 1$, 可知 $AD-BC=1$. 将 $|x\rangle_{s,r}$ 重新表达为

$$|x\rangle_{s,r} = \frac{\pi^{-1/4}}{\sqrt{D+\mathrm{i}B}} \exp\left\{\frac{1}{2(D+\mathrm{i}B)}\left[-(A-\mathrm{i}C)x^2 - (D-\mathrm{i}B)a^{\dagger 2} + 2\sqrt{2}xa^\dagger\right]\right\}|0\rangle. \tag{1.72}$$

由

$$Q = \frac{a+a^\dagger}{\sqrt{2}}, \quad P = \frac{a-a^\dagger}{\sqrt{2}\mathrm{i}}, \tag{1.73}$$

可将式 (1.70) 改写为

$$(DQ - BP)|x\rangle_{s,r} = x|x\rangle_{s,r}, \tag{1.74}$$

对应的完备性关系式可以改写为

$$\int_{-\infty}^{+\infty}\frac{\mathrm{d}x}{\sqrt{\pi}}:\exp\left[-(x-DQ+BP)^2\right]:=1. \tag{1.75}$$

可见, 当 $D=0, B=-1$ 时, 上述积分变为动量表象完备性, 只是将变量 p 改为 x; 当 $D=1, B=0$ 时, 上式变为坐标表象的完备性. 因此, $|x\rangle_{s,r}$ 可以看做带复参数的坐标-动量中介表象.

4. 利用坐标表象的完备性表达式 (范氏形式)

$$\int_{-\infty}^{+\infty}\mathrm{d}q\,|q\rangle\langle q|=\int_{-\infty}^{+\infty}\frac{\mathrm{d}q}{\sqrt{\pi}}:\mathrm{e}^{-(q-Q)^2}:=1, \tag{1.76}$$

以及 $Q|q\rangle=q|q\rangle$, 可知

$$Q^n=\int_{-\infty}^{+\infty}\frac{\mathrm{d}q}{\sqrt{\pi}}q^n\,|q\rangle\langle q|=\int_{-\infty}^{+\infty}\frac{\mathrm{d}q}{\sqrt{\pi}}q^n:\mathrm{e}^{-(q-Q)^2}:. \tag{1.77}$$

根据积分公式

$$\int_{-\infty}^{+\infty}\frac{\mathrm{d}q}{\sqrt{\pi}}\mathrm{e}^{-\sigma(q-\lambda)^2}q^n=\frac{1}{\sqrt{\sigma^{n+1}}}\sum_{k=0}^{[n/2]}\frac{n!}{2^{2k}k!(n-2k)!}\left(\sqrt{\sigma}\lambda\right)^{n-2k}\quad(\mathrm{Re}\,\sigma>0), \tag{1.78}$$

可导出 Q^n 的正规乘积形式

$$Q^n=\frac{1}{\sqrt{\pi}}\sum_{l=0}^{[n/2]}\binom{n}{2l}:\left(\frac{a+a^\dagger}{\sqrt{2}}\right)^{n-2l}:\Gamma\left(l+\frac{1}{2}\right), \tag{1.79}$$

式中 $\Gamma\left(l+\frac{1}{2}\right)=\sqrt{\pi}2^{-l}(2l-1)!!$ 是伽马函数, 而 [ ] 表示取不超过其内部数的最大整数.

5. 提示: 利用式 (1.77), 同样可以得到 $\mathrm{e}^{\lambda(Q-\sigma)^2}$ 的正规乘积形式:

$$\mathrm{e}^{\lambda(Q-\sigma)^2}=\int_{-\infty}^{+\infty}\mathrm{d}q\mathrm{e}^{\lambda(q-\sigma)^2}|q\rangle\langle q|=\int_{-\infty}^{+\infty}\frac{\mathrm{d}q}{\sqrt{\pi}}\mathrm{e}^{\lambda(q-\sigma)^2}:\mathrm{e}^{-(q-Q)^2}:$$

$$=\int_{-\infty}^{+\infty}\frac{\mathrm{d}q}{\sqrt{\pi}}:\exp\left[-(1-\lambda)q^2-2\lambda\sigma q+\sqrt{2}q\left(a^\dagger+a\right)-\frac{1}{2}\left(a^\dagger+a\right)^2+\lambda\sigma^2\right]:$$

$$= \frac{1}{\sqrt{1-\lambda}} \exp\left[\frac{\lambda a^{\dagger 2}}{2(1-\lambda)} + \frac{\sqrt{2}\lambda\sigma}{\lambda-1} a^{\dagger}\right] \exp\left[-a^{\dagger}a \ln(1-\lambda)\right]$$

$$\times \exp\left[\frac{\lambda}{2(1-\lambda)} a^2 + \frac{\sqrt{2}\lambda\sigma}{\lambda-1} a\right] \exp\left(\frac{\lambda\sigma^2}{1-\lambda}\right) \quad (\text{Re}\,\lambda < 1). \tag{1.80}$$

特别当 $\sigma = 0$ 时, 有

$$e^{\lambda Q^2} = \frac{1}{\sqrt{1-\lambda}} : \exp\left(\frac{\lambda}{1-\lambda} Q^2\right) :, \tag{1.81}$$

作用于基态, 得到

$$e^{-\lambda Q^2} |0\rangle = \frac{1}{\sqrt{1+\lambda}} \exp\left[-\frac{\lambda}{2(1+\lambda)} a^{\dagger 2}\right] |0\rangle, \tag{1.82}$$

此为压缩态. 把此态展开到 λ 的一阶, 结果为

$$|0\rangle - \frac{\lambda}{2}|0\rangle - \frac{1}{\sqrt{2}}\left(1 - \frac{\lambda}{2}\right)|2\rangle. \tag{1.83}$$

6. 利用动量表象完备性的正规乘积形式

$$\int_{-\infty}^{+\infty} \frac{\mathrm{d}p}{\sqrt{\pi}} : \exp\left[-(p-P)^2\right] : = 1, \tag{1.84}$$

可导出 P^m 的正规乘积展开

$$P^m = \int_{-\infty}^{+\infty} P^m |p\rangle\langle p|\,\mathrm{d}p$$

$$= \int_{-\infty}^{+\infty} \frac{\mathrm{d}p}{\sqrt{\pi}} : \exp\left[-p^2 + \sqrt{2}p\mathrm{i}(a^{\dagger}-a) + \frac{1}{2}(a^{\dagger}-a)^2\right] p^m :. \tag{1.85}$$

根据积分公式 (1.78), 可得

$$P^m = \frac{1}{\sqrt{\pi}} \sum_{r=0}^{[m/2]} \binom{m}{2r} : \left(\frac{a-a^{\dagger}}{\sqrt{2}\mathrm{i}}\right)^{m-2r} : \Gamma\left(r+\frac{1}{2}\right). \tag{1.86}$$

类似地, 可以导出

$$e^{\lambda(P-\sigma)^2} = \frac{1}{\sqrt{1-\lambda}} \exp\left[\frac{\lambda a^{\dagger 2}}{2(1-\lambda)} - \frac{\sqrt{2}\mathrm{i}\lambda\sigma}{1-\lambda} a^{\dagger}\right] \exp\left[-a^{\dagger}a \ln(1-\lambda)\right]$$

$$\times \exp\left[-\frac{\lambda}{2(1-\lambda)}a^2 + \frac{\sqrt{2}\mathrm{i}\lambda\sigma}{\lambda-1}a\right]\exp\left(\frac{\lambda\sigma^2}{1-\lambda}\right). \tag{1.87}$$

当 $\sigma = 0$ 时, 有

$$\mathrm{e}^{\lambda P^2} = \frac{1}{\sqrt{1-\lambda}} : \exp\left(\frac{\lambda}{1-\lambda}P^2\right) : . \tag{1.88}$$

7. (1) 对式 (1.46) 作分析. 当 $n = 2m$ 为偶数时, $1 + (-1)^{n+1} = 0$, 而 $1 - (-1)^{n+1-k} = 1 + (-1)^k \neq 0$, 当且仅当 k 是偶数. 令 $k = 2l$, 则式 (1.46) 变为

$$\hat{r}^{2m} = 2\sum_{l=0,1,\cdots}^{m} C_{2m+1}^{2l} : |\hat{r}|^{2(m-l)} \int_0^{+\infty} r^{2l} \frac{\mathrm{d}r}{\sqrt{\pi}} \exp\left(-r^2\right) :$$

$$= \sum_{l=0}^{m} \frac{(2m+1)!}{4^l (2m+1-2l)! l!} : |\hat{r}|^{2(m-l)} : . \tag{1.89}$$

(2) 当 $n = 2m-1$ 为奇数时, $1+(-1)^{n+1} = 2$, 而 $1-(-1)^{n+1-k} = 1-(-1)^k \neq 0$, 当且仅当 k 为奇数, 故有

$$\hat{r}^{2m-1} = \sum_{p=0}^{m-1} C_{2m}^{2p+1} : |\hat{r}|^{2(m-p-1)} \int_0^{+\infty} 2r^{2p+1} \frac{\mathrm{d}r}{\sqrt{\pi}} \exp\left(-r^2\right) :$$

$$+ 2 : \int_0^{|\hat{r}|} (r-|\hat{r}|)^{2m} \frac{\mathrm{d}r}{\sqrt{\pi}|\hat{r}|} \exp\left(-r^2\right) :$$

$$= \sum_{p=0}^{m-1} : C_{2m}^{2p+1} |\hat{r}|^{2(m-p-1)} \frac{p!}{\sqrt{\pi}} : + 2 : \int_0^{|\hat{r}|} (r-|\hat{r}|)^{2m} \mathrm{e}^{-r^2} \frac{\mathrm{d}r}{\sqrt{\pi}|\hat{r}|} : . \tag{1.90}$$

把 $\exp(-r^2)$ 展开为无穷级数, 可作积分:

$$: \frac{2}{|\hat{r}|} \int_0^{|\hat{r}|} (r-|\hat{r}|)^{2m} \exp(-r^2) \mathrm{d}r :$$

$$=: \frac{2}{|\hat{r}|} \sum_{k=0}^{+\infty} \frac{(-1)^k}{k!} \int_0^{|\hat{r}|} (r-|\hat{r}|)^{2m} r^{2k} \mathrm{d}r :$$

$$=: \frac{2}{|\hat{r}|} \sum_{k=0}^{+\infty} \frac{(-1)^k}{k!} |\hat{r}|^{2m+2k+1} \int_0^1 (r-1)^{2m} r^{2k} \mathrm{d}r :$$

$$=: \frac{2}{|\hat{r}|} \sum_{k=0}^{+\infty} \frac{(-1)^k}{k!} |\hat{r}|^{2m+2k+1} \mathrm{B}(2m+1, 2k+1) :$$

$$= 2 : \sum_{k=0}^{+\infty} \frac{(-1)^k (2m)! (2k)!}{k! (2m+2k+1)!} |\hat{r}|^{2(m+k)} : , \tag{1.91}$$

式中 $\mathrm{B}(2m+1, 2k+1)$ 是贝塔函数. 把式 (1.91) 代入式 (1.90), 得

$$\hat{r}^{2m-1} =: \frac{1}{\sqrt{\pi}} \left[2 \sum_{k=0}^{+\infty} \frac{(-1)^k (2m)! (2k)!}{k! (2m+2k+1)!} |\hat{r}|^{2(m+k)} + \sum_{k=0}^{m-1} k! C_{2m}^{2k+1} |\hat{r}|^{2(m-k-1)} \right] : . \tag{1.92}$$

8. 在式 (1.45) 中取 $n = -2$, 再由式 (1.46) 得

$$\begin{aligned}
\hat{r}^{-2} &= \int_0^{+\infty} \frac{\mathrm{d}r}{\sqrt{\pi}} : \frac{r^{-1}}{|\hat{r}|} \left\{ \exp\left[-(r-|\hat{r}|)^2\right] - \exp\left[-(r+|\hat{r}|)^2\right] \right\} : \\
&= \int_0^{+\infty} \frac{\mathrm{d}r}{\sqrt{\pi}} : \frac{1}{r|\hat{r}|} \left(\mathrm{e}^{2r|\hat{r}|} - \mathrm{e}^{-2r|\hat{r}|}\right) \exp\left(-r^2 - |\hat{r}|^2\right) : \\
&= \sum_{k=0}^{+\infty} \int_0^{+\infty} \frac{\mathrm{d}r}{\sqrt{\pi}} : \frac{2(2r|\hat{r}|)^{2k+1}}{(2k+1)! r |\hat{r}|} \exp\left(-r^2 - |\hat{r}|^2\right) : \\
&= \sum_{k=0}^{+\infty} : \frac{2^{2k+1} |\hat{r}|^{2k}}{(2k+1)!} \exp\left(-|\hat{r}|^2\right) : \int_0^{+\infty} \frac{2r^{2k}}{\sqrt{\pi}} \exp\left(-r^2\right) \mathrm{d}r \\
&= \sum_{k=0}^{+\infty} : \frac{2^{2k+1} |\hat{r}|^{2k}}{(2k+1)!} \exp\left(-|\hat{r}|^2\right) \frac{(2k)!}{2^{2k} k!} : \\
&= \sum_{k=0}^{+\infty} : \frac{2 |\hat{r}|^{2k}}{(2k+1) k!} \sum_{j=0}^{+\infty} \frac{\left(-|\hat{r}|^2\right)^j}{j!} : \\
&= 2 \sum_{k=0}^{+\infty} \sum_{j=0}^{k} \frac{(-1)^{k-j}}{j! (k-j)! (2j+1)} : |\hat{r}|^{2k} : . \tag{1.93}
\end{aligned}$$

利用贝塔函数表达式

$$\mathrm{B}\left(k+1, \frac{1}{2}\right) = 2 \int_0^1 (1-t^2)^k \mathrm{d}t = 2 \int_0^1 \mathrm{d}t \sum_{j=0}^{k} \frac{k! (-1)^j t^{2j}}{j! (k-j)!}$$

$$= 2 \sum_{j=0}^{k} \frac{k! (-1)^j}{j! (k-j)! (2j+1)}, \tag{1.94}$$

以及
$$\mathrm{B}\left(k+1,\frac{1}{2}\right)=\frac{\Gamma\left(\frac{1}{2}\right)\Gamma(k+1)}{\Gamma\left(k+\frac{2}{3}\right)}, \tag{1.95}$$

可导出
$$\hat{r}^{-2}=\sum_{k=0}^{+\infty}\frac{(-1)^k}{k!}\mathrm{B}\left(k+1,\frac{1}{2}\right):\hat{r}^{2k}:=\sum_{k=0}^{+\infty}\frac{(-1)^k 2^{2k+1}k!}{(2k+1)!}:\hat{r}^{2k}:. \tag{1.96}$$

9. 由坐标表象的完备性关系式
$$\int_{-\infty}^{+\infty}\mathrm{d}x\,|x\rangle\langle x|=1, \tag{1.97}$$

我们可以构造如下积分：
$$X^{-1}=\int_{-\infty}^{+\infty}\mathrm{d}x\frac{1}{x}|x\rangle\langle x|. \tag{1.98}$$

在积分区间上，存在奇点 $x=0$. 定义柯西主值积分，可知
$$X^{-1}=\lim_{A\to\infty,\epsilon\to 0^+}:\frac{1}{\sqrt{\pi}}\int_{-A}^{-\epsilon}\mathrm{d}x\frac{1}{x}\exp\left[-(x-X)^2\right]\mathrm{d}x$$
$$+\frac{1}{\sqrt{\pi}}\int_{\epsilon}^{A}\mathrm{d}x\frac{1}{x}\exp\left[-(x-X)^2\right]:. \tag{1.99}$$

对式 (1.99) 右边的第一项作积分变量变换后，可得
$$X^{-1}=\lim_{A\to\infty,\epsilon\to 0^+}:\frac{1}{\sqrt{\pi}}\int_{\epsilon}^{A}\mathrm{d}x\frac{-\exp[-(x+X)^2]+\exp[-(x-X)^2]}{x}:$$
$$=:\frac{1}{\sqrt{\pi}}\int_{0}^{+\infty}\mathrm{d}xe^{-x^2}\frac{\exp(2xX)-\exp(-2xX)}{x}\exp(-X^2):. \tag{1.100}$$

此时积分在 $x=0$ 和 $x\to+\infty$ 时都收敛，故由伽马函数积分公式
$$\int_{0}^{+\infty}\mathrm{d}te^{-t}t^{\nu-1}=\Gamma(\nu)\quad(\mathrm{Re}\ \nu>0), \tag{1.101}$$

可得
$$X^{-1}=:\frac{1}{\sqrt{\pi}}\sum_{k=0}^{+\infty}\frac{2^{2k+2}}{(2k+1)!}\int_{0}^{+\infty}\mathrm{d}xe^{-x^2}x^{2k}X^{2k+1}\exp(-X^2):$$

$$= :\frac{1}{\sqrt{\pi}}\sum_{k=0}^{+\infty}\frac{2^{2k+1}}{(2k+1)!}\left(\int_{0}^{+\infty}\mathrm{d}t e^{-t}t^{k-\frac{1}{2}}\right)X^{2k+1}\exp(-X^2):$$

$$= :\frac{1}{\sqrt{\pi}}\sum_{k=0}^{+\infty}\frac{2^{2k+1}}{(2k+1)!}\Gamma\left(k+\frac{1}{2}\right)X^{2k+1}\exp(-X^2):. \tag{1.102}$$

根据组合公式

$$\sum_{k=0}^{n}\frac{x}{k+x}(-1)^{k}\binom{n}{k}=1/\binom{n+x}{n}, \tag{1.103}$$

$$\binom{\lambda}{k}=\frac{\lambda(\lambda-1)\cdots(\lambda-k+1)}{k!}\quad(k\text{ 为整数}), \tag{1.104}$$

以及 $\Gamma\left(k+\dfrac{1}{2}\right)=\sqrt{\pi}2^{-k}(2k-1)!!$，进而把式 (1.102) 化简为

$$\begin{aligned}X^{-1}=&:\sum_{k=0}^{+\infty}\frac{2}{(2k+1)k!}X^{2k+1}\sum_{m=0}^{+\infty}\frac{(-1)^m X^{2m}}{m!}:\\=&:\sum_{n=0}^{+\infty}\sum_{k=0}^{n}\frac{2(-1)^{n-k}}{(2k+1)k!(n-k)!}X^{2n+1}:\\=&:2\sum_{n=0}^{+\infty}\left[\sum_{k=0}^{n}\frac{1/2}{k+1/2}(-1)^{k}\binom{n}{k}\right]\frac{(-1)^n}{n!}X^{2n+1}:\\=&:2\sum_{n=0}^{+\infty}\frac{1}{\binom{n+1/2}{n}}\frac{(-1)^n}{n!}X^{2n+1}:,\end{aligned} \tag{1.105}$$

或者将式 (1.105) 改写为

$$X^{-1}=:2\sum_{n=0}^{+\infty}\frac{(-1)^n}{\left(n+\frac{1}{2}\right)\left(n-\frac{1}{2}\right)\cdots\frac{3}{2}}X^{2n+1}:=:\sqrt{\pi}\sum_{n=0}^{+\infty}\frac{(-1)^n}{\Gamma\left(n+\frac{3}{2}\right)}X^{2n+1}:. \tag{1.106}$$

点评 从式 (1.106), 可以看到算符 X^{-1} 在福克空间的展开也是奇函数. 将 X^{-1} 直接作用于真空态, 可得

$$X^{-1}|0\rangle=2\sum_{n=0}^{+\infty}\frac{1}{\binom{n+1/2}{n}}\frac{(-1)^n}{n!}\left(\frac{a^\dagger}{\sqrt{2}}\right)^{2n+1}|0\rangle, \tag{1.107}$$

这是诸多奇粒子数态的叠加. 另外, 为了验证式 (1.106) 的正确性, 根据 $X = (a+a^\dagger)/\sqrt{2}$ 和对易关系

$$[a, :f(a,a^\dagger):] = :\frac{\partial}{\partial a^\dagger}f(a,a^\dagger):, \quad [:f(a,a^\dagger):, a^\dagger] = :\frac{\partial}{\partial a}f(a,a^\dagger):,$$

可得

$$\begin{aligned}XX^{-1} &= \sum_{k=0}^{+\infty}\frac{(-1)^n}{(2n+1)!!}\left[a:(a+a^\dagger)^{2n+1}: + :a^\dagger(a+a^\dagger)^{2n+1}:\right]\\ &= \sum_{n=0}^{+\infty}\frac{(-1)^n}{(2n+1)!!}\left[:(a+a^\dagger)^{2n+2}: + :(2n+1)(a^\dagger+a)^{2n}:\right]\\ &= :\sum_{n=0}^{+\infty}\frac{(-1)^n}{(2n+1)!!}(a+a^\dagger)^{2n+2}: + :\sum_{n=1}^{+\infty}\frac{(-1)^n}{(2n-1)!!}(a^\dagger+a)^{2n}: +1\\ &= 1.\end{aligned} \qquad (1.108)$$

10. 由数学积分公式

$$\int_{-\infty}^{+\infty}\frac{\mathrm{d}x}{\pi}\exp[-(x-y)^2]\mathrm{H}_n(x) = (2y)^n, \qquad (1.109)$$

其中 H_n 为第 n 阶厄米多项式, 得到范氏公式

$$\begin{aligned}\mathrm{H}_n(X) &= \int_{-\infty}^{+\infty}\mathrm{d}x|x\rangle\langle x|\mathrm{H}_n(x)\\ &= \int_{-\infty}^{+\infty}\frac{\mathrm{d}x}{\pi}:\exp[-(x-X)^2]\mathrm{H}_n(x): = 2^n:X^n:.\end{aligned} \qquad (1.110)$$

对比于厄米多项式的递推公式

$$\mathrm{H}_n'(x) = 2n\mathrm{H}_{n-1}(x), \qquad (1.111)$$

可得

$$\begin{aligned}\frac{\mathrm{d}}{\mathrm{d}X}:X^n: &= 2^{-n}\frac{\mathrm{d}}{\mathrm{d}X}\mathrm{H}_n(X) = n2^{1-n}\mathrm{H}_{n-1}(X)\\ &= n:X^{n-1}: = :\frac{\mathrm{d}}{\mathrm{d}X}X^n:,\end{aligned} \qquad (1.112)$$

于是可得到 X^{-n} 的正规乘积

$$\begin{aligned}
X^{-n} &= \frac{(-1)^{n-1}}{(n-1)!}\left(\frac{\mathrm{d}}{\mathrm{d}X}\right)^{n-1} X^{-1} \\
&= \sqrt{\pi}\frac{(-1)^{n-1}}{(n-1)!} : \sum_{m=0}^{+\infty} \frac{(-1)^m}{\Gamma\left(m+\frac{3}{2}\right)}\left(\frac{\mathrm{d}}{\mathrm{d}X}\right)^{n-1} X^{2m+1} : \\
&= \sqrt{\pi}(-1)^{n-1} : \sum_{m=\left[\frac{n-1}{2}\right]}^{+\infty} \frac{(-1)^m}{\Gamma\left(m+\frac{3}{2}\right)}\binom{2m+1}{n-1} X^{2m-n+2} : \\
&= \sqrt{\pi}(-1)^{n} : \sum_{m=\left[\frac{n+1}{2}\right]}^{+\infty} \frac{(-1)^m}{\Gamma\left(m+\frac{1}{2}\right)}\binom{2m-1}{n-1} X^{2m-n} :.
\end{aligned} \quad (1.113)$$

点评 对比式 (1.113) 与

$$\begin{aligned}
X^n &= \int_{-\infty}^{+\infty} \mathrm{d}x\, x^n |x\rangle\langle x| = \int_{-\infty}^{+\infty} \frac{\mathrm{d}x}{\sqrt{\pi}} : \exp\left[-(x-X)^2\right] : x^n \\
&= \frac{1}{\sqrt{\pi}}\sum_{l=0}^{[n/2]} \binom{n}{2l}\Gamma\left(l+\frac{1}{2}\right) : X^{n-2l} :,
\end{aligned}$$

可见 X^n 的正规乘积与 X^{-n} 的正规乘积形式有相似之处. 作为一个特例, 取 $n = 2$, 由式 (1.113), 可得

$$X^{-2} = \sqrt{\pi} : \sum_{m=0}^{+\infty} \frac{(-1)^{m+1}(2m+1)}{\Gamma\left(m+\frac{3}{2}\right)} X^{2m} :. \quad (1.114)$$

11. 根据相干态

$$|z\rangle = \exp\left(-\frac{1}{2}|z|^2 + za^\dagger\right)|0\rangle, \quad (1.115)$$

可得

$$\langle z|X^{-1}|z\rangle = \sqrt{\pi}\sum_{n=0}^{+\infty} \frac{(-1)^n}{2^{n+1/2}\Gamma\left(n+\frac{3}{2}\right)}(z+z^*)^{2n+1}. \quad (1.116)$$

于是我们也可以在粒子数态 $|n\rangle$ 表象中讨论 X^{-1}，即

$$\langle n'|X^{-1}|n\rangle = \sqrt{\pi}\sum_{m=0}^{+\infty}\frac{(-1)^m}{\Gamma\left(m+\frac{3}{2}\right)}\langle n'|:X^{2m+1}:|n\rangle$$

$$= \sqrt{\pi}\sum_{m=0}^{+\infty}\frac{(-1)^m}{\Gamma\left(m+\frac{3}{2}\right)2^{m+1/2}}\sum_{k=0}^{2m+1}\binom{2m+1}{k}\langle n'|a^{\dagger k}a^{2m-k+1}|n\rangle$$

$$= \begin{cases} \dfrac{(-1)^{(|n-n'|-1)/2}}{2^{|n-n'|/2}}\sqrt{\pi n!n'!}\displaystyle\sum_{m=0}^{\min(n,n')}\dfrac{(-1)^m}{m!2^m\Gamma\left(m+\dfrac{|n-n'|}{2}+1\right)} \\ \qquad\times\dbinom{2m+|n-n'|}{m+(n'-n+|n-n'|)/2}\dfrac{1}{(m+|n-n'|)!}, \quad n'-n\text{ 为奇数}, \\ 0, \qquad\qquad\qquad\qquad\qquad\qquad\qquad\qquad\qquad\quad\text{其他}. \end{cases}$$

(1.117)

12. 仿照第 9 题，结果为

$$P^{-1} = :2\sum_{n=0}^{+\infty}\frac{1}{\dbinom{n+1/2}{n}}\frac{(-1)^n}{n!}P^{2n+1}: . \tag{1.118}$$

13. 为寻找 P 和 Q 之间的幺正变换，可以利用坐标本征态和动量本征态构造以下积分：

$$\int_{-\infty}^{+\infty}\mathrm{d}q|q\rangle\langle p||_{p=q}$$

$$= \frac{1}{\sqrt{\pi}}\int_{-\infty}^{+\infty}\mathrm{d}q:\exp\left[-q^2+\sqrt{2}\left(a^\dagger-\mathrm{i}a\right)q+\frac{a^2-a^{\dagger 2}}{2}-a^\dagger a\right]:$$

$$=:\mathrm{e}^{-(1+\mathrm{i})a^\dagger a}:=\exp\left(-\frac{\pi}{2}\mathrm{i}N\right)\quad(N=a^\dagger a), \tag{1.119}$$

即 $\exp\left(\dfrac{\pi}{2}\mathrm{i}N\right)$ 作用到坐标本征态 $|q\rangle$，则结果变成数值相同的动量本征态 $|p\rangle|_{p=q}$。

注释　读者可进一步证明以下关系:

$$\begin{cases} \exp\left(\dfrac{\mathrm{i}\pi N}{2}\right)|p\rangle = |-q\rangle|_{q=p}, \\ \exp\left(\dfrac{\mathrm{i}\pi N}{2}\right)Q\exp\left(-\dfrac{\mathrm{i}\pi N}{2}\right) = P, \\ \exp\left(\dfrac{\mathrm{i}\pi N}{2}\right)P\exp\left(-\dfrac{\mathrm{i}\pi N}{2}\right) = Q. \end{cases} \qquad (1.120)$$

14. 利用 IWOP 技术积分, 可得宇称算符

$$\begin{aligned} (-1)^N &= \int_{-\infty}^{+\infty} \mathrm{d}q\, |q\rangle\langle -q| \\ &= \int_{-\infty}^{+\infty} \frac{\mathrm{d}q}{\sqrt{\pi}} : \exp\left[-q^2 + \sqrt{2}q\left(a^\dagger - a\right) - \frac{(a+a^\dagger)^2}{2}\right] : \\ &=: \exp\left(-2a^\dagger a\right) := \exp(\mathrm{i}\pi N), \end{aligned} \qquad (1.121)$$

此即宇称算符的正规乘积形式. 在此算符作用下, 有

$$\begin{aligned} &(-1)^N|q\rangle = |-q\rangle, \quad (-1)^N|p\rangle = |-p\rangle, \\ &(-1)^N a (-1)^N = -a, \quad (-1)^N Q (-1)^N = -Q, \\ &(-1)^N P (-1)^N = -P. \end{aligned} \qquad (1.122)$$

注释　读者也可利用动量表象或者相干态表象证明宇称算符, 即

$$\int_{-\infty}^{+\infty} \mathrm{d}p\, |p\rangle\langle -p| = (-1)^N, \qquad \int_{-\infty}^{+\infty} \frac{\mathrm{d}^2 z}{\pi} |z\rangle\langle -z| = (-1)^N. \qquad (1.123)$$

另外, 宇称算符的本征态为 $|n\rangle$, 相应的本征值是 $(-1)^n$.

15. 利用式 (1.19) 和 IWOP 技术, 可将原变换改写为

$$\begin{aligned} U &\equiv \iint_{-\infty}^{+\infty} \mathrm{d}q_1 \mathrm{d}q_2 \left| \begin{pmatrix} A & B \\ C & D \end{pmatrix} \begin{pmatrix} q_1 \\ q_2 \end{pmatrix} \right\rangle \left\langle \begin{pmatrix} q_1 \\ q_2 \end{pmatrix} \right| \\ &= \pi^{-1} \iint_{-\infty}^{+\infty} \mathrm{d}q_1 \mathrm{d}q_2 : \exp(W) :, \end{aligned} \qquad (1.124)$$

其中

$$: \exp(W) : \ = \ : \exp\left\{-\frac{1}{2}\left[(Aq_1+Bq_2)^2+(Cq_1+Dq_2)^2\right]\right.$$
$$+\sqrt{2}(Aq_1+Bq_2)a_1^\dagger+\sqrt{2}(Cq_1+Dq_2)a_2^\dagger$$
$$-\frac{1}{2}(q_1^2+q_2^2)+\sqrt{2}(q_1a_1+q_2a_2)$$
$$\left.-\frac{1}{2}\left(a_1+a_1^\dagger\right)^2-\frac{1}{2}\left(a_2+a_2^\dagger\right)^2\right\} : . \qquad (1.125)$$

把它代入式 (1.124) 并利用 IWOP 技术积分, 得

$$U = \frac{2}{\sqrt{L}}\exp\left\{\frac{1}{2L}\left[\left(A^2+B^2-C^2-D^2\right)\left(a_1^{\dagger 2}-a_2^{\dagger 2}\right)+4(AC+BD)a_1^\dagger a_2^\dagger\right]\right\}$$
$$\times : \exp\left[\left(a_1^\dagger,a_2^\dagger\right)(g-I)\begin{pmatrix}a_1\\a_2\end{pmatrix}\right]:$$
$$\times \exp\left\{\frac{1}{2L}\left[\left(B^2+D^2-A^2-C^2\right)\left(a_1^2-a_2^2\right)-4(AB+CD)a_1a_2\right]\right\}, \quad (1.126)$$

其中

$$L = A^2+B^2+C^2+D^2+2,$$
$$g = \frac{2}{L}\begin{pmatrix}A+D & B-C\\ C-B & A+D\end{pmatrix},$$
$$g^{-1} = \frac{1}{2}\begin{pmatrix}A+D & C-B\\ B-C & A+D\end{pmatrix}, \qquad (1.127)$$
$$I = \begin{pmatrix}1 & 0\\ 0 & 1\end{pmatrix}, \quad \det g = \frac{4}{L}.$$

16. $H_n(x)$ 可由其母函数来定义:

$$e^{2\lambda x-\lambda^2} = \sum_{n=0}^{+\infty}\frac{\lambda^n}{n!}H_n(x). \qquad (1.128)$$

利用级数求和的操作技巧:

$$\sum_{n=0}^{+\infty}\sum_{m=0}^{+\infty}A(m,n) = \sum_{n=0}^{+\infty}\sum_{m=0}^{[n/2]}A(m,n-2m), \qquad (1.129)$$

我们有

$$\sum_{n=0}^{+\infty} \frac{(2\lambda)^n}{n!} x^n = \mathrm{e}^{2\lambda x} = \sum_{m=0}^{+\infty} \frac{\lambda^{2m}}{m!} \sum_{n=0}^{+\infty} \frac{\lambda^n \mathrm{H}_n(x)}{n!} = \sum_{n=0}^{+\infty} \sum_{m=0}^{[n/2]} \frac{\lambda^n \mathrm{H}_{n-2m}(x)}{m!(n-2m)!}. \tag{1.130}$$

使方程两边 λ^n 的系数相等, 便可得到 x^n 用 $\mathrm{H}_n(x)$ 表示的展开式:

$$x^n = \sum_{m=0}^{[n/2]} \frac{n!}{2^n m!(n-2m)!} \mathrm{H}_{n-2m}(x). \tag{1.131}$$

考虑 $\mathrm{e}^{2\lambda X - \lambda^2}$, 其中 X 是坐标算符,

$$X = \sqrt{\frac{\hbar}{2m\omega}} (a + a^\dagger), \quad [a, a^\dagger] = 1. \tag{1.132}$$

令 $\hbar = 1$, $m = 1$, $\omega = 1$, $X = (a + a^\dagger)/\sqrt{2}$, 根据式 (1.128), 得

$$\sum_{n=0}^{+\infty} \frac{\lambda^n}{n!} \mathrm{H}_n(X) = \mathrm{e}^{2\lambda X - \lambda^2} = \mathrm{e}^{\sqrt{2}(a+a^\dagger)\lambda - \lambda^2} = \mathrm{e}^{\sqrt{2}a^\dagger \lambda} \mathrm{e}^{\sqrt{2}a\lambda}$$

$$= \;:\mathrm{e}^{\sqrt{2}a^\dagger \lambda} \mathrm{e}^{\sqrt{2}a\lambda}:\; = \;:\mathrm{e}^{2\lambda X}:\; = \;:\sum_{n=0}^{\infty} \frac{(2\lambda)^n}{n!} X^n:\;. \tag{1.133}$$

比较方程两边 λ^n 的系数, 可得 $\mathrm{H}_n(X)$ 的正规乘积展开:

$$\mathrm{H}_n(X) = 2^n : X^n :. \tag{1.134}$$

于是由式 (1.131) 又得

$$X^n = \sum_{m=0}^{[n/2]} \frac{n! \mathrm{H}_{n-2m}(X)}{2^n m!(n-2m)!} = \sum_{m=0}^{[n/2]} \frac{n!}{2^{2m} m!(n-2m)!} : X^{n-2m} :, \tag{1.135}$$

从而可得

$$\sum_{n=0} \frac{(-\lambda)^n X^n}{n!} = \mathrm{e}^{-\lambda X} = \;: \mathrm{e}^{\lambda^2/4 - \lambda X} :\; = \sum_{n=0}^{+\infty} \frac{(\mathrm{i}\lambda/2)^n}{n!} : \mathrm{H}_n(\mathrm{i}X) :. \tag{1.136}$$

比较式 (1.136) 的两边, 又得

$$X^n = (2\mathrm{i})^{-n} : \mathrm{H}_n(\mathrm{i}X) :. \tag{1.137}$$

点评 进一步比较, 可得

$$(2\mathrm{i})^n \sum_{m=0}^{[n/2]} \frac{n!}{2^{2m} m! (n-2m)!} : X^{n-2m} : \; = \; : \mathrm{H}_n(\mathrm{i}X) : . \tag{1.138}$$

这就给出了 $\mathrm{H}_n(x)$ 的幂级数展开:

$$\mathrm{H}_n(x) = 2^n \sum_{k=0}^{[n/2]} \frac{(-1)^k n!}{2^{2k} k! (n-2k)!} x^{n-2k}. \tag{1.139}$$

这是式 (1.131) 的逆关系, 总结以上关系式并列表如下:

函数关系	算符正规乘积关系
$x^n = \sum_{m=0}^{[n/2]} \frac{n! \mathrm{H}_{n-2m}(x)}{2^n m! (n-2m)!}$	$X^n = (2\mathrm{i})^{-n} : \mathrm{H}_n(\mathrm{i}X) :$
$\mathrm{H}_n(x) = 2^n \sum_{k=0}^{[n/2]} \frac{(-1)^k n!}{2^{2k} k! (n-2k)!} x^{n-2k}$	$\mathrm{H}_n(X) = 2^n : X^n :$

17. 由于 $|0\rangle\langle 0| 0\rangle = |0\rangle$, 所以 $|0\rangle$ 是其本征态, 故 $|0\rangle\langle 0|$ 必是粒子数算符 N 的函数:

$$|0\rangle\langle 0| = f(N). \tag{1.140}$$

由

$$f(N)|n\rangle = \begin{cases} |0\rangle, & n = 0, \\ 0, & n \neq 0, \end{cases} \tag{1.141}$$

得 $|0\rangle\langle 0| = 0^N$. 因为此种情况下只有 0^0 才是不定型, 故形式上有

$$\begin{aligned} 0^N &= (1-1)^N = 1 - N + \frac{1}{2!} N(N-1) - \frac{1}{3!} N(N-1)(N-2) + \cdots \\ &= \sum_{m=0}^{+\infty} \frac{(-1)^m}{m!} N(N-1) \cdots (N-m+1). \end{aligned} \tag{1.142}$$

再利用 $a^\dagger |n\rangle = \sqrt{n+1} |n+1\rangle$, 可得

$$a^{\dagger m} a^m = \sum_{n=0}^{+\infty} a^{\dagger m} |n\rangle\langle n| a^m = \sum_{n=0}^{+\infty} (n+1) \cdots (n+m) |n+m\rangle\langle n+m|$$

$$=N(N-1)\cdots(N-m+1). \tag{1.143}$$

于是

$$\sum_{m=0}^{+\infty} N(N-1)\cdots(N-m+1)\frac{\lambda^m}{m!} = (1+\lambda)^N = \sum_{m=0}^{+\infty}\frac{\lambda^m}{m!}:a^{\dagger m}a^m:$$

$$=:\mathrm{e}^{\lambda a^\dagger a}:, \tag{1.144}$$

代入式 (1.142), 可得

$$|0\rangle\langle 0| = \sum_{m=0}^{+\infty}\frac{(-1)^m}{m!}a^{\dagger m}a^m =: \mathrm{e}^{-a^\dagger a}:. \tag{1.145}$$

18. 坐标算符 X 的本征态方程为

$$X|x\rangle = x|x\rangle. \tag{1.146}$$

由 $|x\rangle$ 与 $\langle x|$ 拼成的 $|x\rangle\langle x|$ 是一个算符, 它起到一个投影算符的作用, 也可以认为它是一个测量坐标的值得到 x 的算符, 所以它也可以用狄拉克发明的 δ 函数表示为

$$|x\rangle\langle x| = \delta(x-X). \tag{1.147}$$

利用 δ 函数的傅里叶变换, 得

$$\delta(x-X) = \frac{1}{2\pi}\int_{-\infty}^{+\infty}\mathrm{d}p\,\mathrm{e}^{\mathrm{i}p(x-X)} = \frac{1}{2\pi}\int_{-\infty}^{+\infty}\mathrm{d}p\,\mathrm{e}^{\mathrm{i}p\left(x-\frac{a+a^\dagger}{\sqrt{2}}\right)}. \tag{1.148}$$

再根据 IWOP 技术, 就有

$$\delta(x-X) = \frac{1}{2\pi}\int_{-\infty}^{+\infty}\mathrm{d}p:\mathrm{e}^{-\frac{p^2}{4}+\mathrm{i}p\left(x-\frac{a^\dagger}{\sqrt{2}}\right)-\mathrm{i}p\frac{a}{\sqrt{2}}}:$$

$$=\frac{1}{\sqrt{\pi}}:\exp\left[-\left(x-\frac{a+a^\dagger}{\sqrt{2}}\right)^2\right]:. \tag{1.149}$$

注意, 由于在 : : 内 a 与 $a^\dagger$ 对易, 在积分时可把它们看做参量, 所以式 (1.149) 可分解为

$$\delta(x-X) = |x\rangle\langle x|$$

$$= \frac{1}{\pi^{1/4}} e^{-\frac{x^2}{2}+\sqrt{2}xa^\dagger -\frac{a^{\dagger 2}}{2}} |0\rangle \langle 0| e^{-\frac{x^2}{2}+\sqrt{2}xa-\frac{a^2}{2}}, \qquad (1.150)$$

从而得到 $|x\rangle$ 在福克空间的表示

$$|x\rangle = \pi^{-1/4} \exp\left(-\frac{x^2}{2}+\sqrt{2}xa^\dagger -\frac{a^{\dagger 2}}{2}\right)|0\rangle. \qquad (1.151)$$

对不确定的动量值的测量表明

$$\delta(p-P) = |p\rangle\langle p|, \qquad (1.152)$$

其中 $|p\rangle$ 是动量算符的本征态, 满足 $P|p\rangle = p|p\rangle$. 类似于式 (1.149)~(1.151) 的推导, 我们有

$$\delta(p-P) = \frac{1}{\sqrt{\pi}} : \exp\left[-\left(p-\frac{a-a^\dagger}{\sqrt{2}\mathrm{i}}\right)^2\right] : . \qquad (1.153)$$

再用式 (1.153) 拆分上式, 得到 $|p\rangle$ 的表达式为

$$|p\rangle = \pi^{-1/4} \exp\left(-\frac{p^2}{2}+\sqrt{2}\mathrm{i}pa^\dagger +\frac{a^{\dagger 2}}{2}\right)|0\rangle. \qquad (1.154)$$

19. 注意, 不能由 $\mathrm{H}_n(X) = 2^n : X^n :$, 想当然地认为 $\mathrm{H}_n(fX) = 2^n : (fX)^n :$. 因为 $X = (a+a^\dagger)/\sqrt{2}$, $[a, a^\dagger] = 1$, 而 $: X^n :$ 中的 a 和 $a^\dagger$ 是对易的. 根据厄米多项式的产生公式

$$\mathrm{e}^{-t^2+2tx} = \sum_{n=0}^{+\infty} \frac{t^n}{n!} \mathrm{H}_n(x) \qquad (1.155)$$

和算符公式

$$\mathrm{e}^A \mathrm{e}^B = \mathrm{e}^{A+B} \mathrm{e}^{\frac{1}{2}[A,B]} \quad (\text{当 } [A,[A,B]] = [B,[A,B]] = 0 \text{ 时成立}), \qquad (1.156)$$

可得

$$\sum_{n=0}^{+\infty} \frac{t^n}{n!} \mathrm{H}_n(fX) = \mathrm{e}^{-t^2+2tfX} =: \mathrm{e}^{-\left(t\sqrt{1-f^2}\right)^2 + 2\left(t\sqrt{1-f^2}\right)\frac{fX}{\sqrt{1-f^2}}} :$$

$$= \sum_{n=0}^{+\infty} \frac{\left(t\sqrt{1-f^2}\right)^n}{n!} : \mathrm{H}_n\left(\frac{fX}{\sqrt{1-f^2}}\right) : \quad (f \neq 1). \qquad (1.157)$$

对比两边中 t^n 的系数, 得

$$\mathrm{H}_n(fX) = \left(\sqrt{1-f^2}\right)^n : \mathrm{H}_n\left(\frac{fX}{\sqrt{1-f^2}}\right) : \neq 2^n : (fX)^n : . \tag{1.158}$$

利用坐标本征态的完备性和式 (1.158), 得

$$\mathrm{H}_n(fX) = \int_{-\infty}^{+\infty} \frac{\mathrm{d}x}{\sqrt{\pi}} \mathrm{H}_n(fx) : \mathrm{e}^{-(x-X)^2} :$$

$$= (1-f^2)^{n/2} : \mathrm{H}_n\left(\frac{fX}{\sqrt{1-f^2}}\right) : . \tag{1.159}$$

这就暗示了一个积分公式.

20. 根据式 (1.157), 可知

$$: \mathrm{e}^{2t(X+Y)} : = \mathrm{e}^{2t(X+Y)-2t^2} = \sum_{n=0}^{+\infty} \frac{\left(t\sqrt{2}\right)^n}{n!} \mathrm{H}_n\left(\frac{X+Y}{\sqrt{2}}\right), \tag{1.160}$$

$$: \mathrm{e}^{2t(X+Y)} : = \sum_{n=0}^{+\infty} \frac{(2t)^n}{n!} : (X+Y)^n : . \tag{1.161}$$

对比式 (1.160) 和 (1.161) 中 t^n 项的系数, 可得

$$\mathrm{H}_n\left(\frac{X+Y}{\sqrt{2}}\right) = 2^{n/2} : (X+Y)^n : . \tag{1.162}$$

利用双模坐标本征态的完备关系式

$$\int \mathrm{d}x\mathrm{d}y |x,y\rangle\langle x,y| = \int \frac{\mathrm{d}x\mathrm{d}y}{\pi} : \mathrm{e}^{-(x-X)^2-(y-Y)^2} : = 1, \tag{1.163}$$

得

$$\mathrm{H}_n\left(\frac{X+Y}{\sqrt{2}}\right) = \int \frac{\mathrm{d}x\mathrm{d}y}{\pi} \mathrm{H}_n\left(\frac{x+y}{\sqrt{2}}\right) : \mathrm{e}^{-(x-X)^2-(y-Y)^2} : = \sqrt{2^n} : (X+Y)^n : . \tag{1.164}$$

根据厄米多项式的求和公式

$$\sum_{n=0}^{m} \binom{m}{n} \mathrm{H}_{m-n}(\sqrt{2}fx) \mathrm{H}_n(\sqrt{2}gy) = 2^{m/2} \mathrm{H}_m(fx+gy), \tag{1.165}$$

可得

$$\begin{aligned}
&\mathrm{H}_m(fX+gY)\\
&=\int \mathrm{d}x\mathrm{d}y \mathrm{H}_m(fx+gy)|x,y\rangle\langle x,y|\\
&=\int \frac{\mathrm{d}x\mathrm{d}y}{\pi}\mathrm{H}_m(fx+gy):\mathrm{e}^{-(x-X)^2-(y-Y)^2}:\\
&=2^{-m/2}\sum_{n=0}^{m}\binom{m}{n}\int \frac{\mathrm{d}x\mathrm{d}y}{\pi}\mathrm{H}_{m-n}(\sqrt{2}fx)\mathrm{H}_n(\sqrt{2}gy):\mathrm{e}^{-(x-X)^2-(y-Y)^2}:\\
&=2^{-m/2}\sum_{n=0}^{m}\binom{m}{n}(1-2f^2)^{(m-n)/2}(1-2g^2)^{n/2}\\
&\quad\times:\mathrm{H}_{m-n}\left(\frac{\sqrt{2}fX}{\sqrt{1-2f^2}}\right)\mathrm{H}_n\left(\frac{\sqrt{2}gY}{\sqrt{1-2g^2}}\right):.
\end{aligned} \qquad (1.166)$$

将 $\sum_{m=0}^{+\infty}\frac{t^m}{m!}$ 作用于式 (1.166) 的两边，导出

$$\begin{aligned}
&\sum_{m=0}^{+\infty}\frac{t^m}{m!}\mathrm{H}_m(fX+gY)\\
&=\sum_{k=0}^{+\infty}\sum_{n=0}^{+\infty}\frac{\left(t\sqrt{(1-2f^2)/2}\right)^k\left(t\sqrt{(1-2g^2)/2}\right)^n}{n!k!}\\
&\quad\times:\mathrm{H}_k\left(\frac{\sqrt{2}fX}{\sqrt{1-2f^2}}\right)\mathrm{H}_n\left(\frac{\sqrt{2}gY}{\sqrt{1-2g^2}}\right):\\
&=:\exp\left[-t^2(1-f^2-g^2)+2t(fX+gY)\right]:\\
&=\sum_{m=0}^{+\infty}\frac{\left(t\sqrt{1-f^2-g^2}\right)^m}{m!}:\mathrm{H}_m\left(\frac{fX+gY}{\sqrt{1-f^2-g^2}}\right):,
\end{aligned} \qquad (1.167)$$

其中利用了公式

$$\sum_{m=0}^{+\infty}\sum_{n=0}^{m}A_{m-n}B_n=\sum_{k=0}^{+\infty}\sum_{n=0}^{+\infty}A_kB_n. \qquad (1.168)$$

对比式 (1.167) 中 t^n 项的系数，可得

$$\mathrm{H}_m(fX+gY)=\left(\sqrt{1-f^2-g^2}\right)^m:\mathrm{H}_m\left(\frac{fX+gY}{\sqrt{1-f^2-g^2}}\right):. \qquad (1.169)$$

21. 利用式 (1.19) 和 IWOP 技术, 得到

$$P_{231} = \pi^{-3/2} \iiint_{-\infty}^{+\infty} \mathrm{d}^3 q\, :\exp\left[-\left(q_1^2 + q_2^2 + q_3^2\right) + \sqrt{2}\left(q_2 a_1^\dagger + q_3 a_2^\dagger + q_1 a_3^\dagger\right.\right.$$

$$\left.\left. + q_1 a_1 + q_2 a_2 + q_3 a_3\right) - \frac{1}{2}\sum_{i=1}^{3}\left(a_i + a_i^\dagger\right)^2\right]:$$

$$=: \exp\left[\begin{pmatrix} a_1^\dagger, a_2^\dagger, a_3^\dagger \end{pmatrix} \begin{pmatrix} -1 & 1 & 0 \\ 0 & -1 & 1 \\ 1 & 0 & -1 \end{pmatrix} \begin{pmatrix} a_1 \\ a_2 \\ a_3 \end{pmatrix}\right]:. \quad (1.170)$$

进一步, 由算符公式 (1.50), 可得

$$P_{231} = \exp\left[\begin{pmatrix} a_1^\dagger, a_2^\dagger, a_3^\dagger \end{pmatrix} \ln\begin{pmatrix} 0 & 1 & 0 \\ 0 & 0 & 1 \\ 1 & 0 & 0 \end{pmatrix} \begin{pmatrix} a_1 \\ a_2 \\ a_3 \end{pmatrix}\right]. \quad (1.171)$$

可验证, 同时有

$$P_{231} a_1^\dagger P_{231} = a_2^\dagger, \quad P_{231} a_2^\dagger P_{231} = a_3^\dagger, \quad P_{231} a_3^\dagger P_{231} = a_1^\dagger. \quad (1.172)$$

22. 根据式 (1.19), 再利用 IWOP 技术进行积分, 得

$$P_{uv\cdots w} = \exp\left[\begin{pmatrix} a_1^\dagger, a_2^\dagger, \cdots, a_n^\dagger \end{pmatrix} \ln(u, v, \cdots, w) \begin{pmatrix} a_1 \\ a_2 \\ \vdots \\ a_n \end{pmatrix}\right], \quad (1.173)$$

则 $P_{uv\cdots w}$ 就是同时将算符 $a_1, a_2, \cdots, a_n$ 变换为 $a_u, a_v, \cdots, a_w$ 的幺正变换.

23. 根据式 (1.19), 再利用 IWOP 技术进行积分, 得

$$U(\mu, s) = \exp\left[-\frac{s^2}{2(1+\mu)^2} - \frac{1}{2}a^{\dagger 2}\tanh\lambda - \frac{sa^\dagger}{\sqrt{2}}\mathrm{sech}\,\lambda\right]$$

$$\times \exp\left[\left(a^\dagger a + \frac{1}{2}\right)\ln\mathrm{sech}\,\lambda\right] \exp\left(\frac{1}{2}a^2 \tanh\lambda + \frac{sa}{\sqrt{2}}\mathrm{sech}\,\lambda\right). \quad (1.174)$$

第 2 章　有关福克空间态矢量的若干问题

2.1　新增基础知识与例题

福克表象是量子力学、量子光学和量子场论最常用的一种表象,因为它可描述粒子的产生与湮灭. 其基本关系如下:

$$\sum_{n=0}^{+\infty} |n\rangle \langle n| = 1, \quad |n\rangle = \frac{a^{\dagger n}}{\sqrt{n!}} |0\rangle, \tag{2.1}$$
$$a|n\rangle = \sqrt{n}|n-1\rangle, \quad a^{\dagger}|n\rangle = \sqrt{n+1}|n+1\rangle.$$

福克本人在建立粒子数表象后曾经讨论过产生算符和湮灭算符的逆算符,后来狄拉克也曾对此做过研究. 显然,产生算符之逆应该描写湮灭过程;反之,湮灭算符之逆应该描写产生过程. 但事实并非如此简单,因为 $a|0\rangle = 0$,所以湮灭算符 a 只有右逆 $a^{-1}, aa^{-1} = 1$,但 $a^{-1}a \neq 1$. 同理,产生算符 $a^{\dagger}$ 只有左逆 $(a^{\dagger})^{-1}, (a^{\dagger})^{-1} a^{\dagger} = 1$,但 $a^{\dagger} (a^{\dagger})^{-1} \neq 1$.

【例 2.1】　利用相干态 $|z\rangle = \exp\left(-\frac{1}{2}|z|^2 + za^{\dagger}\right)|0\rangle$,求湮灭算符 a 的逆算符 a^{-1} 的表达式.

解　相干态 $|z\rangle$ 是湮灭算符 a 的本征态,即 $a|z\rangle = z|z\rangle$. 显然,若 $z \neq 0$,则 $a^{-1}|z\rangle = z^{-1}|z\rangle$. 但如果 $z = 0$,则需用粒子数态的围道积分表达式

$$|n\rangle = \frac{\sqrt{n}}{2\pi \mathrm{i}} \oint_C \mathrm{d}z \frac{\|z\rangle}{z^{n+1}}, \quad \|z\rangle = \exp(za^{\dagger})|0\rangle, \tag{2.2}$$

其中围道 C 是指包围 $z=0$ 的情形. 在围道积分的意义下, $a^{-1}\|z\rangle = z^{-1}\|z\rangle$, 因此 a^{-1} 对粒子数态 $|n\rangle$ 的作用结果是

$$a^{-1}|n\rangle = \frac{\sqrt{n}}{2\pi\mathrm{i}}\oint_C \mathrm{d}z\,\frac{\exp(za^\dagger)}{z^{n+2}}|0\rangle = \frac{1}{\sqrt{n+1}}|n+1\rangle. \tag{2.3}$$

利用粒子数态的完备性, 可得

$$a^{-1} = \sum_{n=0}^{+\infty} \frac{1}{\sqrt{n+1}}|n+1\rangle\langle n|. \tag{2.4}$$

点评 根据此结果, 也可以得到 $a^{-l} = \sum_{n=0}^{+\infty}\sqrt{\frac{n!}{(n+l)!}}|n+l\rangle\langle n|$.

【**例 2.2**】 位相算符定义为

$$\mathrm{e}^{\mathrm{i}\Phi} = \frac{1}{\sqrt{N+1}}a, \quad \mathrm{e}^{-\mathrm{i}\Phi} = a^\dagger \frac{1}{\sqrt{N+1}}, \quad \left[\mathrm{e}^{\mathrm{i}\Phi}, a^\dagger\sqrt{N+1}\right] = 1, \tag{2.5}$$

求证: 位相算符 $\mathrm{e}^{\mathrm{i}\Phi}$ 的逆为 $\mathrm{e}^{-\mathrm{i}\Phi}$, 即 $\left(\mathrm{e}^{\mathrm{i}\Phi}\right)^{-1} = \mathrm{e}^{-\mathrm{i}\Phi}$.

证明 因为 $aa^{-1} = 1, a^{-1}a = 1 - |0\rangle\langle 0|$, 所以

$$\mathrm{e}^{\mathrm{i}\Phi}\left(\mathrm{e}^{\mathrm{i}\Phi}\right)^{-1} = \frac{1}{\sqrt{N+1}}aa^{-1}\sqrt{N+1} = 1, \tag{2.6}$$

$$\left(\mathrm{e}^{\mathrm{i}\Phi}\right)^{-1}\mathrm{e}^{\mathrm{i}\Phi} = a^{-1}a = 1 - |0\rangle\langle 0|. \tag{2.7}$$

另外, 有

$$\mathrm{e}^{\mathrm{i}\Phi}\mathrm{e}^{-\mathrm{i}\Phi} = 1, \quad \mathrm{e}^{-\mathrm{i}\Phi}\mathrm{e}^{\mathrm{i}\Phi} = 1 - |0\rangle\langle 0|. \tag{2.8}$$

对比式 (2.6) 和 (2.8), 即得到结论 $\left(\mathrm{e}^{\mathrm{i}\Phi}\right)^{-1} = \mathrm{e}^{-\mathrm{i}\Phi}$.

点评 可以用逆算符来表达相位算符 $\mathrm{e}^{\mathrm{i}\Phi} = \left(a^\dagger\right)^{-1}\sqrt{N}$, $\mathrm{e}^{-\mathrm{i}\Phi} = \sqrt{N}a^{-1}$, 可见相算符的非幺正性与 a 和 a^{-1} 非对易这一事实密切相关.

【**例 2.3**】 已知湮灭算符的本征矢相干态, $a|z\rangle = z|z\rangle$, 试求解 $a^\dagger$ 的本征矢表达式.

解 假设 $a^\dagger$ 的本征矢为 $|z\rangle_*$, $a^\dagger|z\rangle_* = z^*|z\rangle_*$, 其中带下标 $*$ 的量表示 $a^\dagger$ 的本征右矢, 以区别于相干态 $|z\rangle$.

为了求 $|z\rangle_*$，用粒子数表象展开它：

$$|z\rangle_* = \sum_{n=0}^{+\infty} |n\rangle \langle n| z\rangle_* \quad (n=0,1,2,\cdots). \tag{2.9}$$

由公式 $a^\dagger |n\rangle = \sqrt{n+1}|n+1\rangle$，得到

$$a^\dagger |z\rangle_* = \sum_{n=0}^{+\infty} \sqrt{n+1}|n+1\rangle \langle n| z\rangle_* = z^*|z\rangle_*, \tag{2.10}$$

以及递推关系

$$0 = z^*\langle 0| z^*\rangle, \quad \langle 0| z^*\rangle = z^*\langle 1| z^*\rangle, \quad \sqrt{2}\langle 1| z^*\rangle = z^*\langle 2| z^*\rangle, \quad \cdots. \tag{2.11}$$

如果 $z^* \neq 0$，则由 $\langle 0| z^*\rangle = 0$，得 $\langle n| z\rangle_* = 0 \ (n=1,2,\cdots)$. 当 $z^* = 0$ 时，方程 $0 = z^*\langle 0| z^*\rangle$ 可以有广义函数解，类似于方程 $xf(x) = 0$，其一解为 $f(x) = \delta(x)$. 因为 z^* 是个复数，故可引入复宗量的广义函数.

利用围道积分定义 δ 函数：

$$\delta(z^*) = \frac{1}{2\pi i z^*}\bigg|_{C^*}, \tag{2.12}$$

其中 C^* 是逆时针围道，指包围 $z^* = 0$ 的点，但不包含 $f(z^*)$ 的奇点，记号 $|_{C^*}$ 指在对 dz^* 积分时必须沿着围道 C^* 进行. 根据柯西积分公式

$$f(0) = \frac{1}{2\pi i}\oint_{C^*} \frac{f(z^*)}{z^*} dz^*, \tag{2.13}$$

当 $f(z^*) = z^*$ 时，有

$$z^*|_{z^*=0} = \frac{1}{2\pi i}\oint_{C^*} dz^*, \tag{2.14}$$

于是

$$z^*\delta(z^*) = \frac{1}{2\pi i}\bigg|_{C^*} = 0. \tag{2.15}$$

对比式 (2.11) 中的第一式，我们可以得到

$$\langle 0| z^*\rangle = \delta(z^*). \tag{2.16}$$

根据 $\delta(z^*)$ 的高阶导数公式

$$\delta^n(z^*) = \left.\frac{(-1)^n n!}{2\pi \mathrm{i} z^{*n+1}}\right|_{C^*} = (-1)^n n! \frac{\delta(z^*)}{z^{*n}}, \tag{2.17}$$

或者改写为

$$z^{*n} \delta^{n+1}(z^*) = -(n+1)\delta^n(z^*), \tag{2.18}$$

代入式 (2.11)，得到 $a^\dagger$ 的本征右矢

$$|z\rangle_* = \sum_{n=0}^{+\infty} \frac{(-1)^n \delta^n(z^*)}{\sqrt{n!}} |n\rangle = \left.\frac{1}{2\pi \mathrm{i}} \sum_{n=0}^{+\infty} \frac{\sqrt{n!}}{z^{*(n+1)}} |n\rangle \right|_{C^*}. \tag{2.19}$$

点评 可由 $a^\dagger |n\rangle = \sqrt{n+1}|n+1\rangle$ 来验证 $|z\rangle_*$ 为 $a^\dagger$ 的本征右矢，即

$$a^\dagger |z\rangle_* = \sum_{n=0}^{+\infty} \frac{(-1)^n \delta^n(z^*)}{\sqrt{n!}} \sqrt{n+1}|n+1\rangle = z^* \sum_{n=0}^{+\infty} \frac{(-1)^{n+1} \delta^{n+1}(z^*)}{\sqrt{(n+1)!}} |n+1\rangle$$

$$= z^* |z\rangle_* - z^* \delta(z^*)|0\rangle = z^* |z\rangle_*. \tag{2.20}$$

读者可以思考 $|z\rangle_*$ 的其他性质.

2.2 习题

1. 利用相干态 $|z\rangle$ 求产生算符 $a^\dagger$ 之逆 $(a^\dagger)^{-1}$ 的具体形式，并证明:

$$\left[a, f\left((a^\dagger)^{-1}\right)\right] = \frac{\partial}{\partial a^\dagger} f\left((a^\dagger)^{-1}\right), \quad [a^\dagger, f(a^{-1})] = -\frac{\partial}{\partial a} f(a^{-1}).$$

2. 未归一化的相干态 $\|z\rangle$ 可由湮灭算符 a 的逆算符 a^{-1} 表示为 $\|z\rangle = \sum_{n=0}^{+\infty}(za^{-1})^n|0\rangle$，利用此表达式验证粒子数态和相干态的完备性.

3. 在单模福克空间我们构造一类特殊的完备表象 (平移–压缩关联压缩相干态)

$$|z\rangle_f = \exp\left[-\frac{|z|^2}{2} + (fz \pm gz^*)a^\dagger \mp fga^{\dagger 2}\right]|0\rangle, \tag{2.21}$$

其中 g, f 皆为复数,满足 $|f|^2 + |g|^2 = 1$. 试利用 IWOP 技术, 证明 $|z\rangle_f$ 的完备性, 并求解 $|z\rangle_f$ 的本征方程.

4. 已知

$$D(\alpha)|n\rangle = \frac{1}{\sqrt{n!}}\left(a^\dagger - \alpha\right)^n |\alpha\rangle, \tag{2.22}$$

其中 $D(\alpha) = \exp(\alpha a^\dagger - \alpha^* a)$ 表示平移算符, $|n\rangle$ 为福克态, 试证明此平移福克态的完备性.

5. 在粒子数态 $|n\rangle$ 张成的福克空间中, 定义

$$\sum_{n=0}^{+\infty} |2n\rangle\langle 2n+1| = f \quad (f^\dagger \text{ 是 } f \text{ 的厄米共轭}), \tag{2.23}$$

求证: $ff^\dagger = \cos^2\frac{\pi N}{2}, f^\dagger f = \sin^2\frac{\pi N}{2}, N = a^\dagger a$.

6. 证明算符恒等式

$$\left(a^\dagger a\right)^k = \sum_{l=0}^{+\infty} \begin{Bmatrix} k \\ l \end{Bmatrix} a^{\dagger l} a^l, \tag{2.24}$$

其中

$$\frac{1}{l!}\sum_{m=0}^{l}(-1)^{l-m}\binom{l}{m}m^k \equiv \begin{Bmatrix} k \\ l \end{Bmatrix}. \tag{2.25}$$

7. 利用粒子数态 $|n\rangle$ 的表象, 证明 $\sum_{n=0}^{+\infty}\begin{Bmatrix}n \\ l\end{Bmatrix}\frac{\lambda^n}{n!} = \frac{(e^\lambda - 1)^l}{l!}$.

8. 求坐标表象 $\langle x|$ 中光子数态波函数 $\langle x|n\rangle$.

9. 将单模压缩算符 $S(\lambda) = \exp\left[\frac{\lambda}{2}\left(a^2 - a^{\dagger 2}\right)\right]$ 作用于粒子数态 $|n\rangle$, 得到压缩粒子数态

$$|\lambda, n\rangle \equiv \exp\left[\frac{\lambda}{2}\left(a^2 - a^{\dagger 2}\right)\right]|n\rangle. \tag{2.26}$$

试推导 $|\lambda, n\rangle$ 的显式表达, 并计算在此态下场正交分量的涨落情况.

10. 求压缩粒子数态 $|\lambda, n\rangle$ 与另一粒子数态 $\langle m|$ 的内积 $\langle m|\lambda, n\rangle$.

11. 证明: 福克态 $|s, 0\rangle = \frac{a^{\dagger s}}{\sqrt{s!}}|00\rangle$ 经过双模压缩算符 $S_2 = \exp\left[\lambda\left(a^\dagger b^\dagger - ab\right)\right]$ 作用后, 得到的 $S_2|s, 0\rangle$ 是一个负二项分布态.

12. (接第 4 题) 设平移数态为 $D(\alpha)|n\rangle$, 在此态上退激发 m 个光子而得到态 $|r\rangle_m \equiv a^m D(\alpha)|n\rangle$. 求此态的归一化系数.

2.3 思考练习

1. 试推导泡利 (Pauli) 自旋算符的玻色表示, 即在粒子数态 $|n\rangle$ 张成的福克空间中,

$$\sigma_- = \sum_{n=0}^{+\infty} |2n\rangle\langle 2n+1|, \quad \sigma_+ = \sum_{n=0}^{+\infty} |2n+1\rangle\langle 2n|, \quad \sigma_3 = (-1)^{N+1}, \quad (2.27)$$

其中 $N = a^\dagger a, [\sigma_+, \sigma_-] = \sigma_3$.

2. 证明: 算符 $R = \sqrt{N+1}a$, $R^\dagger = a^\dagger \sqrt{N+1}$ 和 $N+1/2$ ($N=a^\dagger a$) 遵守封闭的 su(1,1) 代数关系, 即

$$[R^\dagger, R] = -2\left(N+\frac{1}{2}\right), \quad \left[R, N+\frac{1}{2}\right] = R, \quad \left[R^\dagger, N+\frac{1}{2}\right] = -R^\dagger. \quad (2.28)$$

3. 证明: 二项式分布

$$b(k;n,r) = \binom{n}{k} r^k s^{n-k} \quad (r+s=1) \quad (2.29)$$

在 r 很小而 n 很大时趋向于泊松分布

$$P(k,\lambda) = \frac{\lambda^k}{k!} e^{-\lambda} \quad (\lambda = nr). \quad (2.30)$$

4. 利用算符公式

$$\exp\left(\lambda Q^2\right) = (1-\lambda)^{-1/2} : \exp\left(\frac{\lambda}{1-\lambda} Q^2\right) :, \quad (2.31)$$

计算矩阵元 $\langle n'|\exp(\lambda Q^2)|n\rangle$, 其中 $|n\rangle$ 是粒子数态.

2.4 习题解答

1. 在围道积分意义下, $\langle z|(a^\dagger)^{-1} = \langle z|(z^*)^{-1}$, 因此利用式 (2.2) 及粒子数态完备性, 可得

$$(a^\dagger)^{-1} = \sum_{n=0}^{+\infty} \frac{1}{\sqrt{n+1}} |n\rangle \langle n+1|, \qquad (2.32)$$

比较可知

$$(a^\dagger)^{-1} = (a^{-1})^\dagger. \qquad (2.33)$$

由关系式

$$\left[a, (a^\dagger)^{-1}\right] = \sum_{n=2}^{+\infty} \frac{-1}{\sqrt{n(n-1)}} |n-2\rangle \langle n| = -(a^\dagger)^{-2} = \frac{\partial}{\partial a^\dagger}(a^\dagger)^{-1}, \qquad (2.34)$$

以及数学归纳法, 可证得

$$\left[a, f\left((a^\dagger)^{-1}\right)\right] = \frac{\partial}{\partial a^\dagger} f\left((a^\dagger)^{-1}\right), \quad \left[a^\dagger, f(a^{-1})\right] = -\frac{\partial}{\partial a} f(a^{-1}). \qquad (2.35)$$

注 上面的关系可以看做 $\left[a, f(a^\dagger)\right] = \frac{\partial}{\partial a^\dagger} f(a^\dagger)$ 的负幂次推广.

2. 根据 $\|z\rangle = \sum\limits_{n=0}^{+\infty} (za^{-1})^n |0\rangle$ 和 $aa^{-1} = 1$, 得

$$a\|z\rangle = \sum_{n=1}^{+\infty} z^n (a^{-1})^{n-1} |0\rangle = z\|z\rangle. \qquad (2.36)$$

把上式与 $\|z\rangle = \exp(za^\dagger)|0\rangle$ 作比较, 可见

$$a^{-n}|0\rangle = \frac{1}{\sqrt{n!}} |n\rangle. \qquad (2.37)$$

于是, 粒子数态的完备性关系式可改写为

$$\sum_{n=0}^{+\infty} n! a^{-n} |0\rangle \langle 0| (a^\dagger)^{-n} = 1. \qquad (2.38)$$

同样, 由 $\|z\rangle = \sum\limits_{n=0}^{+\infty}(za^{-1})^n|0\rangle$, 可以验证相干态的过完备性:

$$\int\frac{\mathrm{d}^2z}{\pi}\|z\rangle\langle z|\mathrm{e}^{-|z|^2} = \sum_{n,n'=0}^{+\infty}a^{-n}|0\rangle\langle 0|(a^\dagger)^{-n'}\int\frac{\mathrm{d}^2z}{\pi}\mathrm{e}^{-|z|^2}z^n z^{*n'}$$

$$= \sum_{n=0}^{+\infty}n!a^{-n}|0\rangle\langle 0|(a^\dagger)^{-n} = 1. \tag{2.39}$$

3. 利用 IWOP 技术及 $|0\rangle\langle 0| =: \exp(-a^\dagger a):$, 可知

$$\int\frac{\mathrm{d}^2z}{\pi}|z\rangle_f\,{}_f\langle z| = \int\frac{\mathrm{d}^2z}{\pi}:\exp\left[-|z|^2 + z\left(fa^\dagger \pm g^*a\right) + z^*\left(f^*a \pm ga^\dagger\right)\right.$$
$$\left.\mp fga^{\dagger 2} \mp f^*g^*a^2 - a^\dagger a\right]:$$
$$=:\exp\left[\left(|f|^2 + |g|^2 - 1\right)a^\dagger a\right]:\, = 1. \tag{2.40}$$

上式推导中利用了积分公式

$$\int\frac{\mathrm{d}^2z}{\pi}\exp\left(\zeta|z|^2 + \xi z + \eta z^*\right) = \frac{-1}{\zeta}\exp\left(\frac{-\xi\eta}{\zeta}\right). \tag{2.41}$$

将湮灭算符 a 作用于 $|z\rangle_f$, 得到

$$a|z\rangle_f = \left[(fz \pm gz^*) \mp 2fga^\dagger\right]|z\rangle_f, \tag{2.42}$$

所以, $|z\rangle_f$ 满足本征方程

$$\left(1 - 4|fg|^2\right)^{-1/2}\left(a \pm 2fga^\dagger\right)|z\rangle_f = \left(1 - 4|fg|^2\right)^{-1/2}(fz \pm gz^*)|z\rangle_f. \tag{2.43}$$

点评 注意 $|z\rangle_f$ 是平移参数与压缩参数有关的相干压缩态, 因为其指数上包括与 z^* 成比例的 $gz^*a^\dagger$ 项, 所以当 $g = 0$ 时, $|z\rangle_f$ 变成相干态.

4. 平移福克态的完备性为

$$\int\frac{\mathrm{d}^2\alpha}{\pi}D(\alpha)|n\rangle\langle m|D^\dagger(\alpha)$$
$$= \int\frac{\mathrm{d}^2\alpha}{\pi}D(\alpha)\frac{a^{\dagger n}}{\sqrt{n!}}|0\rangle\langle 0|\frac{a^m}{\sqrt{m!}}D^\dagger(\alpha)$$

$$= \int \frac{\mathrm{d}^2\alpha}{\pi} : \frac{1}{\sqrt{m!n!}} \left(a^\dagger - \alpha^*\right)^n (a-\alpha)^m \exp\left[-\left(\alpha^* - a^\dagger\right)(\alpha - a)\right] : . \quad (2.44)$$

作变量替换 $\alpha^* - a^\dagger \mapsto \alpha^*, \alpha - a \mapsto \alpha$, 则

$$\int \frac{\mathrm{d}^2\alpha}{\pi} D(\alpha) |n\rangle \langle m| D^\dagger(\alpha) = \frac{1}{\sqrt{m!n!}} \int \frac{\mathrm{d}^2\alpha}{\pi} (-1)^{m+n} \alpha^{*m} \alpha^n \mathrm{e}^{-|\alpha|^2}$$
$$= \delta_{mn} I. \quad (2.45)$$

上式即为平移福克态的完备性关系.

5. 提示: 可以利用粒子数态 $|n\rangle$ 的完备性和三角函数性质来进行分析和证明.

6. 根据粒子数态的完备性关系式

$$\sum_{n=0}^{+\infty} |n\rangle \langle n| = \sum_{n=0}^{+\infty} \frac{a^{\dagger n}}{\sqrt{n!}} |0\rangle \langle 0| \frac{a^n}{\sqrt{n!}} = \sum_{n=0}^{+\infty} : \frac{\left(a^\dagger a\right)^n}{n!} \mathrm{e}^{-a^\dagger a} := 1, \quad (2.46)$$

可得

$$\left(a^\dagger a\right)^k = \sum_{n=0}^{+\infty} n^k |n\rangle \langle n| = \sum_{n=0}^{+\infty} n^k : \frac{\left(a^\dagger a\right)^n}{n!} \sum_{m=0}^{+\infty} \frac{(-1)^m}{m!} \left(a^\dagger a\right)^m : . \quad (2.47)$$

由求和公式

$$\sum_{n=0}^{+\infty} \sum_{m=0}^{+\infty} A_n B_m = \sum_{l=0}^{+\infty} \sum_{m=0}^{l} A_{l-m} B_m, \quad (2.48)$$

可将式 (2.47) 转化为

$$\left(a^\dagger a\right)^k = : \sum_{l=0}^{+\infty} \sum_{m=0}^{l} (l-m)^k \frac{\left(a^\dagger a\right)^{l-m}}{(l-m)!} \frac{(-1)^m}{m!} \left(a^\dagger a\right)^m :$$
$$= : \sum_{l=0}^{+\infty} \frac{\left(a^\dagger a\right)^l}{l!} \sum_{m=0}^{l} (l-m)^k \frac{l!(-1)^m}{m!(l-m)!} :$$
$$= \sum_{l=0}^{+\infty} \frac{a^{\dagger l} a^l}{l!} \sum_{m=0}^{l} (-1)^{l-m} \binom{l}{m} m^k, \quad (2.49)$$

其中

$$\frac{1}{l!} \sum_{m=0}^{l} (-1)^{l-m} \binom{l}{m} m^k \equiv \begin{Bmatrix} k \\ l \end{Bmatrix} \quad (2.50)$$

恰为第二类斯特林 (Stirling) 数. 于是我们得到算符恒等式

$$\left(a^\dagger a\right)^k = \sum_{l=0}^{+\infty} \begin{Bmatrix} k \\ l \end{Bmatrix} a^{\dagger l} a^l. \tag{2.51}$$

7. 利用 $a^\dagger |m\rangle = \sqrt{m+1}|m+1\rangle$ 和粒子数态的完备性, 有

$$a^{\dagger l} a^l = a^{\dagger l} \sum_{m=0}^{+\infty} |m\rangle \langle m| a^l = \,: \sum_{m=0}^{+\infty} \frac{\left(a^\dagger a\right)^m}{(m-l)!} \mathrm{e}^{-a^\dagger a} :$$

$$= \,: \sum_{m=0}^{+\infty} m(m-1)\cdots(m-l+1) \frac{\left(a^\dagger a\right)^m}{m!} \mathrm{e}^{-a^\dagger a} :$$

$$= N(N-1)\cdots(N-l+1), \tag{2.52}$$

这里 $N = a^\dagger a$. 对比式 (2.51) 和 (2.52), 可得

$$N^k = \sum_{l=1}^{k} \begin{Bmatrix} k \\ l \end{Bmatrix} N(N-1)\cdots(N-l+1). \tag{2.53}$$

对比

$$\mathrm{e}^{\lambda a^\dagger a} = \sum_{k=0}^{+\infty} \mathrm{e}^{\lambda k} |k\rangle \langle k| = \sum_{n=0}^{+\infty} \sum_{k=0}^{+\infty} \,: \mathrm{e}^{-a^\dagger a} k^n \frac{\left(a^\dagger a\right)^k}{k!} : \frac{\lambda^n}{n!} \tag{2.54}$$

和 $\mathrm{e}^{\lambda a^\dagger a} = \sum_{n=0}^{+\infty} \frac{\lambda^n}{n!} \left(a^\dagger a\right)^n$ 中含 λ^n 的项, 可引入

$$: \mathrm{e}^{-a^\dagger a} \sum_{k=0}^{+\infty} k^n \frac{\left(a^\dagger a\right)^k}{k!} : \,\equiv\, : B\left(n, a^\dagger a\right) :, \tag{2.55}$$

则发现

$$: B\left(n, a^\dagger a\right) : = \left(a^\dagger a\right)^n = \,: \sum_{l=0}^{+\infty} \begin{Bmatrix} n \\ l \end{Bmatrix} \left(a^\dagger a\right)^l :, \tag{2.56}$$

于是推得

$$B(n, y) = \sum_{l=0}^{+\infty} \begin{Bmatrix} n \\ l \end{Bmatrix} y^l = \sum_{l=1}^{n} \begin{Bmatrix} n \\ l \end{Bmatrix} y^l. \tag{2.57}$$

这恰为贝尔 (Bell) 多项式

$$B(n, y) = \mathrm{e}^{-y} \sum_{k=0}^{+\infty} k^n \frac{y^k}{k!},$$

式中 $B(0,y) = 1$. 由

$$e^{\lambda a^\dagger a} = \,: \exp[(e^\lambda - 1)a^\dagger a] : \, = \, : \sum_{l=0}^{+\infty} \frac{(e^\lambda - 1)^l (a^\dagger a)^l}{l!} :$$

$$= \sum_{n=0}^{+\infty} : B(n, a^\dagger a) : \frac{\lambda^n}{n!} = \sum_{n=0}^{+\infty} : \sum_{l=0}^{+\infty} \begin{Bmatrix} n \\ l \end{Bmatrix} (a^\dagger a)^l : \frac{\lambda^n}{n!}, \tag{2.58}$$

证得

$$\sum_{n=0}^{+\infty} \begin{Bmatrix} n \\ l \end{Bmatrix} \frac{\lambda^n}{n!} = \frac{(e^\lambda - 1)^l}{l!}. \tag{2.59}$$

8. 根据厄米多项式的母函数

$$e^{2\lambda x - \lambda^2} = \sum_{m=0}^{} \frac{\lambda^m}{m!} H_m(x), \tag{2.60}$$

$$|x\rangle\langle x| = \frac{1}{\sqrt{\pi}} e^{-x^2} : e^{2x\hat{X} - \hat{X}^2} : \, = e^{-x^2} \sum_{m=0} : \frac{\hat{X}^m}{n!} H_m(x) :, \tag{2.61}$$

并注意到在正规乘积内玻色算符 a 与 $a^\dagger$ 相互对易, 可得

$$\langle n|x\rangle\langle x|0\rangle = \frac{1}{\sqrt{\pi}} e^{-x^2} \sum_{m=0} \frac{H_m(x)}{m!} \langle n| : \left(\frac{a+a^\dagger}{\sqrt{2}}\right)^m : |0\rangle$$

$$= \frac{1}{\sqrt{\pi}} e^{-x^2} \sum_{m=0} \frac{H_m(x)}{\sqrt{2^m} m!} \langle n| a^{\dagger m} |0\rangle$$

$$= \frac{1}{\sqrt{\pi}} e^{-x^2} \sum_{n=0} \frac{H_m(x)}{\sqrt{2^m} m!} \langle n| m\rangle$$

$$= \frac{1}{\sqrt{\pi}} e^{-x^2} \frac{H_n(x)}{\sqrt{2^n n!}}. \tag{2.62}$$

特别当 $n = 0$ 时, 有

$$|\langle x|0\rangle|^2 = \pi^{-1/2} e^{-x^2}, \tag{2.63}$$

即

$$\langle x|0\rangle = \pi^{-1/4} e^{-x^2/2}, \tag{2.64}$$

所以

$$\langle x|n\rangle = \langle n|x\rangle = \pi^{-1/4} e^{-x^2/2} \frac{H_n(x)}{\sqrt{2^n n!}}. \tag{2.65}$$

这就是坐标表象 $\langle x|$ 中的光子数态波函数.

9. 根据单模压缩算符的坐标表象表达式

$$S(\lambda) = \int_{-\infty}^{+\infty} \frac{\mathrm{d}q}{\sqrt{\mu}} \left| \frac{q}{\mu} \right\rangle \langle q| \quad (\mu = \mathrm{e}^{\lambda}), \tag{2.66}$$

可得

$$\begin{aligned}
S(\lambda)|n\rangle &= \int_{-\infty}^{+\infty} \frac{\mathrm{d}q}{\sqrt{\mu}} \left| \frac{q}{\mu} \right\rangle \langle q|n\rangle \\
&= \int_{-\infty}^{+\infty} \frac{1}{\sqrt{\mu\sqrt{\pi}2^n n!}} \mathrm{e}^{-\frac{q^2}{2}} \mathrm{H}_n(q) \left| \frac{q}{\mu} \right\rangle \\
&= \frac{1}{\sqrt{\mu\sqrt{\pi}2^n n!}} \int_{-\infty}^{+\infty} \mathrm{d}q \exp\left[-\frac{q^2}{2}\left(1+\frac{1}{\mu^2}\right) + \sqrt{2}\frac{q}{\mu}a^\dagger - \frac{a^{\dagger 2}}{2}\right] \mathrm{H}_n(q)|0\rangle.
\end{aligned} \tag{2.67}$$

利用积分公式

$$\int_{-\infty}^{+\infty} \mathrm{d}x \mathrm{e}^{-\frac{(x-y)^2}{2f}} \mathrm{H}_n(x) = \sqrt{2\pi f}(1-2f)^{n/2} \mathrm{H}_n\left(y(1-2f)^{-1/2}\right), \tag{2.68}$$

得到

$$|\lambda, n\rangle = \frac{1}{\sqrt{2^n n!}} \left(-\tanh^{n/2}\lambda\right) \mathrm{H}_n\left(\frac{a^\dagger}{\mathrm{i}\sqrt{\sinh 2\lambda}}\right) \mathrm{sech}^{1/2}\lambda \exp\left(-\frac{a^{\dagger 2}}{2}\tanh\lambda\right)|0\rangle. \tag{2.69}$$

根据

$$x_1 = \frac{1}{2}(a+a^\dagger), \quad x_2 = \frac{1}{2\mathrm{i}}(a-a^\dagger), \tag{2.70}$$

可知

$$\begin{aligned}
(\Delta x_1)^2 &= \langle \lambda, n|x_1^2|\lambda, n\rangle - (\langle \lambda, n|x_1|\lambda, n\rangle)^2 = \frac{1}{2\mu^2}\left(n+\frac{1}{2}\right), \\
(\Delta x_2)^2 &= \langle \lambda, n|x_2^2|\lambda, n\rangle - (\langle \lambda, n|x_2|\lambda, n\rangle)^2 = \frac{\mu^2}{2}\left(n+\frac{1}{2}\right),
\end{aligned} \tag{2.71}$$

因此

$$\Delta x_1 \Delta x_2 = \frac{1}{2}\left(n+\frac{1}{2}\right). \tag{2.72}$$

10. 根据算符公式

$$a^n e^{va^{\dagger 2}} = e^{va^{\dagger 2}} \sum_{k=0}^{[n/2]} \frac{n! v^k}{k!(n-2k)!} : \left(2va^\dagger + a\right)^{n-2k} : \tag{2.73}$$

(其证明方法可以参见第 1 章中的有关内容)，可得

$$\langle m| \exp\left[\frac{\lambda}{2}\left(a^2 - a^{\dagger 2}\right)\right] |n\rangle$$

$$= \langle m| \exp\left(-\frac{a^{\dagger 2}}{2}\tanh\lambda\right) \exp\left[\left(a^\dagger a + \frac{1}{2}\right)\ln\sech\lambda\right] \exp\left(\frac{a^2}{2}\tanh\lambda\right) |n\rangle$$

$$= \frac{1}{\sqrt{m!n!}} \langle 0| \sum_{l=0}^{[m/2]} \frac{m!\left(-\tanh^l\lambda\right)}{2^l l!(n-2l)!} : \left(-a^\dagger \tanh\lambda + a\right)^{m-2l} :$$

$$\times \exp\left[\left(a^\dagger a + \frac{1}{2}\right)\ln\sech\lambda\right] \sum_{k=0}^{[n/2]} \frac{n!\left(\tanh^k\lambda\right)}{2^k k!(n-2k)!} : \left(a\tanh\lambda + a^\dagger\right)^{n-2k} : |0\rangle.$$

$$\tag{2.74}$$

由于

$$a^n e^{\lambda a^\dagger a} = e^{\lambda a^\dagger a} \left(ae^\lambda\right)^n, \tag{2.75}$$

所以上式变为 (不失一般性，设 $n \geqslant m$)

$$\langle m| \lambda, n\rangle$$

$$= \sqrt{m!n!} \langle 0| \sum_{l=0}^{[m/2]} \sum_{k=0}^{[n/2]} \frac{(-1)^l \tanh^{l+k}\lambda \sech^{m-2l+\frac{1}{2}}\lambda}{2^{l+k}(m-2l)!k!(n-2k)!l!} a^{m-2l}(a^\dagger)^{n-2k} |0\rangle$$

$$= \sech^{m+\frac{1}{2}}\lambda \left(\frac{1}{2}\tanh\lambda\right)^{\frac{n-m}{2}} \sum_{l=0}^{[m/2]} \frac{\sqrt{n!m!}(-\sinh^2\lambda)^l}{4^l l! \left(l + \frac{n-m}{2}\right)!(m-2l)!}. \tag{2.76}$$

11. 因为

$$|\lambda\rangle = \exp\left[\lambda\left(a^\dagger b^\dagger - ab\right)\right] |s, 0\rangle$$

$$= \sech^{1+s}\lambda \sum_{n=0}^{+\infty} \sqrt{\frac{(n+s)!}{n!s!}} \tanh^n\lambda |n+s, s\rangle, \tag{2.77}$$

故测量 $|\lambda\rangle$ 得到它处于态 $|n+s,s\rangle$ 的概率为

$$\mathrm{sech}^{2(1+s)}\lambda \frac{(n+s)!}{n!s!}\tanh^{2n}\lambda. \tag{2.78}$$

这是一个负二项分布.

12. 根据 $|r\rangle_m \equiv a^m D(\alpha)|n\rangle$, 构造母函数

$$\begin{aligned}
G &\equiv \sum_{m=0}^{+\infty} \frac{t^m}{m!} {}_m\langle r|r\rangle_m = \langle n|D^\dagger(\alpha) \sum_{m=0}^{+\infty} \frac{t^m}{m!} : a^{\dagger m} a^m : D(\alpha)|n\rangle \\
&= \langle n|D^\dagger(\alpha) : \mathrm{e}^{ta^\dagger a} : D(\alpha)|n\rangle = \langle n|D^\dagger(\alpha) \mathrm{e}^{a^\dagger a \ln(t+1)} D(\alpha)|n\rangle \\
&= \langle n|D^\dagger(\alpha) \sum_{m'=0}^{+\infty} |m'\rangle\langle m'| \mathrm{e}^{m'\ln(t+1)} D(\alpha)|n\rangle \\
&= \sum_{m'=0}^{+\infty} \langle n|D^\dagger(\alpha)|m'\rangle\langle m'|D(\alpha)|n\rangle (t+1)^{m'} \\
&= \sum_{m'=0}^{+\infty} |\langle m'|D(\alpha)|n\rangle|^2 (t+1)^{m'} \\
&= \sum_{m'=0}^{+\infty} (t+1)^{m'} \left|\sqrt{\frac{n!}{m'!}} \alpha^{m'-n} \mathrm{e}^{-\frac{|\alpha|^2}{2}} \mathrm{L}_n^{(m'-n)}\left(|\alpha|^2\right)\right|^2 \\
&= \sum_{m'=0}^{+\infty} \sum_{l=0}^{m'} \binom{m'}{l} t^l \frac{n!}{m'!} |\alpha|^{2(m'-n)} \mathrm{e}^{-|\alpha|^2} \left|\mathrm{L}_n^{(m'-n)}\left(|\alpha|^2\right)\right|^2, \\
&= \sum_{m=0}^{+\infty} \frac{t^m}{m!} \sum_{m'=0}^{+\infty} \frac{n!}{m'!} |\alpha|^{2(m'+m-n)} \mathrm{e}^{-|\alpha|^2} \left|\mathrm{L}_n^{(m'+m-n)}(|\alpha|^2)\right|^2
\end{aligned}$$

因此, 比较第一步骤与最后一步骤中 t^m 的系数, 得到

$${}_m\langle r|r\rangle_m = \sum_{m'=0}^{+\infty} \frac{n!}{m'!} |\alpha|^{2(m'+m-n)} \mathrm{e}^{-|\alpha|^2} \left|\mathrm{L}_n^{(m'+m-n)}\left(|\alpha|^2\right)\right|^2$$

这里 L_n^m 是关联拉盖尔多项式. 此题的解法中巧妙地引入了母函数.

第 3 章 相 干 态

3.1 新增基础知识与例题

坐标本征态 $|q\rangle$ 和动量本征态 $|p\rangle$ 都只是理想的态,它们都可归一化为 δ 函数,因此其物理应用也是有限的. 而相干态在近代物理中的应用却十分广泛. 它不仅是一个重要的物理概念,而且是理论物理中一种有效的方法. 例如,它可以给一个微观量子系统表现出宏观的集体模式一个非常自然的解释,从而给出其量子力学的经典对应. 在量子光学中,相干态是激光理论的重要支柱. 相干态可以用来发展群表示论. 目前,几乎物理的各种领域都广泛地应用相干态.

1926 年,薛定谔最早提出相干态这一物理概念. 他指出:"要在一个给定位势下找某个量子力学态,这个态遵从与经典粒子类似的规律." 对于谐振子位势,他找到了一个这样的态. 但直到 60 年代初才由格劳伯 (Glauber) 和克劳德 (Klauder) 等人系统地建立起谐振子相干态 (或称为正则相干态),证明了它是谐振子湮灭算符的本征态,而且是使坐标–动量不确定关系取极小值的态. 鉴于相干态有它的固有特点. 例如,它是一个不正交的态,因此具有过完备性. 又例如,它是一个量子力学态,而且又最接近于经典情况,因此人们对相干态的研究与应用的兴趣与日俱增.

第 3 章 相干态

归一化的相干态的表达式为

$$|z\rangle = D(z)|0\rangle = \exp\left(-\frac{1}{2}|z|^2 + za^\dagger\right)|0\rangle, \tag{3.1}$$

其中 z 为复数, $D(z)$ 为平移算符, 满足以下关系:

$$D(z)D(z') = D(z+z')\exp\left[\frac{1}{2}(zz'^* - z^*z')\right], \tag{3.2}$$

$$D(-z) = D^{-1}(z) = D^\dagger(z), \quad D^{-1}(z)aD(z) = a + z. \tag{3.3}$$

易知, $|z\rangle$ 是湮灭算符 a 的本征态:

$$a|z\rangle = z|z\rangle, \tag{3.4}$$

而且是无穷多个粒子数态的叠加:

$$|z\rangle = e^{-|z|^2/2}\sum_{n=0}^{+\infty}\frac{z^n}{\sqrt{n!}}|n\rangle. \tag{3.5}$$

与动量本征态和坐标本征态不同, 相干态是不正交的:

$$\langle z'|z\rangle = \exp\left[-\frac{1}{2}\left(|z|^2 + |z'|^2\right) + z'^*z\right]. \tag{3.6}$$

与此相关的另一个重要性质是相干态的过完备性, 传统的做法如下:

$$\int \frac{d^2z}{\pi}|z\rangle\langle z| = \frac{1}{\pi}\int_0^{+\infty}rdr\int_0^{2\pi}d\theta e^{-r^2}\sum_{n,n'}^{+\infty}\frac{r^{n+n'}e^{i(n-n')\theta}}{\sqrt{n!n'!}}|n\rangle\langle n'|$$

$$= \sum_{n=0}^{+\infty}|n\rangle\langle n| = 1. \tag{3.7}$$

而现在根据 IWOP 技术, 可立即证得

$$\int \frac{d^2z}{\pi}|z\rangle\langle z| = \int \frac{d^2z}{\pi} : \exp\left[-(z^* - a^\dagger)(z - a)\right] : = 1. \tag{3.8}$$

在很多情况下相干态 $|z\rangle$ 采用正则形式表示, 即令 $z = (q+ip)/\sqrt{2}$, 有

$$|z\rangle = |p,q\rangle = e^{i(pQ-qP)}|0\rangle$$

$$= \exp\left[-\frac{1}{4}\left(p^2+q^2\right) + \frac{1}{\sqrt{2}}\left(q+\mathrm{i}p\right)a^\dagger\right]|0\rangle. \tag{3.9}$$

相应地, 非正交性和过完备性分别改写为

$$\langle p,q|p',q'\rangle = \exp\left\{-\frac{1}{4}\left[(p-p')^2 + (q-q')^2\right] + \frac{\mathrm{i}}{2}(pq'-qp')\right\}, \tag{3.10}$$

$$\frac{1}{2\pi}\iint_{-\infty}^{+\infty} \mathrm{d}p\mathrm{d}q\, |p,q\rangle\langle p,q| = 1. \tag{3.11}$$

读者可以利用 IWOP 技术计算

$$\frac{1}{2\pi}\iint \mathrm{d}p\mathrm{d}q\, \left|p\mu, \frac{q}{\mu}\right\rangle\langle p,q|, \tag{3.12}$$

并分析其物理意义. 由式 (3.10), 不难得出

$$\langle p,q|Q|p,q\rangle = q, \quad \langle p,q|P|p,q\rangle = p. \tag{3.13}$$

可见, 正则相干态形式的优点是它提供了一个新的表象, 这一表象把坐标算符 Q 与动量算符 P 分别与它们的期望值 q 和 p 对应起来. 这就启发我们, 用正则相干态研究经典相空间中的正则变换如何向量子力学希尔伯特空间中的幺正算符的过渡是方便的.

非线性相干态的研究变成了近年来量子光学与原子光学的一个热点, 它不但可把很多量子光场中有物理意义的态矢量看做非线性相干态, 而且非线性相干态可以在物理实验中实现. 非线性相干态是作为 $f(N)a$ 的本征态来定义的:

$$|z\rangle_f = \exp\left[\frac{z}{f(N-1)}a^\dagger\right]|0\rangle. \tag{3.14}$$

由于非线性相干态的特殊性, 还需引入 $\dfrac{1}{f(N)}a$ 的本征态:

$$\frac{1}{f(N)}a|z\rangle\rangle_f = z|z\rangle\rangle_f, \quad |z\rangle\rangle_f = \exp\left[za^\dagger f(N)\right]|0\rangle. \tag{3.15}$$

$_f\langle\langle z|$ 和 $|z\rangle_f$ 的内积是

$$_f\langle\langle z'|z\rangle_f = \langle 0|\exp\left[z'^* f(N)a\right]\exp\left[\frac{z}{f(N-1)}a^\dagger\right]|0\rangle = \exp(z'^* z). \tag{3.16}$$

非线性相干态的完备性关系由下式构建：

$$\int \frac{\mathrm{d}^2 z}{\pi} \exp\left(-|z|^2\right) |z\rangle_{f\ f}\langle z| = 1.$$

由以下对易关系：

$$[N,a] = -a, \quad [N,a^\dagger] = a^\dagger,$$
$$f(N)a\frac{1}{f(N-1)}a^\dagger = aa^\dagger, \quad \left[f(N)a, \frac{1}{f(N-1)}a^\dagger\right] = [a,a^\dagger] = 1, \quad (3.17)$$

以及

$$f(N)a = af(N-1), \quad \frac{1}{f(N-1)}a^\dagger = a^\dagger \frac{1}{f(N)}, \quad (3.18)$$

可以引入有关 $f(N)a$ 和 $\frac{1}{f(N-1)}a^\dagger$ 的广义排序. 当所有的 $\frac{1}{f(N-1)}a^\dagger$ 都在 $f(N)a$ 的左边, 就称这个排好了的算符是一个广义的正规乘积排列, 用 $^\circ_\circ\ ^\circ_\circ$ 标记, 它具有以下性质:

(1) 在广义正规乘积 $^\circ_\circ\ ^\circ_\circ$ 内, $f(N)a$ 和 $\frac{1}{f(N-1)}a^\dagger$ 是对易的, 即

$$^\circ_\circ f(N)a \frac{1}{f(N-1)}a^\dagger {}^\circ_\circ = {}^\circ_\circ \frac{1}{f(N-1)}a^\dagger f(N)a {}^\circ_\circ = \frac{1}{f(N-1)}a^\dagger f(N)a. \quad (3.19)$$

(2) 在 $^\circ_\circ\ ^\circ_\circ$ 内的 $^\circ_\circ\ ^\circ_\circ$ 可以消去.

(3) 只要此积分收敛, 就可以对广义正规乘积中的普通数进行积分 (或微分).

(4) 真空投影算符的广义正规乘积表示是

$$|0\rangle\langle 0| = {}^\circ_\circ \exp\left[-\frac{1}{f(N-1)}a^\dagger f(N)a\right] {}^\circ_\circ. \quad (3.20)$$

近年来, 引入的相干纠缠态不仅具有相干态的性质, 也具有纠缠态的行为, 此态矢量在福克空间的表达式为

$$|\alpha, x\rangle = \exp\left[-\frac{x^2}{2} - \frac{1}{4}|\alpha|^2 + \left(x + \frac{\alpha}{2}\right)a_1^\dagger + \left(x - \frac{\alpha}{2}\right)a_2^\dagger - \frac{1}{4}\left(a_1^\dagger + a_2^\dagger\right)^2\right]|00\rangle. \quad (3.21)$$

利用光子产生算符 $a_i^\dagger$ 与湮灭算符 a_i 的对易式 $[a_i, a_j^\dagger] = \delta_{ij}$, 可证得以下本征方程:

$$(X_1 + X_2)|x, \alpha\rangle = \sqrt{2} x |x, \alpha\rangle, \quad (a_1 - a_2)|x, \alpha\rangle = \alpha |x, \alpha\rangle, \tag{3.22}$$

以及对易关系

$$[a_1 - a_2, X_1 + X_2] = 0, \tag{3.23}$$

其中 α 是复数 $\alpha = \alpha_1 + i\alpha_2$, x 为实数,

$$X_i = \frac{1}{\sqrt{2}} \left(a_i + a_i^\dagger \right) \quad (i = 1, 2) \tag{3.24}$$

是光场的正交分量之一. 由方程 (3.22), 可见 $|\alpha, x\rangle$ 具有相干态的性质, 而且具有纠缠态的行为. 为了更明显地看出这两点, 我们写出 $|x, \alpha\rangle$ 的部分正交性与部分非正交性:

$$\langle x', \alpha' | x, \alpha \rangle = \sqrt{\pi} \exp\left[-\frac{1}{4}\left(|\alpha|^2 + |\alpha'|^2\right) + \frac{1}{2}\alpha\alpha'^*\right] \delta(x' - x). \tag{3.25}$$

利用光分束器、两束不同模的激光以及单模压缩态, 可以产生此相干纠缠态, 它的完备性关系式为

$$\int_{-\infty}^{+\infty} \frac{dx}{\sqrt{\pi}} \int \frac{d^2\alpha}{2\pi} |x, \alpha\rangle \langle \alpha, x|$$
$$= \int_{-\infty}^{+\infty} \frac{dx}{\sqrt{\pi}} \int \frac{d^2\alpha}{2\pi} : \exp\left[-x^2 - \frac{1}{2}|\alpha|^2 + \left(x + \frac{\alpha}{2}\right) a_1^\dagger \right.$$
$$+ \left(x - \frac{\alpha}{2}\right) a_2^\dagger - \frac{1}{4}\left(a_1^\dagger + a_2^\dagger\right)^2 - a_1^\dagger a_1 - a_2^\dagger a_2 + \left(x + \frac{\alpha^*}{2}\right) a_1$$
$$\left. + \left(x - \frac{\alpha^*}{2}\right) a_2 - \frac{1}{4}(a_1 + a_2)^2 \right] :$$
$$= 1. \tag{3.26}$$

这对于研究光场的高阶压缩行为和构建广义压缩态是有用的.

将相干纠缠态推广,可得到带参数的相干纠缠态 $|x,\alpha\rangle_{\mu,\nu}$,它在福克空间的表达式为

$$|x,\alpha\rangle_{\mu,\nu} = \exp\left[-\frac{x^2}{2} - \frac{1}{4}|\alpha|^2 + \frac{\sqrt{2}}{\lambda}\left(x\mu + \frac{\alpha\nu}{2}\right)a_1^\dagger \right.$$
$$\left. + \frac{\sqrt{2}}{\lambda}\left(x\nu - \frac{\alpha\mu}{2}\right)a_2^\dagger - \frac{1}{2\lambda^2}\left(\mu a_1^\dagger + \nu a_2^\dagger\right)^2\right]|00\rangle, \qquad (3.27)$$

其中 μ,ν 是两个独立的参数,$\lambda = \sqrt{\mu^2 + \nu^2}$,$x$ 是实数,$\alpha = \alpha_1 + \mathrm{i}\alpha_2$ 是复数. 它具有完备性:

$$\int_{-\infty}^{+\infty} \frac{\mathrm{d}x}{\sqrt{\pi}} \int \frac{\mathrm{d}^2\alpha}{2\pi} |x,\alpha\rangle_{\mu,\nu\ \mu,\nu}\langle x,\alpha| = 1 \qquad (3.28)$$

和部分正交性:

$$_{\mu,\nu}\langle x',\alpha'|x,\alpha\rangle_{\mu,\nu} = \iint \frac{\mathrm{d}^2z_1 \mathrm{d}^2z_2}{\pi^2}\,_{\mu,\nu}\langle x',\alpha'|z_1,z_2\rangle\langle z_1,z_2|x,\alpha\rangle_{\mu,\nu}$$
$$= \sqrt{\pi}\exp\left[-\frac{1}{4}\left(|\alpha|^2 + |\alpha'|^2\right) + \frac{1}{2}\alpha\alpha'^*\right]\delta(x'-x). \qquad (3.29)$$

用光子产生算符 $a_i^\dagger$ 与湮灭算符 a_i 的对易式 $[a_i,a_j^\dagger] = \delta_{ij}$,可以得到

$$\begin{aligned}a_1|x,\alpha\rangle_{\mu,\nu} &= \left[\frac{\sqrt{2}}{\lambda}\left(x\mu + \frac{\alpha\nu}{2}\right) - \frac{\mu}{\lambda^2}\left(\mu a_1^\dagger + \nu a_2^\dagger\right)\right]|x,\alpha\rangle_{\mu,\nu}, \\ a_2|x,\alpha\rangle_{\mu,\nu} &= \left[\frac{\sqrt{2}}{\lambda}\left(x\nu - \frac{\alpha\mu}{2}\right) - \frac{\nu}{\lambda^2}\left(\mu a_1^\dagger + \nu a_2^\dagger\right)\right]|x,\alpha\rangle_{\mu,\nu}.\end{aligned} \qquad (3.30)$$

由式 (3.30),可以得到 $|x,\alpha\rangle_{\mu,\nu}$ 的本征方程:

$$\begin{aligned}(\mu X_1 + \nu X_2)|x,\alpha\rangle_{\mu,\nu} &= \lambda x|x,\alpha\rangle_{\mu,\nu}, \\ (\nu a_1 - \mu a_2)|x,\alpha\rangle_{\mu,\nu} &= \frac{\lambda\alpha}{\sqrt{2}}|x,\alpha\rangle_{\mu,\nu}.\end{aligned} \qquad (3.31)$$

我们可以看到 $|x,\alpha\rangle_{\mu,\nu}$ 是 $\mu X_1 + \nu X_2$ 和 $\nu a_1 - \mu a_2$ 的共同本征矢,而且满足对易关系

$$[\mu X_1 + \nu X_2, \nu a_1 - \mu a_2] = 0. \qquad (3.32)$$

【例 3.1】 以电磁场为例, 试说明相干态的引入是必需的.

解 在量子力学中, 对于大的量子数, 对应原理要求算符的期望值与经典观测值一致. 在一个腔 (体积为 V) 内, 对电磁势算符和电场算符作平面波展开:

$$A(r,t) = \sum_{k,\sigma} \left(\frac{2\pi\hbar c}{V\omega_k}\right)^{1/2} \epsilon_{k\sigma} \{a_{k\sigma} \exp[-\mathrm{i}(\omega_k t - k\cdot r)] + h.c.\}, \tag{3.33}$$

$$E(r,t) = -\frac{1}{c}\frac{\partial A}{\partial t} = \mathrm{i}\sum_{k,\sigma} \left(\frac{2\pi\hbar\omega_k}{V}\right)^{1/2} \epsilon_{k\sigma} \{a_{k\sigma} \exp[-\mathrm{i}(\omega_k t - k\cdot r)] - h.c.\}, \tag{3.34}$$

式中 $\sigma = 1,2$, $\omega_k = |k|c$, $h.c.$ 表示厄米共轭项, $\epsilon_{k\sigma}$ 是极化矢量. 应该存在这样的态 (记为 $|经典\rangle$), 使得

$$\langle 经典 | E | 经典 \rangle \mapsto 经典电磁波形式, \tag{3.35}$$

即 $|经典\rangle$ 代表允许过渡到经典极限的态.

假设 $|经典\rangle$ 满足

$$a_{k\sigma} |经典\rangle = z |经典\rangle, \tag{3.36}$$

则由式 (3.34), 可知

$$\langle 经典 | E | 经典 \rangle \simeq \mathrm{i} \left(\frac{2\pi\hbar\omega}{V}\right)^{1/2} \epsilon \{z \exp[-\mathrm{i}(\omega_k t - k\cdot r)] - h.c.\}, \tag{3.37}$$

此经典态称为相干态, 记为 $|z\rangle$. E 的相干态的均方偏差为

$$\langle z | E^2 | z \rangle - |\langle z | E | z \rangle|^2 = \frac{2\pi\hbar\omega}{V}. \tag{3.38}$$

在经典极限下 $\hbar \mapsto 0$, 上式变为 0.

【例 3.2】 利用电场的正交分量 (即电场矢量在两个正交方向上的分量) 法, 分析光场中电场的量子涨落情况.

解 空间某点单模频率为 ω 的电场是

$$E(r,t) = \chi(r) \left(a\mathrm{e}^{-\mathrm{i}\omega t} + h.c.\right), \tag{3.39}$$

这里 χ 是依赖场的空间变量的函数. 组合产生算符、湮灭算符分别为

$$x_1 = \frac{1}{2}\left(a + a^\dagger\right), \quad x_2 = \frac{1}{2\mathrm{i}}\left(a - a^\dagger\right), \tag{3.40}$$

则 $E(r,t)$ 可以改写为

$$E(r,t) = 2\chi(r)\left(x_1 \cos\omega t + x_2 \sin\omega t\right), \tag{3.41}$$

其中 x_1 与 x_2 分别代表电场的两个正交分量. 由 $[x_1, x_2] = \mathrm{i}/2$, 可见它们是一对共轭量. 由量子理论, 可知对于任何一对满足关系式 $[A, B] = \mathrm{i}/2$ 的共轭量, 根据海森伯测不准原理, 其方均涨落之积必须大于或等于某一常数, 即

$$\Delta A \Delta B \geqslant \frac{1}{4}. \tag{3.42}$$

因此, 对于电场的正交分量 x_1 与 x_2, 其对应的涨落为

$$\Delta x_1 \Delta x_2 \geqslant \frac{1}{4}. \tag{3.43}$$

相干态是使上式取等号的态, 而且两光场正交分量的方均涨落都取最小值, 此值即真空涨落.

【例 3.3】 设 A 和 B 为两个厄米算符, 而且满足对易关系 $[A, B] = \mathrm{i}C$, 其中 C 是厄米算符. 这两个可观测量的均方差 $(\Delta A)^2$ 和 $(\Delta B)^2$ 对应的不确定原理为

$$(\Delta A)^2 (\Delta B)^2 \geqslant \frac{1}{4}\langle C\rangle^2. \tag{3.44}$$

证明: 当等号成立时, 对应的态矢 $|\varphi\rangle$ 为相干态.

证明 欲使式 (3.44) 中的等号成立, 态矢 $|\varphi\rangle$ 应该满足本征方程

$$(A - \langle A\rangle)|\varphi\rangle = -\mathrm{i}\lambda(B - \langle B\rangle)|\varphi\rangle. \tag{3.45}$$

由此可知, 当处于 $|\varphi\rangle$ 态时, 有

$$(\Delta A)^2 + \lambda^2(\Delta B)^2 = \mathrm{i}\lambda\int \varphi^*\left[(B - \langle B\rangle)(A - \langle A\rangle) - (A - \langle A\rangle)(B - \langle B\rangle)\right]\varphi\,\mathrm{d}\tau$$

$$= i\lambda \int \varphi^* [B,A] \varphi d\tau = \lambda \langle C \rangle. \tag{3.46}$$

另外, 有

$$(\Delta A)^2 - \lambda^2 (\Delta B)^2 = -i\lambda (\langle AB \rangle + \langle BA \rangle - 2\langle A \rangle \langle B \rangle). \tag{3.47}$$

由于 $(\Delta A)^2$ 与 $(\Delta B)^2$ 都是半正定的, 可见要使式 (3.46) 成立, 必须要求 λ 与 $\langle C \rangle$ 同号. 不失一般性, 取 $\lambda \geqslant 0$, 则 $\langle C \rangle \geqslant 0$. 另外, 由于式 (3.47) 中的 λ 为实数, 且其右边有 i 出现, 所以式 (3.47) 当且仅当

$$\langle AB \rangle + \langle BA \rangle = 2\langle A \rangle \langle B \rangle \tag{3.48}$$

时才能成立. 联立式 (3.46)~(3.48), 可导出

$$(\Delta A)^2 = \frac{\lambda}{2} \langle C \rangle, \quad (\Delta B)^2 = \frac{1}{2\lambda} \langle C \rangle. \tag{3.49}$$

当 $\lambda = 1$ 时, A 与 B 的不确定度相同, 这是相干态的标志. 当 $\lambda < 1$ 时, $(\Delta A)^2 < \langle C \rangle /2$, 称 A 的方差被压缩; 反之, 当 $\lambda > 1$ 时, $(\Delta B)^2 < \langle C \rangle /2$, 称 B 的方差被压缩.

无论对于哪种情况, 都有

$$(\Delta A)^2 (\Delta B)^2 = \frac{1}{4} \langle C \rangle^2. \tag{3.50}$$

进一步, 把

$$\lambda = \frac{\langle C \rangle}{2(\Delta B)^2} \tag{3.51}$$

代入式 (3.45), 得到

$$(A - \langle A \rangle) |\varphi\rangle = \frac{-i \langle C \rangle}{2 (\Delta B)^2} (B - \langle B \rangle) |\varphi\rangle. \tag{3.52}$$

令 $A = P$, $B = Q$, 则由上式给出

$$\left(\frac{\hbar}{i} \frac{d}{dq} - \langle P \rangle \right) |\varphi\rangle = \frac{i\hbar}{2(\Delta Q)^2} (q - \langle Q \rangle) |\varphi\rangle, \tag{3.53}$$

求解此方程, 可得

$$\varphi(q) = \left[2\pi(\Delta Q)^2\right]^{-1/4} \exp\left[-\frac{(q-\langle Q\rangle)^2}{4\langle Q\rangle^2} + \mathrm{i}\frac{\langle P\rangle q}{h}\right]. \tag{3.54}$$

上式即为相干态的坐标表象.

【例 3.4】 证明真空投影算符的广义正规乘积表达式 (3.20).

证明 根据

$$a^{\dagger n}a^n = \left[\frac{1}{f(N-1)}a^\dagger\right]^n [f(N)a]^n = {}^{\circ}_{\circ}\left[\frac{1}{f(N-1)}a^\dagger f(N)a\right]^n {}^{\circ}_{\circ}, \tag{3.55}$$

导出

$$|0\rangle\langle 0| = :\exp(-a^\dagger a): = \sum_{n=0}^{+\infty}\frac{(-1)^n}{n!}a^{\dagger n}a^n$$

$$= \sum_{n=0}^{+\infty}\frac{(-1)^n}{n!}{}^{\circ}_{\circ}\left[\frac{1}{f(N-1)}a^\dagger f(N)a\right]^n {}^{\circ}_{\circ}$$

$$= {}^{\circ}_{\circ}\exp\left[-\frac{1}{f(N-1)}a^\dagger f(N)a\right]{}^{\circ}_{\circ}. \tag{3.56}$$

【例 3.5】 利用相干纠缠态, 求 $\left[\frac{1}{\sqrt{2}}(X_1+X_2)\right]^n$ 的正规乘积展开式.

解 利用式 (3.21)、完备性关系式 (3.26) 及 IWOP 技术, 有

$$\left[\frac{1}{\sqrt{2}}(X_1+X_2)\right]^n = \int_{-\infty}^{+\infty}\frac{\mathrm{d}x}{\sqrt{\pi}}\int\frac{\mathrm{d}^2\alpha}{2\pi}x^n|x,\alpha\rangle\langle\alpha,x|. \tag{3.57}$$

用双模真空投影算符的正规乘积式

$$|00\rangle\langle 00| = :\exp\left(-a_1^\dagger a_1 - a_2^\dagger a_2\right): \tag{3.58}$$

计算 $\int\mathrm{d}^2\alpha$, 再由积分公式

$$\int\frac{\mathrm{d}^2\alpha}{\pi}\exp\left(\lambda|\alpha|^2+\mu\alpha+v\alpha^*\right) = -\frac{1}{\lambda}\exp\left(-\frac{\mu v}{\lambda}\right), \tag{3.59}$$

立即得到

$$\left[\frac{1}{\sqrt{2}}(X_1+X_2)\right]^n = \int_{-\infty}^{+\infty}\frac{\mathrm{d}x}{\sqrt{\pi}}x^n:\exp\left[-\left(x-\frac{a_1^\dagger+a_1+a_2^\dagger+a_2}{2}\right)^2\right]:$$

$$= : \sum_{k=0}^{[n/2]} \frac{n!}{2^{2k}k!(n-2k)!} \left(\frac{a_1^\dagger + a_1 + a_2^\dagger + a_2}{2}\right)^{n-2k} :$$

$$= : \sum_{k=0}^{[n/2]} \frac{n!}{2^{2k}k!(n-2k)!} \left[\frac{1}{\sqrt{2}}(X_1+X_2)\right]^{n-2k} : . \quad (3.60)$$

在上式最后一步中用到了积分公式

$$\int_{-\infty}^{+\infty} \frac{\mathrm{d}x}{\sqrt{\pi}} x^n \exp\left[-\sigma(x-\lambda)^2\right]$$

$$= \frac{1}{\sqrt{\sigma^{n+1}}} \sum_{k=0}^{[n/2]} \frac{n!}{2^{2k}k!(n-2k)!} \left(\sigma^{1/2}\lambda\right)^{n-2k} \quad (\mathrm{Re}\,\sigma > 0). \quad (3.61)$$

式 (3.60) 即为 $\left[\frac{1}{\sqrt{2}}(X_1+X_2)\right]^n$ 的正规乘积展开式.

3.2 习题

1. 利用相干态的过完备性和 IWOP 技术, 求 $a^n a^{\dagger m}$ 的正规乘积形式.
2. 利用相干态的过完备性和 IWOP 技术, 求 $e^{fa^2}e^{ga^{\dagger 2}}$ 的正规乘积形式.
3. 根据第 2 题的结论, 对算符 $\exp\left[(\lambda a^\dagger + \mu a)^2\right]$ 进行分解.
4. 求指数算符 $\exp(\lambda a^{\dagger 2}a)$ 的正规乘积形式.
5. 计算下列算符的正规乘积形式:
(1) $\exp(\lambda a^{\dagger 2}a)$; (2) $a^n \exp(va^2)$; (3) $a^m D(\alpha) a^{\dagger n}$; (4) $a^n \exp(\lambda a^\dagger a) a^{\dagger n}$.
6. 求指数算符 $\exp(\lambda a^\dagger a + \sigma a^2)$ 的指数分解.
7. 利用广义正规乘积的性质, 证明非线性相干态的完备性.
8. 由非线性相干态可构建广义压缩算符

$$U = \frac{|s|}{\sqrt{s^*}} \int \frac{\mathrm{d}^2 z}{\pi} |sz - rz^*\rangle_{f\,f}\langle z| \exp\left(-\frac{1}{2}|sz-rz^*|^2 - \frac{1}{2}|z|^2\right), \quad (3.62)$$

其中 $|s|^2 - |r|^2 = 1$, 试利用广义正规乘积的性质, 求出 U 的显式, 并讨论其压缩

特性.

9. 利用相干纠缠态 $|x,\alpha\rangle$, 求下面算符的正规乘积形式：
(1) $\exp\left[\dfrac{\mathrm{i}\gamma}{2}(X_1+X_2)^2\right]$; (2) $\mathrm{H}_n\left(\dfrac{1}{\sqrt{2}}(X_1+X_2)\right)$.

10. 利用带参数的相干纠缠态 $|x,\alpha\rangle_{\mu,\nu}$, 求下面算符的正规乘积形式：
(1) $\left[\dfrac{1}{\lambda}(\mu X_1+\nu X_2)\right]^n$; (2) $\exp\left[\dfrac{\mathrm{i}\gamma}{\lambda^2}(\mu X_1+\nu X_2)^2\right]$; (3) $\mathrm{H}_n\left(\dfrac{1}{\lambda}(\mu X_1+\nu X_2)\right)$.

11. 我们可以构造态矢

$$\exp\left[\mathrm{e}^{\mathrm{i}\varphi}a^\dagger\sqrt{N+1}\right]|0\rangle\equiv\left|\mathrm{e}^{\mathrm{i}\varphi}\right\rangle. \tag{3.63}$$

易知, 它是式 (2.5) 中定义的位相算符 $\mathrm{e}^{\mathrm{i}\phi}$ 的本征值, 即位相 $\mathrm{e}^{\mathrm{i}\varphi}$ 的本征态, 即

$$\mathrm{e}^{\mathrm{i}\phi}\left|\mathrm{e}^{\mathrm{i}\varphi}\right\rangle=\mathrm{e}^{\mathrm{i}\varphi}\left|\mathrm{e}^{\mathrm{i}\varphi}\right\rangle, \tag{3.64}$$

因此可称之为相位态. 另外, 算符 $a^\dagger\sqrt{N+1},\sqrt{N+1}a,N+1/2$ 可以构成 su(1,1) 李代数, 即

$$\begin{aligned}\left[a^\dagger\sqrt{N+1},\sqrt{N+1}a\right]&=-2\left(N+\dfrac{1}{2}\right),\\ \left[\sqrt{N+1}a,N+\dfrac{1}{2}\right]&=\sqrt{N+1}a.\end{aligned} \tag{3.65}$$

利用上述关系, 可以构建 su(1,1) 相干态如下:

$$\exp\left(\lambda a^\dagger\sqrt{N+1}-\lambda^*\sqrt{N+1}a\right)|0\rangle. \tag{3.66}$$

求证: 当 $\tanh|\lambda|\mapsto 1$ 时, su(1,1) 相干态可趋向于位相态.

12. 利用相干态表象导出菲涅耳 (Fresnel) 算符.

13. 利用坐标表象和动量表象的高斯型完备形式, 推导正则形式的相干态, 并分析其特性.

14. 在相干态表象中, 求任意算符 $A(a^\dagger,a)$ 的正规乘积形式.

15. 讨论相干态在谐振子位势下的时间演化.

16. 设一带外源的系统哈密顿量为 (取 $\hbar=1$)

$$H=\omega a^\dagger a+f(t)a+f^*(t)a^\dagger, \tag{3.67}$$

利用海森伯方程和初始条件 $a(t)|_{t=0} = a(0)$，讨论相干态的产生机制.

17. 在相互作用表象中，利用求相干态平均的方法求解由式 (3.67) 中哈密顿量决定的薛定谔方程

$$\mathrm{i}\frac{\partial}{\partial t}U(t) = H(t)U(t). \tag{3.68}$$

18. 已知非简谐振子哈密顿量

$$H = \frac{P^2}{2} + \frac{X^2}{2} + \lambda X^m, \tag{3.69}$$

其中 m 是正整数，λ 是满足微扰适用条件的小的实参数 (必须注意，即使 λ 十分小，只要量子数 n 充分大，也会使微扰论不能用)，利用相干态讨论微扰项对系统能级的修正.

3.3 思考练习

1. 求相干态 $|z\rangle$ 的小波变换 (设母小波是 "墨西哥帽" 小波).
2. 由于相干态 $|z\rangle$ 是定义在复平面上的，令 $z = x + \mathrm{i}y$，则有

$$\partial_z = \frac{1}{2}(\partial_x - \mathrm{i}\partial_y), \quad \partial_{z^*} = \frac{1}{2}(\partial_x + \mathrm{i}\partial_y), \quad \mathrm{d}f = \partial_z f \mathrm{d}z + \partial_{z^*} f \mathrm{d}z^*. \tag{3.70}$$

(1) 证明：$\nabla^2 = 4\partial_{z^*}\partial_z$.
(2) 用斯托克斯 (Stokes) 定理及 $\oint_C \frac{\mathrm{d}z}{z} = 2\pi\mathrm{i}$，证明：$\partial_{z^*}\partial_z \ln z = \pi\delta^{(2)}(x, y)$.
3. 一方面，由相干态的过完备性，知

$$|z'\rangle = \int \frac{\mathrm{d}^2 z}{\pi} |z\rangle \langle z | z'\rangle; \tag{3.71}$$

另一方面，由 δ 函数的性质，可知

$$|z'\rangle = \int \frac{\mathrm{d}^2 z}{\pi} \delta^{(2)}(z - z') |z\rangle. \tag{3.72}$$

那么, 从

$$\int d^2 z |z'\rangle \left[\frac{\langle z|z'\rangle}{\pi} - \delta^{(2)}(z-z')\right] = 0 \tag{3.73}$$

能得到什么结论?

4. 设复数 z 的极分解是 $z = \sqrt{I/\hbar}\,\mathrm{e}^{-\mathrm{i}\theta}$, 其中 I 为作用量.

(1) 求 $\left\|\left[\dfrac{\partial\left(\sqrt{\hbar}z, \sqrt{\hbar}z^*\right)}{\partial(I,\theta)}\right]\right\|$;

(2) 证明

$$z^*\frac{\partial}{\partial z^*} - z\frac{\partial}{\partial z} = -\mathrm{i}\frac{\partial}{\partial \theta}, \quad z^*\frac{\partial}{\partial z^*} + z\frac{\partial}{\partial z} = 2I\frac{\partial}{\partial I}; \tag{3.74}$$

(3) 证明

$$z^{*2}\frac{\partial^2}{\partial z^{*2}} - z^2\frac{\partial^2}{\partial z^2} = \mathrm{i}\frac{\partial}{\partial \theta} - 2\mathrm{i}I\frac{\partial^2 I}{\partial I \partial \theta}. \tag{3.75}$$

5. 试把平面上的斯托克斯定理

$$\int_C P\mathrm{d}x + Q\mathrm{d}y = \iint_B \left(\frac{\partial Q}{\partial x} - \frac{\partial P}{\partial y}\right)\mathrm{d}x\mathrm{d}y \tag{3.76}$$

改成外微分形式

$$\int_C g\mathrm{d}z + h\mathrm{d}z^* = \iint_B \left(\frac{\partial h}{\partial z} - \frac{\partial g}{\partial z^*}\right)\mathrm{d}z \wedge \mathrm{d}z^*. \tag{3.77}$$

6. 可以把量子光场中的某些态矢量看做非线性相干态, 例如单模压缩真空态 $S(z)|0\rangle$, 其中

$$S(z) = \exp\left(\frac{z}{2}a^2 - \frac{z^*}{2}a^{\dagger 2}\right) \quad (z = r\mathrm{e}^{\mathrm{i}\theta}). \tag{3.78}$$

试证明

$$\frac{1}{N+1}a^2 S(z)|0\rangle = \alpha S(z)|0\rangle, \quad \frac{1}{\sqrt{N+1}}a^2 S(z)|0\rangle = \alpha S(z)|1\rangle, \tag{3.79}$$

式中 $\alpha = \mathrm{e}^{\mathrm{i}\theta}\tanh\gamma$.

7. 在相干态 $|z\rangle$ 上激发 m 个光子, 可以用态 $a^{\dagger m}|z\rangle$ 表示, 称为光子附加态. 试问: 是否可以把 $a^{\dagger m}|z\rangle$ 看做非线性相干态?

8. 求满足 $\dfrac{1}{\sqrt{N+1}}a|\alpha\rangle = \alpha|\alpha\rangle$ 的非线性相干态及其相应的完备性关系.

9. 求 $\exp\left[\lambda\left(\dfrac{1}{f(N-1)}a^\dagger\right)^2\right]\exp\left\{\sigma[f(N)a]^2\right\}$ 的广义正规乘积形式.

10. 当湮灭算符 (记为 b) 与产生算符 (记为 $b^\dagger$) 的对易关系为 $[b,b^\dagger]=-1$ 时, 称之为反常玻色算符, 求 b 的相干态与相应的完备性关系.

11. 求 su(2) 相干态的贝利 (Berry) 相的一般表达式.

12. 利用相干态的方法, 求出 $\exp\left(-\dfrac{P^2}{2\omega}\right)|q=0\rangle$ 与 $\exp\left(-\dfrac{\omega Q^2}{2}\right)|p=0\rangle$ 之间的关系.

13. 证明: 对光子数确定的状态, 其相位不确定, 并进一步说明相干态正是由于是不同光子数态的叠加, 才呈近似的相位.

14. 对于由单模光场定义量子力学下的二级相干度

$$g^{(2)} = \dfrac{\langle a^\dagger a^\dagger aa\rangle}{\langle a^\dagger a\rangle^2}, \tag{3.80}$$

求相干态的二级相干度.

15. 设 A 与 B 是两个厄米算符, 且 $[A,B]=\mathrm{i}C$, 试证

$$(\Delta A)^2(\Delta B)^2 \geqslant \langle F\rangle^2 + \dfrac{1}{4}\langle C\rangle^2, \tag{3.81}$$

其中 $\langle F\rangle = \dfrac{1}{2}\langle AB+BA\rangle - \langle A\rangle\langle B\rangle$ 称为关联系数.

3.4 习题解答

1. 根据相干态的完备性, 可得

$$a^n a^{\dagger m} = \int \dfrac{\mathrm{d}^2 z}{\pi} a^n |z\rangle\langle z| a^{\dagger m}. \tag{3.82}$$

根据 $a|z\rangle = z|z\rangle$ 和 $|0\rangle\langle 0| =: \exp(-a^\dagger a):$, 导出

$$a^n a^{\dagger m} = \int \dfrac{\mathrm{d}^2 z}{\pi} z^n z^{*m} : \exp\left(-|z|^2 + za^\dagger + z^*a - a^\dagger a\right):$$

$$= \sum_{l=0}^{\min(m,n)} \frac{m!n!a^{\dagger(m-l)}a^{n-l}}{l!(m-l)!(n-l)!} = (-\mathrm{i})^{m+n} : \mathrm{H}_{m,n}(\mathrm{i}a^{\dagger},\mathrm{i}a) :, \qquad (3.83)$$

其中双变量厄米多项式 $\mathrm{H}_{m,n}$ 的定义是

$$\mathrm{H}_{m,n}(x,y) = \sum_{k=0} \frac{(-1)^k m!n!}{k!(m-k)!(n-k)!} x^{m-k} y^{n-k}.$$

2. 在 $\mathrm{e}^{fa^2}\mathrm{e}^{ga^{\dagger 2}}$ 中插入相干态的过完备性关系式. 根据 IWOP 技术, 得到

$$\begin{aligned}
\mathrm{e}^{fa^2}\mathrm{e}^{ga^{\dagger 2}} &= \int \frac{\mathrm{d}^2 z}{\pi} \mathrm{e}^{fa^2} |z\rangle\langle z| \mathrm{e}^{ga^{\dagger 2}} \\
&= \int \frac{\mathrm{d}^2 z}{\pi} \mathrm{e}^{fz^2} |z\rangle\langle z| \mathrm{e}^{gz^{*2}} \\
&= \int \frac{\mathrm{d}^2 z}{\pi} : \exp\left(-|z|^2 + za^{\dagger} + z^*a + fz^2 + gz^{*2} - a^{\dagger}a\right) : . \qquad (3.84)
\end{aligned}$$

根据积分公式

$$\int \frac{\mathrm{d}^2 z}{\pi} \exp\left(\zeta|z|^2 + \xi z + \eta z^* + fz^2 + gz^{*2}\right) = \frac{1}{\sqrt{\zeta^2 - 4fg}} \exp\left(\frac{-\zeta\xi\eta + \xi^2 g + \eta^2 f}{\zeta^2 - 4fg}\right), \qquad (3.85)$$

其中收敛条件为

$$\mathrm{Re}(\xi + f + g) < 0, \quad \mathrm{Re}\left(\frac{\zeta^2 - 4fg}{\xi + f + g}\right) < 0,$$

或

$$\mathrm{Re}(\xi - f - g) < 0, \quad \mathrm{Re}\left(\frac{\zeta^2 - 4fg}{\xi - f - g}\right) < 0,$$

得到

$$\mathrm{e}^{fa^2}\mathrm{e}^{ga^{\dagger 2}} = \frac{1}{\sqrt{1-4fg}} \exp\left(\frac{ga^{\dagger 2}}{1-4fg}\right) \exp\left[-a^{\dagger}a\ln(1-4fg)\right] \exp\left(\frac{fa^2}{1-4fg}\right). \qquad (3.86)$$

3. 注意到

$$\exp\left[\left(\lambda a^{\dagger} + \mu a\right)^2\right] = \exp\left(\frac{\mu}{2\lambda}a^2\right) \exp\left(\lambda^2 a^{\dagger 2}\right) \exp\left(-\frac{\mu}{2\lambda}a^2\right), \qquad (3.87)$$

上式可用算符公式

$$e^A B e^{-A} = B + [A, B] + \frac{1}{2!}[A, [A, B]] + \frac{1}{3!}[A, [A, [A, B]]] + \cdots \quad (3.88)$$

验证. 又由式 (3.86) 可得

$$\exp\left(\frac{\mu}{2\lambda}a^2\right)\exp\left(\lambda^2 a^{\dagger 2}\right) = \frac{1}{\sqrt{1-2\mu\lambda}}\exp\left(\frac{\lambda a^{\dagger 2}}{1-2\mu\lambda}\right)$$
$$\times \exp\left[-a^{\dagger}a\ln(1-2\mu\lambda)\right]\exp\left(\frac{\mu a^2}{1-2\mu\lambda}\right), \quad (3.89)$$

将式 (3.89) 代入式 (3.87) 的右边, 便得到分解公式

$$\exp\left[\left(\lambda a^{\dagger} + \mu a\right)^2\right] = \frac{1}{\sqrt{1-2\mu\lambda}}\exp\left(\frac{\lambda a^{\dagger 2}}{1-2\mu\lambda}\right)$$
$$\times \exp\left[-a^{\dagger}a\ln(1-2\mu\lambda)\right]\exp\left(\frac{\mu^2 a^2}{1-2\mu\lambda}\right). \quad (3.90)$$

5. (1) 由

$$e^{\lambda a^{\dagger 2} a} a^{\dagger} e^{-\lambda a^{\dagger 2} a} = a^{\dagger}\left(1 + \lambda a^{\dagger} + \lambda^2 a^{\dagger 2} + \cdots + \lambda^n a^n\right), \quad (3.91)$$

$$e^{\lambda a^{\dagger 2} a}|0\rangle = |0\rangle, \quad (3.92)$$

再根据相干态的过完备性及 IWOP 技术, 导出

$$e^{\lambda a^{\dagger 2} a} = \int \frac{d^2 z}{\pi} e^{\lambda a^{\dagger 2} a}|z\rangle\langle z|$$
$$= \int \frac{d^2 z}{\pi} e^{\lambda a^{\dagger 2} a} e^{z a^{\dagger}} e^{-\lambda a^{\dagger 2} a}|0\rangle\langle z|e^{-|z|^2/2}$$
$$= \int \frac{d^2 z}{\pi} : \exp\left[-|z|^2 + z a^{\dagger}\left(1 + \lambda a^{\dagger} + \lambda^2 a^{\dagger 2} + \cdots + \lambda^n a^n\right) + z^* a - a^{\dagger}a\right] :$$
$$= : \exp\left[\lambda a^{\dagger} a\left(1 + \lambda a^{\dagger} + \lambda^2 a^{\dagger 2} + \cdots + \lambda^n a^{\dagger n} + \cdots\right)\right] :. \quad (3.93)$$

(2) 利用相干态的过完备性, 可得

$$a^n e^{v a^{\dagger 2}} = \int \frac{d^2 z}{\pi} a^n |z\rangle\langle z| e^{v a^{\dagger 2}}$$
$$= \int \frac{d^2 z}{\pi} z^n |z\rangle\langle z| e^{v z^{*2}}$$

$$= \int \frac{\mathrm{d}^2 z}{\pi} : z^n \exp\left(-|z|^2 + za^\dagger + z^* a + vz^{*2} - a^\dagger a\right) :$$

$$= \mathrm{e}^{va^{\dagger 2}} \sum_{k=0}^{[n/2]} \frac{n! v^k}{k!(n-2k)!} : \left(2va^\dagger + a\right)^{n-2k} : . \tag{3.94}$$

(3) 在 $a^m D(\alpha) a^{\dagger n}$ 中插入相干态的过完备性关系式, 得

$$a^m D(\alpha) a^{\dagger n} = \int \frac{\mathrm{d}^2 z}{\pi} a^m D(\alpha) |z\rangle \langle z| a^{\dagger n}. \tag{3.95}$$

因为

$$\begin{aligned} |z\rangle &= D(z)|0\rangle, \quad D(\alpha) = \exp\left(\alpha a^\dagger - \alpha^* a\right), \\ D(\alpha) D(z) &= D(\alpha + z) \exp\left[\frac{1}{2}(z^*\alpha - z\alpha^*)\right], \end{aligned} \tag{3.96}$$

所以

$$\begin{aligned} a^m D(\alpha) a^{\dagger n} &= \int \frac{\mathrm{d}^2 z}{\pi} a^m D(\alpha) D(z) |0\rangle \langle z| a^{\dagger n} \\ &= \int \frac{\mathrm{d}^2 z}{\pi} (\alpha + z)^m |\alpha + z\rangle \langle z| z^* \exp\left[\frac{1}{2}(z^*\alpha - z\alpha^*)\right] \\ &= \int \frac{\mathrm{d}^2 z}{\pi} \sum_{l=0}^{m} \binom{m}{l} z^l \alpha^{m-l} z^{*n} \\ &\quad \times : \exp\left[-|z|^2 + z(a^\dagger - \alpha^*) + z^* a + \alpha a^\dagger - \frac{1}{2}|\alpha|^2 - a^\dagger a\right] : \\ &= \sum_{l=0}^{m} \binom{m}{l} \alpha^{m-l} : \exp\left(-\frac{1}{2}|\alpha|^2\right) \sum_{k=0}^{\min(l,n)} \frac{l! n! (a^\dagger - \alpha^*)^{n-k} \alpha^{l-k}}{k!(l-k)!(n-k)!} \\ &\quad \times \exp\left(\alpha a^\dagger - \alpha^* a\right) : . \end{aligned} \tag{3.97}$$

(4) 所求的正规乘积如下:

$$\begin{aligned} & a^n \exp\left(\lambda a^\dagger a\right) a^{\dagger n} \\ &= a^n \int \frac{\mathrm{d}^2 z}{\pi} \exp\left(-\frac{1}{2}|z|^2\right) \exp\left(\lambda a^\dagger a\right) \exp\left(za^\dagger\right) \exp\left(-\lambda a^\dagger a\right) |0\rangle \langle z| a^{\dagger n} \\ &= \int \frac{\mathrm{d}^2 z}{\pi} a^n \exp\left(-\frac{1}{2}|z|^2\right) \exp\left(za^\dagger \mathrm{e}^\lambda\right) |0\rangle \langle z| a^{\dagger n} \end{aligned}$$

$$= \int \frac{d^2z}{\pi} : (ze^\lambda)^n z^{*n} \exp\left(-|z|^2 + za^\dagger e^\lambda + z^*a - a^\dagger a\right) :$$

$$=: \exp\left[(e^\lambda - 1)a^\dagger a\right] \sum_{l=0}^{n} \frac{(n!)^2 (aa^\dagger e^\lambda)^{n-l}}{l! [(n-l)!]^2} e^{\lambda n} : \tag{3.98}$$

6. 由

$$\exp\left(\lambda a^\dagger a + \sigma a^2\right) a^\dagger \exp\left(-\lambda a^\dagger a - \sigma a^2\right) = a^\dagger e^\lambda + \frac{2\sigma}{\lambda} a \sinh \lambda, \tag{3.99}$$

以及

$$\exp\left(\lambda a^\dagger a + \sigma a^2\right) |0\rangle = |0\rangle, \tag{3.100}$$

再利用相干态的过完备性和 IWOP 技术,可得到分解式

$$\exp\left(\lambda a^\dagger a + \sigma a^2\right)$$

$$= \int \frac{d^2z}{\pi} \exp\left(\lambda a^\dagger a + \sigma a^2\right) \exp(za^\dagger) \exp\left(-\lambda a^\dagger a - \sigma a^2\right) |0\rangle \langle z| \exp\left(-\frac{1}{2}|z|^2\right)$$

$$= \int \frac{d^2z}{\pi} \exp\left[-\frac{1}{2}|z|^2 + z\left(a^\dagger e^\lambda + \frac{2\sigma}{\lambda} a \sinh \lambda\right)\right] |0\rangle \langle z|$$

$$= \int \frac{d^2z}{\pi} : \exp\left(-|z|^2 + za^\dagger e^\lambda + z^* a + \frac{\sigma e^\lambda}{\lambda} z^2 \sinh \lambda - a^\dagger a\right) a^\dagger a :$$

$$=: \exp\left[(e^\lambda - 1)a^\dagger a + \frac{\sigma}{\lambda} e^\lambda a^2 \sinh \lambda\right] :$$

$$= \exp\left(\lambda a^\dagger a\right) \exp\left(a^2 e^\lambda \frac{\sigma}{\lambda} \sinh \lambda\right). \tag{3.101}$$

点评 由于 $[a^\dagger a, a^2] = -2a^2$,式 (3.101) 启发我们,当 $[A, B] = \tau B$ 时,恒等式

$$e^{\lambda(A+\sigma B)} = e^{\lambda A} \exp\left[\sigma \left(1 - e^{-\lambda \tau}\right) B/\tau\right] \tag{3.102}$$

成立.

7. 由

$$\int \frac{d^2z}{\pi} \exp\left(-|z|^2\right) |z\rangle_f {}_f\langle\langle z|$$

$$= \int \frac{d^2z}{\pi} \exp\left[-|z|^2 + \frac{z}{f(N-1)} a^\dagger\right] \stackrel{\circ}{_\circ} \exp\left[-\frac{1}{f(N-1)} a^\dagger f(N) a\right] \stackrel{\circ}{_\circ} \exp[z^* f(N) a]$$

$$= \int \frac{\mathrm{d}^2 z}{\pi} {}^\circ_\circ \exp\left[-|z|^2 + \frac{z}{f(N-1)}a^\dagger - \frac{1}{f(N-1)}a^\dagger f(N)a + z^* f(N)a\right]{}^\circ_\circ, \tag{3.103}$$

再根据积分公式

$$\int \frac{\mathrm{d}^2 z}{\pi} \exp(\tau |z|^2 + \xi z + z^* \eta) = -\frac{1}{\tau} \exp\left(-\frac{\xi \eta}{\tau}\right) \quad (\operatorname{Re}\tau < 0), \tag{3.104}$$

可知

$$\int \frac{\mathrm{d}^2 z}{\pi} \exp\left(-|z|^2\right) |z\rangle_{f\,f}\langle\langle z| = 1. \tag{3.105}$$

8. 根据式 (3.103) 和广义正规乘积的性质，可知

$$\begin{aligned}
U &= \frac{|s|}{\sqrt{s^*}} \int \frac{\mathrm{d}^2 z}{\pi} |sz - rz^*\rangle_{f\,f}\langle\langle z| \exp\left(-\frac{1}{2}|sz - rz^*|^2 - \frac{1}{2}|z|^2\right) \\
&= \frac{|s|}{\sqrt{s^*}} \int \frac{\mathrm{d}^2 z}{\pi} {}^\circ_\circ \exp\left\{-|s|^2|z|^2 + sz\frac{1}{f(N-1)}a^\dagger + z^*\left[f(N)a - r\frac{1}{f(N-1)}a^\dagger\right]\right.\\
&\quad \left. + \frac{1}{2}(sr^*z^2 + s^*rz^{*2}) - \frac{1}{f(N-1)}a^\dagger f(N)a\right\}{}^\circ_\circ \\
&= \exp\left\{-\frac{r}{2s^*}\left[\frac{1}{f(N-1)}a^\dagger\right]^2\right\} \exp\left[-\left(a^\dagger a + \frac{1}{2}\right)\ln s^*\right] \exp\left\{\frac{r^*}{2s^*}[f(N)a]^2\right\}.
\end{aligned} \tag{3.106}$$

上式推导中利用了算符恒等式

$$\exp\left(ka^\dagger a\right) = {}^\circ_\circ \exp\left[(\mathrm{e}^k - 1)\frac{1}{f(N-1)}a^\dagger f(N)a\right]{}^\circ_\circ. \tag{3.107}$$

同时还可以导出算符 U 的压缩特性：

$$\begin{aligned}
U^{-1} f(N) a U &= s f(N) a - r \frac{1}{f(N-1)} a^\dagger, \\
U^{-1} \frac{1}{f(N-1)} a^\dagger U &= s^* \frac{1}{f(N-1)} a^\dagger - r^* f(N) a.
\end{aligned} \tag{3.108}$$

9. (1) 在 $\exp\left[\frac{\mathrm{i}\gamma}{2}(X_1 + X_2)^2\right]$ 中插入相干纠缠态的完备性关系式，即

$$\exp\left[\frac{\mathrm{i}\gamma}{2}(X_1 + X_2)^2\right] = \int_{-\infty}^{+\infty} \frac{\mathrm{d}x}{\sqrt{\pi}} \int \frac{\mathrm{d}^2\alpha}{2\pi} \mathrm{e}^{\mathrm{i}\gamma x^2} |x,\alpha\rangle\langle\alpha,x|. \tag{3.109}$$

利用 IWOP 技术进行积分后，得到它的正规乘积形式

$$\exp\left[\frac{\mathrm{i}\gamma}{2}(X_1+X_2)^2\right]$$
$$=\frac{1}{\sqrt{1-\mathrm{i}\gamma}}\exp\left[\frac{\mathrm{i}\gamma}{4(1-\mathrm{i}\gamma)}\left(a_1^\dagger+a_2^\dagger\right)^2\right]$$
$$\times :\exp\left[\frac{\mathrm{i}\gamma}{2(1-\mathrm{i}\gamma)}\left(a_1^\dagger a_1+a_2^\dagger a_2+a_1^\dagger a_2+a_2^\dagger a_1\right)-a_1^\dagger a_1-a_2^\dagger a_2\right]:$$
$$\times \exp\left[\frac{\mathrm{i}\gamma}{4(1-\mathrm{i}\gamma)}(a_1+a_2)^2\right]. \tag{3.110}$$

注　把此式作用于双模真空态，得到

$$\exp\left[\frac{\mathrm{i}\gamma}{2}(X_1+X_2)^2\right]|00\rangle=\frac{1}{\sqrt{1-\mathrm{i}\gamma}}\exp\left[\frac{\mathrm{i}\gamma}{4(1-\mathrm{i}\gamma)}\left(a_1^\dagger+a_2^\dagger\right)^2\right]|00\rangle, \tag{3.111}$$

可见它是一个单-双模组合压缩态．

(2) 根据积分公式

$$\int \mathrm{e}^{-(x-y)^2}\mathrm{H}_n(x)\,\mathrm{d}x=\sqrt{\pi}(2y)^n, \tag{3.112}$$

以及相干纠缠态的完备性，可以求得 $\mathrm{H}_n\left(\dfrac{X_1+X_2}{\sqrt{2}}\right)$ 的正规乘积形式

$$\mathrm{H}_n\left(\frac{X_1+X_2}{\sqrt{2}}\right)=\int_{-\infty}^{+\infty}\frac{\mathrm{d}x}{\sqrt{\pi}}\int\frac{\mathrm{d}^2\alpha}{2\pi}\mathrm{H}_n(x)|x,\alpha\rangle\langle\alpha,x|$$
$$=\int_{-\infty}^{+\infty}\frac{\mathrm{d}x}{\sqrt{\pi}}\mathrm{H}_n(x):\exp\left[-\left(x-\frac{a_1^\dagger+a_1+a_2^\dagger+a_2}{2}\right)^2\right]:$$
$$=:\left(a_1^\dagger+a_1+a_2^\dagger+a_2\right)^n:=2^{n/2}:(X_1+X_2)^n:. \tag{3.113}$$

10.　(1) 根据带参数的相干纠缠态的完备性及其本征方程，可以得到 $\left[\dfrac{1}{\lambda}(\mu X_1+\nu X_2)\right]^n$ 的正规乘积展开：

$$\left[\frac{1}{\lambda}(\mu X_1+\nu X_2)\right]^n=\int_{-\infty}^{+\infty}\frac{\mathrm{d}x}{\sqrt{\pi}}\int\frac{\mathrm{d}^2\alpha}{2\pi}x^n|x,\alpha\rangle_{\mu,\nu\,\mu,\nu}\langle x,\alpha|. \tag{3.114}$$

对 $\mathrm{d}^2\alpha$ 积分，由积分公式

$$\int_{-\infty}^{+\infty}\frac{\mathrm{d}^2\alpha}{\pi}\exp\left(\lambda|\alpha|^2+\mu\alpha+\nu\alpha^*\right)=-\frac{1}{\lambda}\exp\left(-\frac{\mu\nu}{\lambda}\right), \tag{3.115}$$

并联合积分公式

$$\int_{-\infty}^{+\infty} \frac{\mathrm{d}x}{\sqrt{\pi}} x^n \exp\left[-\sigma(x-\lambda)^2\right]$$
$$= \frac{1}{\sqrt{\sigma^{n+1}}} \sum_{k=0}^{[n/2]} \frac{n!}{2^{2k} k! (n-2k)!} \left(\sigma^{1/2}\lambda\right)^{n-2k} \quad (\text{Re }\sigma > 0), \tag{3.116}$$

立即得到 $\left[\dfrac{1}{\lambda}(\mu X_1 + \nu X_2)\right]^n$ 的正规乘积展开式:

$$\begin{aligned}
\left[\frac{1}{\lambda}(\mu X_1 + \nu X_2)\right]^n &= \int_{-\infty}^{+\infty} \frac{\mathrm{d}x}{\sqrt{\pi}} x^n : \exp\left[-\left(x - \frac{\mu a_1^\dagger + \mu a_1 + \nu a_2^\dagger + \nu a_2}{\sqrt{2}\lambda}\right)^2\right]: \\
&=: \sum_{k=0}^{[n/2]} \frac{n!}{2^{2k} k! (n-2k)!} \left(\frac{\mu a_1^\dagger + \mu a_1 + \nu a_2^\dagger + \nu a_2}{\sqrt{2}\lambda}\right)^{n-2k} : \\
&=: \sum_{k=0}^{[n/2]} \frac{n!}{2^{2k} k! (n-2k)!} \left[\frac{1}{\lambda}(\mu X_1 + \nu X_2)\right]^{n-2k} :.
\end{aligned} \tag{3.117}$$

(2) 根据带参数的相干纠缠态的特性, 可进一步求得 $\exp\left[\dfrac{\mathrm{i}\gamma}{\lambda^2}(\mu X_1 + \nu X_2)^2\right]$ 的正规乘积展开:

$$\exp\left[\frac{\mathrm{i}\gamma}{\lambda^2}(\mu X_1 + \nu X_2)^2\right] = \int_{-\infty}^{+\infty} \frac{\mathrm{d}x}{\sqrt{\pi}} \int \frac{\mathrm{d}^2\alpha}{2\pi} \mathrm{e}^{\mathrm{i}\gamma x^2} |x,\alpha\rangle_{\mu,\nu\ \mu,\nu}\langle x,\alpha|. \tag{3.118}$$

再利用 IWOP 技术进行积分, 得到

$$\begin{aligned}
&\exp\left[\frac{\mathrm{i}\gamma}{\lambda^2}(\mu X_1 + \nu X_2)^2\right] \\
&= \frac{1}{\sqrt{1-\mathrm{i}\gamma}} \exp\left[\frac{\mathrm{i}\gamma}{2\lambda^2(1-\mathrm{i}\gamma)}\left(\mu a_1^\dagger + \nu a_2^\dagger\right)^2\right] \\
&\quad \times : \exp\left[\frac{\mathrm{i}\gamma}{\lambda^2(1-\mathrm{i}\gamma)}\left(\mu^2 a_1^\dagger a_1 + \nu^2 a_2^\dagger a_2 + \mu\nu a_1^\dagger a_2 + \mu\nu a_2^\dagger a_1\right) - a_1^\dagger a_1 - a_2^\dagger a_2\right]: \\
&\quad \times \exp\left[\frac{\mathrm{i}\gamma}{2\lambda^2(1-\mathrm{i}\gamma)}(\mu a_1 + \nu a_2)^2\right].
\end{aligned} \tag{3.119}$$

注 把式 (3.119) 作用于双模真空态 $|00\rangle$, 得到

$$\exp\left[\frac{\mathrm{i}\gamma}{\lambda^2}(\mu X_1 + \nu X_2)^2\right]|00\rangle = \frac{1}{\sqrt{1-\mathrm{i}\gamma}} \exp\left[\frac{\mathrm{i}\gamma}{2\lambda^2(1-\mathrm{i}\gamma)}\left(\mu a_1^\dagger + \nu a_2^\dagger\right)^2\right]|00\rangle, \tag{3.120}$$

可见它是一个带参数的单 – 双模组合压缩态.

(3) 利用式 (3.28),(3.31) 及积分公式 (3.112), 可得 $H_n\left(\frac{1}{\lambda}(\mu X_1 + \nu X_2)\right)$ 的正规乘积展开:

$$H_n\left(\frac{1}{\lambda}(\mu X_1 + \nu X_2)\right)$$
$$= \int_{-\infty}^{+\infty}\frac{dx}{\sqrt{\pi}}\int\frac{d^2\alpha}{2\pi}H_n(x)|x,\alpha\rangle_{\mu,\nu}\,_{\mu,\nu}\langle x,\alpha|$$
$$= \int_{-\infty}^{+\infty}\frac{dx}{\sqrt{\pi}}H_n(x):\exp\left[-\left(x-\frac{\mu a_1^\dagger + \mu a_1 + \nu a_2^\dagger + \nu a_2}{\sqrt{2}\lambda}\right)^2\right]:$$
$$=:\left[\frac{\sqrt{2}\left(\mu a_1^\dagger + \mu a_1 + \nu a_2^\dagger + \nu a_2\right)}{\lambda}\right]^n: = \left(\frac{2}{\lambda}\right)^n:(\mu X_1 + \nu X_2)^n:. \quad (3.121)$$

11. 可将相位态在粒子数表象内作展开, 得到

$$|e^{i\varphi}\rangle = \sum_{n=0}^{+\infty}\frac{e^{in\varphi}}{n!}\left(a^\dagger\sqrt{N+1}\right)^n|0\rangle = \sum_{n=0}^{+\infty}e^{in\varphi}|n\rangle. \quad (3.122)$$

另外, 对于 su(1,1) 相干态, 可以得到

$$\exp\left(\lambda a^\dagger\sqrt{N+1} - \lambda^*\sqrt{N+1}a\right)|0\rangle$$
$$= \exp\left(e^{i\varphi}a^\dagger\sqrt{N+1}\tanh|\lambda|\right)\mathrm{sech}^{2(N+1/2)}|\lambda|$$
$$\times \exp\left(-\sqrt{N+1}ae^{-i\varphi}\tanh|\lambda|\right)|0\rangle$$
$$= (\mathrm{sech}|\lambda|)\exp\left(e^{i\varphi}a^\dagger\sqrt{N+1}\tanh|\lambda|\right)|0\rangle \quad (\lambda = |\lambda|e^{i\varphi}). \quad (3.123)$$

当 $\tanh|\lambda| \to 1$ 时, 式 (3.123) 就趋向于相位态式 (3.122).

12. 定义

$$|z\rangle = \left|\begin{pmatrix} z \\ z^* \end{pmatrix}\right\rangle = e^{za^\dagger - z^*a}|0\rangle \equiv \left|\begin{pmatrix} x \\ p \end{pmatrix}\right\rangle, \quad (3.124)$$

并构造以下积分, 再利用 IWOP 技术积分, 得

$$U(r,s) = \sqrt{s}\int\frac{d^2z}{\pi}\left|\begin{pmatrix} s & -r \\ -r^* & s^* \end{pmatrix}\begin{pmatrix} z \\ z^* \end{pmatrix}\right\rangle\left\langle\begin{pmatrix} z \\ z^* \end{pmatrix}\right|$$

$$\equiv \sqrt{s}\int \frac{\mathrm{d}^2 z}{\pi}|sz-rz^*\rangle\langle z|$$
$$= \exp\left(-\frac{r}{2s^*}a^{\dagger 2}\right)\exp\left[\left(a^\dagger a+\frac{1}{2}\right)\ln\frac{1}{s^*}\right]\exp\left(\frac{r^*}{2s^*}a^2\right), \quad (3.125)$$

其中 $|s|^2-|r|^2=1$. 若引入

$$s=\frac{1}{2}[A+D-\mathrm{i}(B-C)], \quad r=-\frac{1}{2}[A-D+\mathrm{i}(B+C)], \quad (3.126)$$

则有 $AD-BC=1$. 记

$$U(r,s)\equiv F(A,B,C)=\sqrt{s}\int\frac{\mathrm{d}x\mathrm{d}p}{2\pi}\left|\begin{pmatrix}A & B \\ C & D\end{pmatrix}\begin{pmatrix}x \\ p\end{pmatrix}\right\rangle\left\langle\begin{pmatrix}x \\ p\end{pmatrix}\right|, \quad (3.127)$$

则可证明两个菲涅耳算符之积仍为菲涅耳算符:

$$F(A',B',C')F(A,B,C)=F(A'',B'',C''), \quad (3.128)$$

这里

$$\begin{pmatrix}A' & B' \\ C' & D'\end{pmatrix}\begin{pmatrix}A & B \\ C & D\end{pmatrix}=\begin{pmatrix}A'' & B'' \\ C'' & D''\end{pmatrix}. \quad (3.129)$$

因此, 根据分解

$$\begin{pmatrix}A & B \\ C & D\end{pmatrix}=\begin{pmatrix}1 & 0 \\ C/A & 1\end{pmatrix}\begin{pmatrix}A & 0 \\ 0 & A^{-1}\end{pmatrix}\begin{pmatrix}1 & B/A \\ 0 & 1\end{pmatrix}, \quad (3.130)$$

有

$$F(A,B,C)=F\left(1,0,\frac{C}{A}\right)F(A,0,0)F\left(1,\frac{B}{A},0\right). \quad (3.131)$$

13. 把坐标表象与动量表象的完备性关系式写成纯高斯积分形式:

$$\int_{-\infty}^{+\infty}\frac{\mathrm{d}p\mathrm{d}x}{2\pi}:\mathrm{e}^{-\frac{1}{2}(p-P)^2-\frac{1}{2}(x-X)^2}:=1. \quad (3.132)$$

注意到 $X=(a+a^\dagger)/\sqrt{2}$ 和 $P=(a-a^\dagger)/(\mathrm{i}\sqrt{2})$, 则式 (3.132) 可化简为

$$\int_{-\infty}^{+\infty}\frac{\mathrm{d}p\mathrm{d}x}{2\pi}:\mathrm{e}^{-\frac{1}{2}\left(x^2+p^2\right)+\frac{1}{\sqrt{2}}(x+\mathrm{i}p)a^\dagger-a^\dagger a+\frac{1}{\sqrt{2}}(x-\mathrm{i}p)a}:$$

$$= \int_{-\infty}^{+\infty} \frac{\mathrm{d}p\mathrm{d}x}{2\pi} \mathrm{e}^{-\frac{1}{4}(x^2+p^2)+\frac{1}{\sqrt{2}}(x+\mathrm{i}p)a^\dagger} : \mathrm{e}^{-a^\dagger a} : \mathrm{e}^{-\frac{1}{4}(x^2+p^2)+\frac{1}{\sqrt{2}}(x-\mathrm{i}p)a}$$

$$= \int_{-\infty}^{+\infty} \frac{\mathrm{d}p\mathrm{d}x}{2\pi} |x,p\rangle \langle x,p| = 1. \tag{3.133}$$

这里,已考虑到 $|0\rangle\langle 0| =: \mathrm{e}^{-a^\dagger a} :$,且

$$|x,p\rangle = \mathrm{e}^{-\frac{1}{4}(x^2+p^2)+\frac{1}{\sqrt{2}}(x+\mathrm{i}p)a^\dagger} |0\rangle \tag{3.134}$$

即为正则形式的相干态. 相应地,非正交性与过完备性关系式分别改写为

$$\langle x,p | x',p' \rangle = \mathrm{e}^{-\frac{1}{4}[(x-x')^2+(p-p')^2]+\frac{\mathrm{i}}{2}(px'-xp')}, \tag{3.135}$$

$$\frac{1}{2\pi} \int_{-\infty}^{+\infty} \mathrm{d}p\mathrm{d}x |x,p\rangle \langle x,p| = 1. \tag{3.136}$$

容易导出

$$\langle x,p| X |x,p\rangle = x, \quad \langle x,p| P |x,p\rangle = p, \tag{3.137}$$

即为正则形式的相干态.

点评 令 $z = (x+\mathrm{i}p)/\sqrt{2}$,代入式 (3.134),就得到熟知的相干态表达式

$$|z\rangle = \mathrm{e}^{-\frac{1}{2}|z|^2+za^\dagger} |0\rangle = D(z)|0\rangle. \tag{3.138}$$

由于相干态不是正交的,利用式 (3.138) 及共轭表达式,易证得

$$\langle z | z' \rangle = \mathrm{e}^{-\frac{1}{2}(|z|^2+|z'|^2)+z^*z'}. \tag{3.139}$$

14. 对于非归一化的相干态

$$\|z\rangle = \mathrm{e}^{za^\dagger} |0\rangle, \tag{3.140}$$

可以得到

$$|n\rangle = \frac{1}{\sqrt{n!}} \frac{\partial^n}{\partial z^n} \|z\rangle \bigg|_{z=0}. \tag{3.141}$$

在 $\langle z\|$ 表示下,a 的作用相当于微商,即

$$\langle z\| a = \frac{\partial}{\partial z^*} \langle z\|, \quad \langle z\| a^\dagger = z^* \langle z\|, \tag{3.142}$$

所以
$$\langle z\| a^\dagger a | n\rangle = z^* \frac{\partial}{\partial z^*}\langle z\| n\rangle = n\langle z\| n\rangle, \tag{3.143}$$

即得到 $\langle z\| n\rangle = z^{*n}$，它对应于粒子数态 $z^{*n}/\sqrt{n!}$ 为一个函数空间的基函数, 满足

$$\int \frac{\mathrm{d}^2 z}{\pi} z^{*n} z^m \mathrm{e}^{-|z|^2} = n!\delta_{mn}. \tag{3.144}$$

由粒子数态 $|n\rangle = \dfrac{a^{\dagger n}}{\sqrt{n!}}|0\rangle$, 可知

$$\begin{aligned} 1 &= \sum_{n=0}^{+\infty} |n\rangle\langle n| = \sum_{n,n'=0}^{+\infty} |n\rangle\langle n'| \frac{1}{\sqrt{n!n'!}} \left(\frac{\mathrm{d}}{\mathrm{d} z^*}\right)^n z^{*n'}\bigg|_{z^*=0} \\ &= \exp\left(a^\dagger \frac{\partial}{\partial z^*}\right)|0\rangle\langle 0| \mathrm{e}^{z^* a}\bigg|_{z^*=0}, \end{aligned} \tag{3.145}$$

于是可把任一算符 A 表示为

$$A(a^\dagger, a) = \exp\left(a^\dagger \frac{\partial}{\partial z^*}\right)|0\rangle\langle z\| A \| z\rangle\langle 0| \exp\left(a \frac{\partial}{\partial z}\right)\bigg|_{z=z^*=0}. \tag{3.146}$$

这里，已考虑到 z 与 z^* 独立的事实, 即 $\frac{\partial}{\partial z^*}z = 0, \frac{\partial}{\partial z}z^* = 0$. 再由真空投影算符的正规乘积形式 $|0\rangle\langle 0| =: \mathrm{e}^{-a^\dagger a} :$ 和正规乘积的性质, 可进一步把上式改写为

$$A(a^\dagger, a) =: \exp\left(a^\dagger \frac{\partial}{\partial z^*} + a\frac{\partial}{\partial z}\right) : \langle z\| \hat{A} \| z\rangle\bigg|_{z=z^*=0}. \tag{3.147}$$

其具体证明如下:

$$\begin{aligned} A(a^\dagger,a) &=: \mathrm{e}^{-a^\dagger a} \exp\left(a^\dagger \frac{\partial}{\partial z^*}\right) \sum_{n=0}^{+\infty} \frac{a^n}{n!} \frac{\partial^n}{\partial z^n} \mathrm{e}^{|z|^2} \langle z\| A\| z\rangle|_{z=z^*=0} : \\ &=: \mathrm{e}^{-a^\dagger a} \exp\left(a^\dagger \frac{\partial}{\partial z^*}\right) \sum_{n=0}^{+\infty} \frac{a^n}{n!} \sum_{l=0}^n C_n^l \left(\frac{\partial^l}{\partial z^l}\mathrm{e}^{|z|^2}\right)\left(\frac{\partial^{n-l}}{\partial z^{n-l}}\langle z\|\hat{A}\|z\rangle\right)\bigg|_{z=z^*=0} : \\ &=: \mathrm{e}^{-a^\dagger a} \exp\left(a^\dagger \frac{\partial}{\partial z^*}\right) \mathrm{e}^{|z|^2} \sum_{n=0}^{+\infty} \frac{a^n}{n!} \left(z^* + \frac{\partial}{\partial z}\right)^n \langle z\|\hat{A}\|z\rangle\bigg|_{z=z^*=0} : \\ &=: \mathrm{e}^{-a^\dagger a} \exp\left(a^\dagger \frac{\partial}{\partial z^*}\right) \mathrm{e}^{|z|^2} \exp\left[a\left(z^* + \frac{\partial}{\partial z}\right)\right] \langle z\|\hat{A}\|z\rangle\bigg|_{z=z^*=0} : \end{aligned}$$

$$=: \mathrm{e}^{\tau a^\dagger a} \sum_{m=0}^{+\infty} \frac{a^{\dagger m}}{m!} \frac{\partial^m}{\partial z^{*m}} \mathrm{e}^{(z+a)z^*} \exp\left(a\frac{\partial}{\partial z}\right) \langle z\|\hat{A}\|z\rangle\Big|_{z=z^*=0} :$$

$$=: \mathrm{e}^{-a^\dagger a} \mathrm{e}^{(z+a)z^*} \exp\left[a^\dagger\left(z+a+\frac{\partial}{\partial z^*}\right)\right] \exp\left(a\frac{\partial}{\partial z}\right) \langle z\|\hat{A}\|z\rangle\Big|_{z=z^*=0} :$$

$$=: \exp\left(a^\dagger \frac{\partial}{\partial z^*} + a\frac{\partial}{\partial z}\right) : \langle z\|\hat{A}\|z\rangle\Big|_{z=z^*=0}. \tag{3.148}$$

以上计算过程表明, $\exp\left(a^\dagger \frac{\partial}{\partial z^*}\right)$ 的作用是把 $f(z,z^*)$ 中的 z^* 变为 $a^\dagger$, $\exp\left(a\frac{\partial}{\partial z}\right)$ 的作用是把 $f(z,z^*)$ 中的 z 变为 a, 从而 $\mathrm{e}^{|z|^2} \mapsto \mathrm{e}^{a^\dagger a}$, 而且说明了 $\langle z\|A\|z\rangle$ 可决定 A 本身.

15. 由薛定谔方程, 知在 t 时刻相干态为

$$|z(t)\rangle = \mathrm{e}^{-\mathrm{i}Ht}|z\rangle = \mathrm{e}^{-\mathrm{i}(a^\dagger a + \frac{1}{2})\omega t} \mathrm{e}^{-\frac{|z|^2}{2}} \sum_{n=0}^{+\infty} \frac{z^n}{\sqrt{n!}}|n\rangle$$

$$= \mathrm{e}^{-\frac{\mathrm{i}}{2}\omega t} \mathrm{e}^{-\frac{|z|^2}{2}} \sum_{n=0}^{+\infty} \frac{(z\mathrm{e}^{-\mathrm{i}\omega t})^n}{\sqrt{n!}}|n\rangle = \mathrm{e}^{-\frac{\mathrm{i}}{2}\omega t}|z\mathrm{e}^{-\mathrm{i}\omega t}\rangle. \tag{3.149}$$

可见, 在自由场哈密顿量支配下, 初始为相干态的光场在任意时刻仍然是相干态, 其复振幅为 $z\mathrm{e}^{-\mathrm{i}\omega t}$, 即沿着经典自由谐振子的运动轨迹随时间演化. 把相干态看做波包, 则波包的重心为 (记 $z = |z|\mathrm{e}^{\mathrm{i}\theta}$)

$$\langle X\rangle_t = \langle z(t)|X|z(t)\rangle = \sqrt{\frac{\hbar}{2m\omega}}(z+z^*)$$

$$= \sqrt{\frac{\hbar}{4m\omega}}|z|\cos(\omega t - \theta). \tag{3.150}$$

易证 $\langle X\rangle_t$ 满足方程

$$\frac{\mathrm{d}^2}{\mathrm{d}t^2}\langle X\rangle_t = -\omega^2 \langle X\rangle_t. \tag{3.151}$$

可见谐振子相干态波包的重心将按经典力学规律运动. 类似地, 可求得

$$\langle X^2\rangle_t = \frac{\hbar}{2m\omega}(z^2 + z^{*2} + 2zz^* + 1), \tag{3.152}$$

于是波包重心的均方偏差

$$\left\langle (\Delta X_2)^2 \right\rangle_t = \left\langle \hat{X}_2^2 \right\rangle_t - \left\langle \hat{X}_2 \right\rangle_t^2 = \frac{\hbar}{2m\omega}. \tag{3.153}$$

它与时间无关, 可见相干态波包并不随时间扩散.

16. 利用海森伯方程

$$\frac{\mathrm{d}a(t)}{\mathrm{d}t} = \frac{1}{\mathrm{i}}[a, H] = -\mathrm{i}[\omega a + f^*(t)]. \tag{3.154}$$

根据初始条件 $a(t)|_{t=0} = a(0)$, 得到它的解为

$$a(t) = a(0)\mathrm{e}^{-\mathrm{i}\omega t} - \mathrm{i}\int_0^t f^*(\tau)\mathrm{e}^{-\mathrm{i}\omega(t-\tau)}\mathrm{d}\tau. \tag{3.155}$$

可以求得满足

$$S^\dagger(t)a(0)S(t) = a(t), \quad S^\dagger(t)a^\dagger(0)S(t) = a^\dagger(t), \tag{3.156}$$

且精确到任意一个相因子范围的幺正演化算符 $S(t)$ 为

$$\begin{aligned} S(t) &= \mathrm{e}^{-\mathrm{i}\omega a^\dagger a t}\mathrm{e}^{-\mathrm{i}(\eta^* a^\dagger + \eta a)} \\ &= \mathrm{e}^{-\frac{1}{2}|\eta(t)|^2}\mathrm{e}^{-\mathrm{i}\eta^*(t)a^\dagger \mathrm{e}^{-\mathrm{i}\omega t}}\mathrm{e}^{-\mathrm{i}\omega a^\dagger a}\mathrm{e}^{-\mathrm{i}\eta(t)a}, \end{aligned} \tag{3.157}$$

式中

$$a = a(0), \quad a^\dagger = a^\dagger(0), \quad \eta(t) = \int_0^t \mathrm{d}\tau f(\tau)\mathrm{e}^{-\mathrm{i}\omega\tau}. \tag{3.158}$$

若 $t=0$ 时系统处于真空态 $|0\rangle$, 则在 t 时刻系统状态为

$$|\psi(t)\rangle = S(t)|0\rangle = \mathrm{e}^{-\frac{1}{2}|\eta(t)|^2}\mathrm{e}^{-\mathrm{i}\eta^*(t)a^\dagger \mathrm{e}^{-\mathrm{i}\omega t}}|0\rangle = |\alpha\rangle, \tag{3.159}$$

此即相干态, 这里 $\alpha = -\mathrm{i}\eta^*(t)\mathrm{e}^{-\mathrm{i}\omega t}$.

17. 令

$$U(t) = \mathrm{e}^{-\mathrm{i}\omega a^\dagger a t}U^I(t), \tag{3.160}$$

则 $U^I(t)$ 满足

$$\begin{aligned} \mathrm{i}\frac{\partial}{\partial t}U^I(t) &= \mathrm{e}^{\mathrm{i}\omega a^\dagger a t}\left[f(t)a + f^*(t)a^\dagger\right]\mathrm{e}^{-\mathrm{i}\omega a^\dagger a t} \\ &= \left[f(t)a\mathrm{e}^{-\mathrm{i}\omega t} + f^*(t)a^\dagger \mathrm{e}^{\mathrm{i}\omega t}\right]U^I(t). \end{aligned} \tag{3.161}$$

对式 (3.161) 两边取相干态 $|z\rangle$ 平均, 这等价于作变换

$$a^\dagger \mapsto z^*, \quad a \mapsto z + \frac{\partial}{\partial z^*}, \tag{3.162}$$

即

$$\mathrm{i}\frac{\partial}{\partial t}U^I(z,z^*,t) = \left[f(t)\mathrm{e}^{-\mathrm{i}\omega t}\left(z + \frac{\partial}{\partial z^*}\right) + f^*(t)\mathrm{e}^{\mathrm{i}\omega t}z^*\right]U^I(z,z^*,t). \tag{3.163}$$

注意到初始条件 $U^I(z,z^*,t) = 1$, 可求得

$$U^I(z,z^*,t) = \mathrm{e}^{-B(t)}\mathrm{e}^{-\mathrm{i}\eta^*(t)z^* - \mathrm{i}\eta(t)z}, \tag{3.164}$$

式中

$$B(t) = \int_0^t \mathrm{d}\tau \int_0^\tau \mathrm{d}t' f(\tau)f^*(t')\mathrm{e}^{-\mathrm{i}\omega(\tau-t')}. \tag{3.165}$$

将

$$U^I(t) = \mathrm{e}^{-B(t)} : \mathrm{e}^{-\mathrm{i}\eta^*(t)a^\dagger - \mathrm{i}\eta(t)a} : \tag{3.166}$$

代回式 (3.160), 得到

$$U(t) = \mathrm{e}^{-B(t)} : \mathrm{e}^{-\mathrm{i}\eta^*(t)\mathrm{e}^{-\mathrm{i}\omega t}a^\dagger} : \mathrm{e}^{-\mathrm{i}\omega a^\dagger a t}\mathrm{e}^{-\mathrm{i}\eta(t)a}, \tag{3.167}$$

其中 $\eta(t)$ 满足

$$|\eta(t)|^2 = \left(\int_0^t \mathrm{d}\tau \int_0^\tau \mathrm{d}t' + \int_0^t \mathrm{d}t' \int_0^\tau \mathrm{d}\tau\right) f(\tau)f^*(t')\mathrm{e}^{-\mathrm{i}\omega(\tau-t')}$$
$$= B(t) + B^*(t). \tag{3.168}$$

18. 利用正规乘积内的积分技巧, 可得 X^m 的正规乘积展开式:

$$X^m = \int_{-\infty}^{+\infty} \mathrm{d}x\, x^m |x\rangle\langle x|$$
$$= \int_{-\infty}^{+\infty} \frac{\mathrm{d}x}{\sqrt{\pi}} : x^m \mathrm{e}^{-(x-X)^2} : = (2\mathrm{i})^{-m} : \mathrm{H}_m(\mathrm{i}X) :, \tag{3.169}$$

其中

$$\mathrm{H}_m(x) = \sum_{l=0}^{[m/2]} \frac{(-1)^l m!}{l!(m-2l)!}(2x)^{m-2l} \tag{3.170}$$

第 3 章 相 干 态

是厄米多项式, 并利用了积分公式

$$\int_{-\infty}^{+\infty} \frac{\mathrm{d}x}{\sqrt{\pi}} x^m \mathrm{e}^{-(x-y)^2} = (2\mathrm{i})^{-m} \mathrm{H}_m(\mathrm{i}y). \tag{3.171}$$

根据正规乘积和相干态的性质

$$\langle z'| f\left(a^\dagger, a\right) |z\rangle = f(z'^*, z) \mathrm{e}^{-\frac{1}{2}(|z|^2+|z'|^2)+z'^*z}, \tag{3.172}$$

立刻得到

$$\langle z'| X^m |z\rangle = (2\mathrm{i})^{-m} \mathrm{H}_m\left(\mathrm{i}\frac{z'^*+z}{\sqrt{2}}\right) \mathrm{e}^{-\frac{1}{2}|z|^2+|z'|^2+z'^*z}. \tag{3.173}$$

由相干态的完备性, 可得相干态与粒子数态的内积

$$\langle n|z\rangle = \mathrm{e}^{-\frac{|z|^2}{2}} \frac{z^n}{\sqrt{n!}}, \tag{3.174}$$

于是, 可以把微扰哈密顿量的矩阵元写为

$$\begin{aligned}
\lambda \langle n'| X^m |n\rangle &= \lambda \int \frac{\mathrm{d}^2z \mathrm{d}^2z'}{\pi^2} \langle n'|z'\rangle \langle z'| X^m |z\rangle \langle z|n\rangle \\
&= \lambda (2\mathrm{i})^{-m} \int \frac{\mathrm{d}^2z \mathrm{d}^2z'}{\pi^2} \frac{z^{*n} z'^{n'}}{\sqrt{n!n'!}} \mathrm{H}_m\left(\mathrm{i}\frac{z'^*+z}{\sqrt{2}}\right) \mathrm{e}^{-|z|^2-|z'|^2+z'^*z} \\
&= \lambda \sum_{l=0}^{[m/2]} \sum_{k=0}^{m-2l} \frac{m! \int \frac{\mathrm{d}^2z \mathrm{d}^2z'}{\pi^2} z'^{*m-2l-k} z'^{n'} z^k z^{*n} \mathrm{e}^{-|z|^2-|z'|^2+z'^*z}}{2^{\frac{m}{2}+l} \sqrt{n!n'!l!(m-2l-k)!k!}}.
\end{aligned} \tag{3.175}$$

利用积分公式:

$$\int \frac{\mathrm{d}^2z}{\pi} z^{*n} \mathrm{e}^{\lambda|z|^2+cz} = (-1)^{n+1} \lambda^{-(n+1)} c^n \quad (\mathrm{Re}\,\lambda < 0), \tag{3.176}$$

$$\int \frac{\mathrm{d}^2z}{\pi} z^{*n} z^k \mathrm{e}^{\lambda|z|^2+cz} = (-1)^{n+1} \lambda^{-(n+1)} \frac{n!}{(n-k)!} c^{n-k} \quad (\mathrm{Re}\,\lambda<0, k\leqslant n), \tag{3.177}$$

可对式 (3.176) 积分, 得到

$$\lambda \langle n'| X^m |n\rangle$$

$$= \lambda \sum_{l=0}^{[m/2]} \sum_{k=0}^{m-2l} \frac{m!\sqrt{n!n'!}\delta_{m+n-2l-2k,n'}}{2^{\frac{m}{2}+l}l!(m-2l-k)!k!(n-k)!}$$

$$= \lambda \sum_{l=0}^{[m/2]} \frac{m!\sqrt{n!n'!}}{2^{\frac{m}{2}+l}l!\left(\frac{m-n+n'}{2}-l\right)!\left(\frac{m+n-n'}{2}-l\right)!\left(\frac{n-m+n'}{2}+l\right)!}, \tag{3.178}$$

其中 l 的取值应保证分母中不出现负整数阶乘因子.

点评 注意到

$$\langle n'|X^m|n\rangle = \langle n|X^m|n'\rangle, \tag{3.179}$$

由式 (3.178), 可以看到微扰矩阵元不为零的选择定则为

$$|n-n'| \leqslant m, \tag{3.180}$$

这里 $m+(n-n')$ 为偶数. 可见用相干态表象确实可以严格而又方便地给出非简谐振子的一阶微扰. 此题还有更简单的解法, 作为悬念留给读者思考.

第 4 章 纠缠态表象

4.1 新增基础知识与例题

1. 互为共轭的两体纠缠态表象

1935 年, 爱因斯坦 (Einstein)、波多尔斯基 (Podolsky)、罗森 (Rosen)(EPR) 在阐述量子论必定抑或是违反定域因果性原理的, 抑或是不完备的时, 曾经提出这样的论据: 两粒子的位置分别由 X_1 和 X_2 给出, 动量分别是 P_1 和 P_2. 根据海森伯测不准原理, 同时测量 P_1 和 X_1 的精确值是不可能的, 但它允许我们精确地测量动量之和 $P_1 + P_2$ 及两粒子间距 $X_1 - X_2$. 因此, 测量粒子 1 的动量 P_1, 就可以推出粒子 2 的动量 P_2. 类似地, 再精确地测量粒子 1 的位置 X_1, 就可以推出粒子 2 的位置 X_2. 根据定域因果性原理, 测量粒子 1 的位置不会改变我们推算出远在别处的粒子 2 的动量 P_2, 这样就可以精确地推算出远在别处的粒子 2 的位置与动量. 但海森伯测不准原理说, 精确决定一个单粒子的位置和动量是不可能的. EPR 认为, 利用定域因果性原理的假定, 可实现量子论认为不可能的事, 除非存在破坏因果性的超距作用, 使得测量粒子 1 时就瞬时地影响了远在别处的粒子 2. 如果不愿承认存在这种超距作用, 那么只好承认现有的量子论是不完备的.

我们现在关心的是粒子 1 和 2 所处的量子态, 即 $P_1 + P_2$ 和 $X_1 - X_2$ 的共同本征态, 通过寻找求解此本征态的方法, 可为读者提供一种行之有效的求解新完备量子态的思路.

首先, 我们假设在双模福克空间存在量子态 $\langle \eta |$, 满足本征方程

$$(X_1 - X_2)|\eta\rangle = \sqrt{2}\eta_1 |\eta\rangle, \quad (P_1 + P_2)|\eta\rangle = \sqrt{2}\eta_2 |\eta\rangle. \tag{4.1}$$

受此方程与 IWOP 技术的启发, 直接构造出如下在正规乘积内的纯高斯积分形式:

$$1 = \int \frac{d^2\eta}{\pi} : \exp\left\{ -\left[\eta_1 - \frac{1}{\sqrt{2}}(X_1 - X_2)\right]^2 - \left[\eta_2 - \frac{1}{\sqrt{2}}(P_1 + P_2)\right]^2 \right\} : . \tag{4.2}$$

由

$$X_i = \frac{a_i + a_i^\dagger}{\sqrt{2}}, \quad P_i = \frac{a_i - a_i^\dagger}{i\sqrt{2}}, \tag{4.3}$$

将式 (4.3) 代入式 (4.2) 并积分, 则式 (4.2) 可进一步分解成

$$1 = \int \frac{d^2\eta}{\pi} \exp\left(-\frac{|\eta|^2}{2} + \eta a_1^\dagger - \eta^* a_2^\dagger + a_1^\dagger a_2^\dagger\right) : \exp\left(-a_1^\dagger a_1 - a_2^\dagger a_2\right) :$$

$$\times \exp\left(-\frac{|\eta|^2}{2} + \eta^* a_1 - \eta a_2 + a_1 a_2\right). \tag{4.4}$$

根据

$$|00\rangle\langle 00| =: \exp\left(-a_1^\dagger a_1 - a_2^\dagger a_2\right) : , \tag{4.5}$$

式 (4.4) 可以写成态的完备性关系式

$$1 = \int \frac{d^2\eta}{\pi} |\eta\rangle\langle\eta|, \tag{4.6}$$

从而可知双模纠缠态 $|\eta\rangle$ 的形式为

$$|\eta\rangle = \exp\left(-\frac{|\eta|^2}{2} + \eta a_1^\dagger - \eta^* a_2^\dagger + a_1^\dagger a_2^\dagger\right)|00\rangle. \tag{4.7}$$

这样就找到了一个新的态. 用 a_1 和 a_2 分别作用于 $|\eta\rangle$, 得

$$a_1|\eta\rangle = \left(\eta + a_2^\dagger\right)|\eta\rangle, \quad a_2|\eta\rangle = \left(-\eta^* + a_1^\dagger\right)|00\rangle. \tag{4.8}$$

第 4 章 纠缠态表象

由此导出

$$\frac{1}{\sqrt{2}}\left[\left(a_1+a_1^\dagger\right)-\left(a_2+a_2^\dagger\right)\right]|\eta\rangle = \sqrt{2}\eta_1|\eta\rangle = (X_1-X_2)|\eta\rangle, \tag{4.9}$$

$$\frac{1}{\mathrm{i}\sqrt{2}}\left[\left(a_1-a_1^\dagger\right)+\left(a_2-a_2^\dagger\right)\right]|\eta\rangle = \sqrt{2}\eta_2|\eta\rangle = (P_1+P_2)|\eta\rangle, \tag{4.10}$$

可见 η 的实部和虚部分别对应 X_1-X_2 和 P_1+P_2 的本征值.

利用式 (4.8), 可得

$$\langle\eta|\left(a_1^\dagger-a_2\right) = \eta^*\langle\eta|, \quad \langle\eta|\left(a_2^\dagger-a_1\right) = -\eta\langle\eta|. \tag{4.11}$$

由式 (4.8) 和 (4.11), 得到

$$\langle\eta'|\left(a_1-a_2^\dagger\right)|\eta\rangle = \eta\langle\eta'|\eta\rangle = \eta'\langle\eta'|\eta\rangle, \tag{4.12}$$

$$\langle\eta'|\left(a_2-a_1^\dagger\right)|\eta\rangle = -\eta'^*\langle\eta'|\eta\rangle = -\eta^*\langle\eta'|\eta\rangle, \tag{4.13}$$

因此 $|\eta\rangle$ 的正交性为

$$\langle\eta'|\eta\rangle = \pi\delta^{(2)}(\eta'-\eta). \tag{4.14}$$

由以上推导可见, 我们所得的态 $|\eta\rangle$ 确实为 P_1+P_2 和 X_1-X_2 的共同本征态.

纠缠态 $|\eta\rangle$ 的施密特 (Schmidt) 分解形式为

$$\begin{aligned}|\eta\rangle &= \frac{1}{\sqrt{\pi}}\int_{-\infty}^{+\infty}\mathrm{d}x\exp\left(\sqrt{2}\mathrm{i}\eta_2 x\right)\left|x+\frac{\eta_1}{\sqrt{2}}\right\rangle_1\otimes\left|x-\frac{\eta_1}{\sqrt{2}}\right\rangle_2\\ &= \frac{1}{\sqrt{\pi}}\exp(-\mathrm{i}\eta_1\eta_2)\int_{-\infty}^{\infty}\mathrm{d}x\exp\left(\sqrt{2}\mathrm{i}\eta_2 x\right)|x\rangle_1\otimes\left|x-\sqrt{2}\eta_1\right\rangle_2. \end{aligned} \tag{4.15}$$

按照双变量厄米多项式的母函数定义:

$$\sum_{m,n=0}^{+\infty}\frac{t^m t'^n}{m!n!}\mathrm{H}_{m,n}(\xi,\xi^*) = \exp(-tt'+t\xi+t'\xi^*), \tag{4.16}$$

以及式 (4.7), 可以把式 (4.15) 展开为

$$|\eta\rangle = \exp\left(-\frac{1}{2}|\eta|^2\right)\sum_{m,n=0}^{+\infty}\mathrm{H}_{m,n}(\eta,\eta^*)\frac{(-1)^n}{\sqrt{m!n!}}|m,n\rangle. \tag{4.17}$$

另外, 根据单变量厄米多项式的母函数

$$\sum_{n=0}^{+\infty} H_n(x) \frac{t^n}{n!} = \exp(2xt - t^2), \tag{4.18}$$

可将坐标本征态 $|x\rangle$ 展开为

$$|x\rangle = \sum_{n=0}^{+\infty} \frac{1}{\sqrt{2^n n \sqrt{\pi}}} e^{-x^2/2} H_n(x) |n\rangle. \tag{4.19}$$

对比式 (4.17) 和 (4.19), 得

$$H_{m,n}(\eta, \eta^*) = \frac{(-1)^n}{\sqrt{\pi}} e^{-i\eta_1 \eta_2} \int_{-\infty}^{+\infty} dx e^{i\sqrt{2}\eta_2 x} H_m(x) H_n\left(x - \sqrt{2}\eta_1\right). \tag{4.20}$$

由上式, 可见双变量厄米多项式可以看做两个单变量厄米多项式纠缠的结果.

注意到 $[X_1 + X_2, P_1 - P_2] = 0$, 因此 $X_1 + X_2$ 与 $P_1 - P_2$ 具有共同本征态 $|\xi\rangle$, 且 $|\eta\rangle$ 和 $|\xi\rangle$ 互为共轭态. $|\xi\rangle$ 满足的本征方程为

$$(X_1 + X_2)|\xi\rangle = \sqrt{2}\xi_1 |\xi\rangle, \quad (P_1 - P_2)|\xi\rangle = \sqrt{2}\xi_2 |\xi\rangle \quad (\xi = \xi_1 + i\xi_2). \tag{4.21}$$

根据式 (4.21), 可以构造如下高斯积分:

$$1 = \int \frac{d^2\xi}{\pi} : \exp\left\{-\left[\xi_1 - \frac{1}{\sqrt{2}}(X_1 + X_2)\right]^2 - \left[\xi_2 - \frac{1}{\sqrt{2}}(P_1 - P_2)\right]^2\right\} :. \tag{4.22}$$

由

$$X_i = \frac{a_i + a_i^\dagger}{\sqrt{2}}, \quad P_i = \frac{a_i - a_i^\dagger}{i\sqrt{2}} \quad (i = 1, 2), \tag{4.23}$$

将式 (4.23) 代入式 (4.22), 分解后可得

$$1 = \int \frac{d^2\xi}{\pi} \exp\left(-\frac{1}{2}|\xi|^2 + \xi a_1^\dagger + \xi^* a_2^\dagger - a_1^\dagger a_2^\dagger\right) : \exp\left(-a_1^\dagger a_1 - a_2^\dagger a_2\right) :$$
$$\times \exp\left(-\frac{1}{2}|\xi|^2 + \xi^* a_1 + \xi a_2 - a_1 a_2\right). \tag{4.24}$$

利用 IWOP 技术, 可得

$$|\xi\rangle = \exp\left(-\frac{1}{2}|\xi|^2 + \xi a_1^\dagger + \xi^* a_2^\dagger - a_1^\dagger a_2^\dagger\right) |00\rangle. \tag{4.25}$$

将 a_1 与 a_2 作用于式 (4.25), 并结合式 (4.23), 可证得式 (4.21) 成立.

2. 诱导纠缠态表象与汉克尔变换

我们知道，傅里叶变换的积分核可由坐标和动量表象的内积得到，即

$$\langle q | p \rangle = \frac{1}{\sqrt{2\pi}} \exp(\mathrm{i}pq), \tag{4.26}$$

那么，与傅里叶变换有着同样重要地位的汉克尔 (Hankel) 变换是否也存在量子力学对应呢？为回答这个问题，我们分别在式 (4.7) 和 (4.25) 中取 $\eta = r\mathrm{e}^{\mathrm{i}\theta}$, $\xi = r'\mathrm{e}^{\mathrm{i}\varphi}$，并分别进行单侧积分，可得

$$|q, r\rangle \equiv \frac{1}{2\pi} \int_0^{2\pi} \mathrm{d}\theta \, |\eta = r\mathrm{e}^{\mathrm{i}\theta}\rangle \mathrm{e}^{-\mathrm{i}q\theta}, \tag{4.27}$$

$$|s, r'\rangle \equiv \frac{1}{2\pi} \int_0^{2\pi} \mathrm{d}\varphi \, |\xi = r'\mathrm{e}^{\mathrm{i}\varphi}\rangle \mathrm{e}^{-\mathrm{i}s\varphi}. \tag{4.28}$$

我们可以证明 $|q, r\rangle$ 为算符 $a_1^\dagger a_1 - a_2^\dagger a_2 \equiv Q$ 和 $(a_1 - a_2^\dagger)(a_1^\dagger - a_2) \equiv K$ 的共同本征态，即

$$Q|q, r\rangle = q|q, r\rangle, \quad K|q, r\rangle = r^2|q, r\rangle \quad ([Q, K] = 0), \tag{4.29}$$

其正交性和完备性关系式为

$$\langle q, r | q', r' \rangle = \delta_{qq'} \delta\left(r^2 - r'^2\right) = \delta_{qq'} \frac{1}{2r} \delta(r - r'),$$
$$\sum_{q=-\infty}^{+\infty} \int_0^{+\infty} \mathrm{d}r^2 \, |q, r\rangle \langle q, r| = 1. \tag{4.30}$$

又因为

$$\left[Q, \left(a_1^\dagger + a_2\right)\left(a_1 + a_2^\dagger\right)\right] = 0, \tag{4.31}$$

可验证 $|s, r'\rangle$ 为它们的共同本征态，即

$$\left(a_1^\dagger a_1 - a_2^\dagger a_2\right) |s, r'\rangle = s |s, r'\rangle,$$
$$\left(a_1^\dagger + a_2\right)\left(a_1 + a_2^\dagger\right) |s, r'\rangle = r'^2 |s, r'\rangle. \tag{4.32}$$

其正交性和完备性关系式为

$$\sum_{s=-\infty}^{+\infty}\int_0^{+\infty}\mathrm{d}r'^2|s,r')(s,r'|=1,\quad (s,r'|s',r'')=\delta_{ss'}\frac{1}{2r'}\delta(r'-r''). \tag{4.33}$$

因为 $|q,r\rangle$ 和 $|s,r'\rangle$ 分别是由纠缠态表象 $|\eta\rangle$ 和 $|\xi\rangle$ 推导出来的, 故称之为诱导纠缠态.

已知贝塞尔 (Bessel) 函数的产生函数为

$$\mathrm{e}^{\mathrm{i}x\sin t}=\sum_{m=-\infty}^{+\infty}\mathrm{J}_m(x)\mathrm{e}^{\mathrm{i}mt}, \tag{4.34}$$

其中 $\mathrm{J}_m(x)$ 是第 m 阶贝塞尔函数 (m 为整数), 其定义为

$$\mathrm{J}_m(x)=\sum_{k=0}^{+\infty}\frac{(-1)^m}{k!(m+k)!}\left(\frac{x}{2}\right)^{m+2k}. \tag{4.35}$$

通过下面的积分运算, 我们可以得到 $\langle s,r'|q,r\rangle$ 的内积:

$$\begin{aligned}
\langle s,r'|q,r\rangle &= \frac{1}{4\pi^2}\int_0^{2\pi}\mathrm{d}\varphi\mathrm{e}^{\mathrm{i}s\varphi}\langle\xi=r'\mathrm{e}^{\mathrm{i}\varphi}|\int_0^{2\pi}\mathrm{d}\theta|\eta=r\mathrm{e}^{\mathrm{i}\theta}\rangle\mathrm{e}^{-\mathrm{i}q\theta} \\
&= \frac{1}{8\pi^2}\int_0^{2\pi}\int_0^{2\pi}\mathrm{e}^{-\mathrm{i}q\theta}\mathrm{e}^{\mathrm{i}s\varphi}\exp[\mathrm{i}rr'\sin(\theta-\varphi)]\mathrm{d}\theta\mathrm{d}\varphi \\
&= \frac{1}{8\pi^2}\int_0^{2\pi}\int_0^{2\pi}\mathrm{e}^{\mathrm{i}s\varphi}\mathrm{e}^{-\mathrm{i}q\theta}\sum_{m=-\infty}^{+\infty}\mathrm{J}_m(rr')\exp[\mathrm{i}m(\theta-\varphi)] \\
&= \frac{1}{2}\sum_{m=-\infty}^{+\infty}\delta_{mq}\delta_{ms}\mathrm{J}_m(rr')=\frac{1}{2}\delta_{sq}\mathrm{J}_s(rr').
\end{aligned} \tag{4.36}$$

式 (4.36) 恰好就是汉克尔变换的积分核. 当 $s=\nu$, $r'=1$, $q=\nu$, $r=x$ 时, 式 (4.36) 变成

$$(\nu,1|\nu,x)=\frac{1}{2}\mathrm{J}_\nu(x), \tag{4.37}$$

此为标准的贝塞尔函数. 可见汉克尔变换也存在着量子力学的表象变换与之对应, 这是件很 "优美" 的事.

3. 描述电子在磁场中运动的纠缠态表象

描写一个电子 (不计自旋) 在均匀磁场中的运动时, 也可引入纠缠态表象. 设电子在均匀磁场 B(沿 z 轴) 中做非相对论运动, 相应的哈密顿量为

$$H = \left(\Pi_+ \Pi_- + \frac{1}{2}\right)\Omega, \tag{4.38}$$

式中 $\Omega = eB/M$ 是电子运动的圆同步频率,

$$\Pi_\pm = \frac{1}{\sqrt{2M\Omega}}\left[P_x \pm iP_y \pm \frac{i}{2}M\Omega(x \pm iy)\right] = \frac{\Pi_x \pm i\Pi_y}{\sqrt{2M\Omega}},$$

$$\Pi_x = P_x + eA_x, \quad \Pi_y = P_y + eA_y, \quad [\Pi_+, \Pi_-] = 1,$$

$$A = \left(-\frac{1}{2}By, \frac{1}{2}Bx, 0\right), \tag{4.39}$$

其中 A 为电磁势. 与 $\Pi_\pm$ 相互独立地还存在一对称为轨道中心坐标的力学量:

$$x_0 = X - \frac{\Pi_y}{M\Omega}, \quad y_0 = Y + \frac{\Pi_x}{M\Omega}, \tag{4.40}$$

满足

$$[x_0, y_0] = \frac{i}{M\Omega}. \tag{4.41}$$

于是可以定义算符

$$K_\pm = \sqrt{\frac{M\Omega}{2}}(x_0 \mp iy_0) \quad ([K_-, K_+] = 1). \tag{4.42}$$

记 $|00\rangle$ 为由 Π_- 或 K_- 湮灭的 "真空态". 由 Π_+, K_+, 我们定义新的态矢量

$$|\lambda\rangle = \exp\left(-\frac{1}{2}|\lambda|^2 - i\lambda\Pi_+ + \lambda^* K_+ + i\Pi_+ K_+\right)|00\rangle \quad (\lambda = \lambda_1 + i\lambda_2 = |\lambda|e^{i\varphi}), \tag{4.43}$$

它对于描述电子运动非常有用, 其本征方程为

$$(K_+ + i\Pi_-)|\lambda\rangle = \lambda|\lambda\rangle, \quad (K_- - i\Pi_+)|\lambda\rangle = \lambda^*|\lambda\rangle. \tag{4.44}$$

联立式 (4.39)~(4.42) 和 (4.44), 得到电子坐标算符的本征方程

$$X|\lambda\rangle = \sqrt{\frac{2}{M\Omega}}\lambda_1|\lambda\rangle \equiv \underline{x}|\lambda\rangle,$$

$$Y|\lambda\rangle = -\sqrt{\frac{2}{M\Omega}}\lambda_2|\lambda\rangle = -\underline{y}|\lambda\rangle. \tag{4.45}$$

利用 IWOP 技术, 以及

$$|00\rangle\langle 00| = :\exp(-\Pi_+\Pi_- - K_+K_-): , \tag{4.46}$$

可以得到 $|\lambda\rangle$ 的完备性:

$$\int \frac{\mathrm{d}^2\lambda}{\pi}|\lambda\rangle\langle\lambda| = \int \frac{\mathrm{d}^2\lambda}{\pi} :\exp\left[-|\lambda|^2 + \lambda(K_- - \mathrm{i}\Pi_+) + \lambda^*(\mathrm{i}\Pi_- + K_+)\right.$$
$$\left. - (K_- - \mathrm{i}\Pi_+)(\mathrm{i}\Pi_- + K_+)\right]:$$
$$= 1, \tag{4.47}$$

以及正交性:

$$\langle\lambda'|\lambda\rangle = \pi\delta(\lambda_1' - \lambda_1)\delta(\lambda_2' - \lambda_2)$$
$$= \frac{2\pi}{M\Omega}\delta(\underline{x}' - \underline{x})\delta(\underline{y}' - \underline{y}), \tag{4.48}$$

于是可定义

$$|\underline{x},\underline{y}\rangle = \sqrt{\frac{m\Omega}{2\pi}}|\lambda\rangle. \tag{4.49}$$

所以, $|\lambda\rangle$ 的施密特分解形式为

$$|\lambda\rangle = \mathrm{e}^{-\mathrm{i}\lambda_2\lambda_1}\int_{-\infty}^{+\infty}\mathrm{d}u|u\rangle_\Pi \otimes \left|\sqrt{2}\lambda_1 - u\right\rangle_K \mathrm{e}^{\mathrm{i}\sqrt{2}\lambda_2 u}, \tag{4.50}$$

其中 $|u\rangle_\Pi$ 是 Π_y 的本征态, 即 $\Pi_y|u\rangle_\Pi = \sqrt{M\Omega}u|u\rangle_\Pi$,

$$|u\rangle_\Pi = \pi^{-1/4}\exp\left(-\frac{1}{2}u^2 - \mathrm{i}\sqrt{2}u\Pi_+ + \frac{1}{2}\Pi_+^2\right)|0\rangle. \tag{4.51}$$

$|u\rangle_K$ 是 x_0 的本征态, 即

$$x_0|u\rangle_K = \frac{1}{\sqrt{M\Omega}}u|u\rangle_K,$$

$$|u\rangle_K = \pi^{-1/4} \exp\left(-\frac{1}{2}u^2 + \sqrt{2}uK_+ - \frac{1}{2}K_+^2\right)|0\rangle. \tag{4.52}$$

【例 4.1】 利用诱导纠缠态表象, 证明: 函数 $f(r)$ 的汉克尔变换为

$$\mathcal{H}_n(f(x)) = \tilde{f}_n(k) = \int_0^{+\infty} r\mathrm{J}_n(kr)f(r)\mathrm{d}r, \tag{4.53}$$

式中 $\mathrm{J}_n(kr)$ 为 n 阶贝塞尔函数, 等式右边的积分是收敛的. 同时验证汉克尔逆变换

$$\mathcal{H}_n^{-1}(\tilde{f}_n(k)) = \int_0^{+\infty} k\mathrm{J}_n(kr)\tilde{f}_n(k)\mathrm{d}k. \tag{4.54}$$

证明 根据式 (4.27) 和 (4.28), 我们定义

$$\langle q,r|\,g\rangle = g(q,r), \quad (s,r'|\,g\rangle = \mathcal{G}(s,r'). \tag{4.55}$$

利用诱导纠缠态的完备性, 可得

$$\begin{aligned}\mathcal{G}(s,r') \equiv (s,r'|\,g\rangle &= \sum_{q=-\infty}^{+\infty}\int_0^{+\infty}\mathrm{d}r^2\,(s,r'|\,q,r)\,\langle q,r|\,g\rangle \\ &= \frac{1}{2}\int_0^{+\infty}\mathrm{d}r^2\mathrm{J}_s(rr')g(s,r) \equiv \mathcal{H}(g(s,r)),\end{aligned} \tag{4.56}$$

这正是 $g(q,r)$ 的汉克尔变换, 如式 (4.54) 所示的定义. 其逆变换为

$$\begin{aligned}\langle q,r|\,g\rangle &= \sum_{s=-\infty}^{+\infty}\int_0^{+\infty}\mathrm{d}r'^2\,\langle q,r|\,s,r'\rangle(s,r'|\,g\rangle \\ &= \frac{1}{2}\int_0^{+\infty}\mathrm{d}r'^2\mathrm{J}_s(rr')g(q,r') \equiv \mathcal{H}^{-1}(g(q,r')),\end{aligned} \tag{4.57}$$

于是式 (4.55) 得证.

【例 4.2】 利用 $\langle\lambda|$ 表象, 求朗道波函数 $\Psi_{nm_l}(\lambda) = \langle\lambda|\,n,m-m_l\rangle$.

解 朗道态定义为 $|n,n-m_l\rangle$, 且

$$|n,m\rangle = \frac{\Pi_+^m K_+^n}{\sqrt{n!m!}}|00\rangle \tag{4.58}$$

在福克空间是 $\Pi_+\Pi_-$ 与 K_+K_- 的共同本征态. 由双变量厄米多项式 $H_{m,n}(\lambda,\lambda^*)$ 的母函数形式

$$\sum_{m,n=0}^{+\infty}\frac{s^m s'^n}{m!n!}H_{m,n}(\lambda,\lambda^*)=e^{-ss'+s\lambda+s'\lambda^*}, \tag{4.59}$$

其中 $H_{m,n}$ 的定义为

$$H_{m,n}(\lambda,\lambda^*)=\sum_{l=0}^{\min(m,n)}\frac{(-1)^l m!n!}{l!(m-l)!(n-l)!}\lambda^{m-l}\lambda^{*n-l}=H_{n,m}^*(\lambda,\lambda^*), \tag{4.60}$$

可将 $|\lambda\rangle$ 展开为

$$|\lambda\rangle=e^{-|\lambda|^2/2}\sum_{m,n=0}^{+\infty}\frac{(-i)^n}{\sqrt{m!n!}}H_{n,m}(\lambda,\lambda^*)|n,m\rangle, \tag{4.61}$$

于是朗道波函数 $\Psi_{nm_l}(\lambda)=\langle\lambda|\,n,m-m_l\rangle$ 为

$$\langle\lambda|\,n,m-m_l\rangle=i^n e^{-|\lambda|^2/2}\frac{H_{n-m_l,n}(\lambda,\lambda^*)}{\sqrt{(n-m_l)!n!}}. \tag{4.62}$$

点评 为了验证式 (4.62) 确为朗道波函数, 可将式 (4.62) 改写为

$$\langle\lambda|\,n,n-m_l\rangle$$

$$=i^n\sqrt{(n-m_l)!n!}e^{-|\lambda|^2/2}\sum_{k=0}^{\min(n-m_l,n)}\frac{(-1)^k}{k!(n-m_l-k)!(n-k)!}\lambda^{n-m_l-k}\lambda^{*n-k}$$

$$=N_{nm_l}|\lambda|^{|m_l|}e^{-|\lambda|^2/2}\sum_{k=0}^{n-\frac{|m_l|+m_l}{2}}\frac{\left(n+\frac{|m_l|-m_l}{2}\right)!}{k!\left(n+\frac{|m_l|-m_l}{2}-k\right)!\left(n-\frac{|m_l|+m_l}{2}-k\right)!}$$

$$\times\left(-|\lambda|^2\right)^{n-(|m_l|+m_l)/2-k}e^{-im_l\varphi}$$

$$=N_{nm_l}|\lambda|^{|m_l|}e^{-|\lambda|^2/2}\sum_{j=0}^{n-\frac{|m_l|+m_l}{2}}\binom{n+\frac{|m_l|-m_l}{2}}{n-\frac{|m_l|+m_l}{2}-j}\frac{(-|\lambda|^2)^j}{j!}e^{-im_l\varphi}.$$

$$\tag{4.63}$$

利用粒子数态的完备性关系式 $\sum_{n=0}^{+\infty}|n\rangle\langle n|=1$, 再由式 (1.18), 可得坐标本征态 $|q\rangle$ 的福克表象

$$|q\rangle = \sum_{n=0}^{+\infty}|n\rangle\langle n|q\rangle = \sum_{n=0}^{+\infty}|n\rangle \frac{1}{\sqrt{2^n n!\sqrt{\pi}}} e^{-\frac{q^2}{2}} H_n(q)$$
$$= \pi^{-1/4}\exp\left(-\frac{q^2}{2}+\sqrt{2}qa^\dagger - \frac{a^{\dagger 2}}{2}\right)|0\rangle. \tag{1.19}$$

最后一步推导利用了厄米多项式的母函数公式

$$\sum_{n=0}^{+\infty}\frac{H_n(q)}{n!}t^n = \exp\left(2qt - t^2\right). \tag{1.20}$$

解法 2 根据坐标表象的正交性 $\langle q'|q\rangle = \delta(q'-q)$, 可知

$$|q\rangle\langle q| = \delta(q-Q). \tag{1.21}$$

对其进行傅里叶变换, 并利用 $Q = (a+a^\dagger)/\sqrt{2}$, 其中 a 与 $a^\dagger$ 分别为玻色湮灭算符与产生算符, 满足对易关系 $[a, a^\dagger]=1$, 得到

$$\delta(q-Q) = \frac{1}{2\pi}\int_{-\infty}^{+\infty} dp \exp[ip(q-Q)]$$
$$= \frac{1}{2\pi}\int_{-\infty}^{+\infty} dp \exp\left[ip\left(q - \frac{a+a^\dagger}{\sqrt{2}}\right)\right]$$
$$= \frac{1}{2\pi}\int_{-\infty}^{+\infty} dp\ :\exp\left[-\frac{1}{4}p^2 + ip\left(x - \frac{a^\dagger}{\sqrt{2}}\right) - ip\frac{a}{\sqrt{2}}\right]:$$
$$= \frac{1}{\sqrt{\pi}}:\exp\left[-\left(x - \frac{a+a^\dagger}{\sqrt{2}}\right)^2\right]:. \tag{1.22}$$

再由 IWOP 技术就可以得到式 (1.19).

由坐标表象完备性的高斯形式 (范氏形式)

$$1 = \int_{-\infty}^{+\infty}\frac{dq}{\sqrt{\pi}}:\exp\left[-(q-Q)^2\right]:, \tag{1.23}$$

以及 IWOP 技术, 可得

$$H_n(Q) = \int_{-\infty}^{+\infty}\frac{dq}{\sqrt{\pi}} H_n(q):\exp\left[-(q-Q)^2\right]:=2^n:Q^n:. \tag{1.24}$$

对比标准的关联拉盖尔多项式

$$L_n^\alpha(x) = \sum_{k=0}^n (-1)^k \binom{n+\alpha}{n-k} \frac{1}{k!} x^k, \qquad (4.64)$$

可知

$$\langle \lambda | n, n-m_l \rangle = C_{nm_l} |\lambda|^{|m_l|} e^{-|\lambda|^2/2} L_{n-(|m_l|+m_l)/2}^{|m_l|} \left(|\lambda|^2\right) e^{-im_l\varphi}, \qquad (4.65)$$

其中

$$C_{nm_l} = (-1)^{\frac{|m_l|+m_l}{2}} (-i)^n \sqrt{\left(n - \frac{|m_l|+m_l}{2}\right)! \Big/ \left(n + \frac{|m_l|-m_l}{2}\right)!}. \qquad (4.66)$$

取

$$\lambda = \frac{\rho}{\sqrt{2}R_c} e^{-i\theta}, \quad R_c = \frac{1}{\sqrt{eB}}, \quad \Omega = \frac{eB}{M}, \qquad (4.67)$$

则式 (4.65) 恰为传统文献中介绍的匀强磁场中电子运动方程的解,可见我们所建立的纠缠态表象的功效.

4.2 习题

1. 在双模福克空间,我们定义两个量子态:

$$|\nu, x\rangle = e^{-\frac{x^2}{2}} \sum_{n=\max(0,-\nu)}^{+\infty} H_{n+\nu,n}(x,x) \frac{1}{\sqrt{(n+\nu)!n!}} |n+\nu, n\rangle, \qquad (4.68)$$

其中 $x \geqslant 0$, ν 是整数,

$$|n+\nu, n\rangle = \frac{1}{\sqrt{(n+\nu)!n!}} \left(a_1^\dagger\right)^{n+\nu} (a_2^\dagger)^n |0,0\rangle \qquad (4.69)$$

是福克态,以及 $|\nu, x\rangle$ 的共轭态

$$|s, x'\rangle = e^{-\frac{x'^2}{2}} \sum_{n=\max(0,-s)}^{+\infty} H_{n+s,n}(x', x') \frac{(-1)^n}{\sqrt{(n+s)!n!}} |n+s, n\rangle. \qquad (4.70)$$

在式 (4.68) 和 (4.70) 中, $H_{n+\nu,n}$ 和 $H_{n+s,n}$ 为双变量厄米多项式:

$$H_{m,n}(x,x) = H_{m,n}(\lambda,\lambda^*) e^{-i(m-n)\theta},$$
$$H_{m,n}(\lambda,\lambda^*) = \sum_{k=0}^{\min(m,n)} \frac{(-1)^k m! n!}{k!(m-k)!(n-k)!} \lambda^{m-k} \lambda^{*(n-k)}. \tag{4.71}$$

证明: 矩阵元 $(s, x' | \nu, x)$ 为汉克尔变换的积分核, 即

$$(s, x' | \nu, x) = \frac{1}{2} \delta_{s\nu} J_s(xx'), \tag{4.72}$$

式中 J_s 为 s 阶贝塞尔函数:

$$J_s(x) = \sum_{k=0}^{+\infty} \frac{(-1)^s}{k!(s+k)!} \left(\frac{x}{2}\right)^{s+2k}. \tag{4.73}$$

2. 设有不同质量的两粒子, 质心坐标 X_{cm} 为

$$X_{\text{cm}} = \mu_1 X_1 + \mu_2 X_2, \quad \mu_i = m_i / \sum_{i=1}^{2} m_i, \quad \sum_{i=1}^{2} \mu_i = 1, \tag{4.74}$$

质量权重相对动量为

$$P_r = \mu_2 P_1 - \mu_1 P_2. \tag{4.75}$$

因 $[X_{\text{cm}}, P_r] = 0$, 所以 X_{cm} 和 P_r 具有共同本征态 $|\alpha\rangle$. 试求 $|\alpha\rangle$ 的显式形式及其与纠缠态 $|\xi\rangle$ 的关系.

3. 利用相干态的过完备性, 求纠缠态 $|\eta\rangle$ 和 $|\xi\rangle$ 的内积.

4. 设描述两粒子系统的哈密顿量为

$$H = \frac{P_1^2}{2m_1} + \frac{P_2^2}{2m_2} + kP_1P_2 + V(x_1 - x_2), \tag{4.76}$$

其中位势 $V(x_1 - x_2)$ 只与两粒子的间距有关, 在分子动力学中, 常称为内键势, 而 kP_1P_2 称为运动耦合势. 利用纠缠态表象 $\langle \eta |$, 求此哈密顿的本征函数方程, 并分别求解当内键势为 (1) $V(x_1 - x_2) = \frac{1}{2}\mu\omega^2 x^2$; (2) $V(x_1 - x_2) = -V_0\delta(x_1 - x_2)$ 时 H 的能级.

5. 参照两体纠缠态表象的构造，试求相互对易的算符 $X_1 - X_2, X_1 - X_3$ 和 $P_1 + P_2 + P_3$ 的共同本征态.

6. 将第 5 题的三体纠缠态表象推广到 n 模情况, 即求 $X_1 - X_2, X_1 - X_3, \cdots, X_1 - X_n$ 和 $\sum\limits_{i=1}^{n} P_i$ 的共同本征态.

7. 利用纠缠态表象 $\langle \eta |$, 由哈密顿量

$$H = \frac{(P_1 + P_2)^2}{2m} + \frac{m\omega^2}{2}(X_1 - X_2)^2 \tag{4.77}$$

的本征方程 $H|E\rangle = E|E\rangle$, 得到连续本征值

$$\langle \eta | H | E \rangle = \left(\frac{\eta_2^2}{m} + m\omega^2 \eta_1^2 \right) \langle \eta | E \rangle = E \langle \eta | E \rangle,$$

试解释之.

8. 设电子被局限于量子点的模型类似于一个二维各向同性谐振子势 $V = \frac{M}{2}\omega^2(X^2 + Y^2)$, 该量子点处于匀强磁场 $\tilde{B} = B\tilde{z}$ 中, 该系统的哈密顿量为

$$H = H_0 + V, \quad H_0 = \frac{1}{2M}(P + eA)^2, \quad V = \frac{M}{2}\omega^2(X^2 + Y^2), \tag{4.78}$$

其中 M 是电子质量 (我们取 $c = \hbar = 1$). 设 (P_x, P_y) 是电子的正则动量, 试利用压缩变换把此哈密顿量对角化.

9. 在第 8 题的基础上, 在 $\langle \lambda |$ 表象中讨论费恩曼传播子的形式.

10. 求式 (4.78) 中的哈密顿量 H 所对应的配分函数.

11. 设式 (4.78) 中 $V = ge^{-\epsilon(X^2 + Y^2)}$ (g 足够小, X, Y 是电子坐标算符), 求此势能项对电子基态的能级修正.

12. 求纠缠态 $|\eta\rangle$ 与其共轭态 $|\xi\rangle$ 的内积 $\langle \eta | \xi \rangle$.

13. 设电子在二维谐振子势和匀强磁场中运动的哈密顿量为

$$H = \frac{P_x^2 + P_y^2}{2} + \frac{\Omega}{2}L_z + \frac{\mu\Omega^2}{8}(x^2 + y^2), \tag{4.79}$$

写下此哈密顿量对应的 $\langle \lambda | H$, 并说明它与薛定谔方程等价.

14. 利用描述电子在均匀磁场中运动的纠缠态表象 $\langle\lambda|$,讨论电子运转轨道的半径、中心坐标和朗道态能级简并.

15. 在 $\langle\lambda|$ 表象中,求压缩算符 $S_B = \dfrac{1}{\mu}\int\dfrac{d^2\lambda}{\pi}\left|\dfrac{\lambda}{\mu}\right\rangle\langle\lambda|$ $(\mu = e^f)$,的显式并讨论相应的压缩态的性质.

16. 求压缩朗道态 $S_B^{-1}|n,m\rangle$ 的显式.

17. 利用纠缠态表象 $\langle\xi|$,求证:$H_n\left(\dfrac{X_1+X_2}{\sqrt{2}}\right) = \left(\sqrt{2}\right)^n:(X_1+X_2)^n:$.

18. 讨论指数算符 $e^{iP_1X_2}$ 和 $e^{iP_2X_1}$ 对纠缠态 $|\eta\rangle$ 的作用.

19. 对于四模纠缠态,其施密特分解为

$$|\;\rangle_{1\text{-}2\text{-}3\text{-}4} = \int\dfrac{d^2\eta}{\pi}|\eta\rangle_{1\text{-}2}\otimes|\eta-\sigma\rangle_{3\text{-}4}e^{\eta\gamma^*-\eta^*\gamma}, \qquad (4.80)$$

试讨论指数算符 $e^{-i(X_3+X_4)(P_1+P_2)/2}$ 和 $e^{i(X_1-X_2)(P_3-P_4)/2}$ 对 $|\;\rangle_{1\text{-}2\text{-}3\text{-}4}$ 的作用.

20. 由双模纠缠态表象 $|\eta = re^{i\theta}\rangle$,我们引入一个新态

$$|m,r\rangle = \dfrac{1}{2\pi}\int_0^{2\pi}d\theta|\eta=re^{i\theta}\rangle e^{-im\theta}, \qquad (4.81)$$

试讨论算符 $D \equiv a_1^\dagger a_1 - a_2^\dagger a_2$ 和 $K \equiv \left(a_1 - a_2^\dagger\right)\left(a_1^\dagger - a_2\right)$ 对此态的作用效果,并分析此态的完备性和正交性.

21. 因为 $[X_1^2+X_2^2, X_1P_2-X_2P_1] = 0$,所以 $X_1^2+X_2^2, X_1P_2-X_2P_1$ 具有共同本征态,试求解此本征态.

22. 试说明纠缠态 $|\eta\rangle$ 本身隐含关联振幅与相的纠缠,请利用纠缠态表象 $|\eta\rangle$ 给出相应量子光学中的相算符 $e^{i\Phi}$.

23. 根据第 22 题,可知双模相算符 $e^{i\Phi}$ 是幺正的,故得相角算符

$$\Phi = \dfrac{1}{2i}\left[\ln\left(a-b^\dagger\right) - \ln\left(a^\dagger-b\right)\right] = \int\dfrac{d^2\eta}{\pi}\varphi|\eta\rangle\langle\eta|, \qquad (4.82)$$

试讨论对易关系 $\left[\left(a^\dagger-b\right)\left(a-b^\dagger\right),\Phi\right] = 0$ 所包含的物理意义.

4.3 思考练习

1. 试总结 EPR 纠缠态与相干纠缠态的关系.

2. 讨论一个带电振子在匀强磁场中的运动, 设磁场沿 z 方向, 矢势为 $A = \frac{1}{2}(B \times r) = \frac{1}{2}(-By, Bx, 0)$, 哈密顿量为

$$\begin{aligned} H &= \frac{1}{2m}(P - eA) + \frac{1}{2}m\omega_0^2(x^2 + y^2) \\ &= \frac{1}{2m}(P_x^2 + P_y^2) + \frac{1}{2}m\omega^2(x^2 + y^2) - \omega_{\rm L}(xP_y - yP_x), \end{aligned} \quad (4.83)$$

其中 $\omega_{\rm L} = eB/(2m), \omega^2 = \omega_0^2 + \omega_{\rm L}^2$.

定义

$$a_i = \left(\frac{m\omega}{2\hbar}\right)^{1/2} r_i + {\rm i}(2m\omega\hbar)^{-1/2} P_i \quad (i \equiv x, y; r_x \equiv x, r_y \equiv y), \quad (4.84)$$

则

$$H = \hbar\omega\left(a_x^\dagger a_x + a_y^\dagger a_y + 1\right) + {\rm i}\hbar\omega_{\rm L}\left(a_x^\dagger a_y - a_x a_y^\dagger\right). \quad (4.85)$$

(1) 求 $\exp(-\beta H)$ 的正规乘积展开, 其中 $\beta = 1/(k_{\rm B}T)$ ($k_{\rm B}$ 是玻尔兹曼常数).
(2) 求此系统的配分函数 $Z = {\rm tr}[\exp(-\beta H)]$.

3. 求证: 贝塞尔函数的一个关于双变量厄米多项式的展开式为

$$\frac{1}{2}\delta_{sq} {\rm J}_s(rr') = \delta_{sq} \exp\left(-\frac{r^2}{2}\right) \exp\left(-\frac{r'^2}{2}\right) \\ \times \sum_{n=0}^{+\infty}(-1)^n \frac{1}{n!\sqrt{(n+s)!(n+q)!}} {\rm H}_{n+q,n}(r,r) {\rm H}_{n+s,n}(r',r'). \quad (4.86)$$

4. 设初态为两个独立的粒子数态 $|n_1\rangle_a, |n_2\rangle_b$, 求经过一个光分束器变换后的输出态, 它是否是一个纠缠态?

5. 对上述输出态, 求冯·诺依曼熵, 其定义为

$$\rho = \text{tr}(\Re|n_1, n_2\rangle\langle n_1, n_2|\Re^\dagger), \tag{4.87}$$

式中 $\Re$ 是分束器变换算符:

$$\Re \equiv \exp\left[-\frac{\theta}{2}\left(a_1^\dagger a_2 - a_1 a_2^\dagger\right)\right]. \tag{4.88}$$

6. 为了描述光子的偏振情况, 例如描述左旋、右旋或者圆偏振光, 在经典光学中常用一个相差 $e^{i\delta}$ 来表示, 其推导如下:

若一束光在 x, y 方向上的电场分别是

$$E_x = A_1 \cos(\omega t + \delta_1), \quad E_y = A_2 \cos(\omega t + \delta_2), \tag{4.89}$$

那么在这两个方程中消去 ωt, 得

$$\left(\frac{E_x}{A_1}\right)^2 + \left(\frac{E_y}{A_2}\right)^2 - 2\frac{E_x}{A_1}\frac{E_y}{A_2}\cos\delta = \sin^2\delta \quad (\delta = \delta_1 - \delta_2). \tag{4.90}$$

例如, 对于左旋偏振光, 有

$$\frac{E_y}{E_x} = e^{i\delta} = \exp\left(\frac{i\pi}{2}\right). \tag{4.91}$$

现在可以尝试用量子相算符来描述 $e^{i\delta}$, 它是

$$\sqrt{\frac{a_R g + a_L^\dagger g^*}{a_R^\dagger g^* + a_L g}} \equiv e^{i\Psi} \quad (g \equiv e^{ik\cdot x}), \tag{4.92}$$

式中 a_L, a_R 分别是左旋、右旋偏振光子的湮灭算符.

试说明操作相算符 $e^{i\Psi}$ 可以是 $e^{i\delta}$ 的量子对应.

7. 试用纠缠态表象解以下动力学系统的薛定谔方程:

$$H = H_1 + H_2,$$
$$H_1 = \omega'\left(a_1^\dagger a_1 + a_2^\dagger a_2 + 1\right) + \sqrt{2}\lambda X_1 \cos\omega_1 t + \sqrt{2}\sigma X_2 \cos\omega_2 t,$$
$$X_i = \frac{a_i^\dagger + a_i}{\sqrt{2}} \quad (i = 1, 2), \tag{4.93}$$
$$H_2 = g\left(a_1^\dagger a_2^\dagger e^{-2i\omega_0 t} + a_1 a_2 e^{2i\omega_0 t}\right),$$
$$g = \omega' - \omega_0.$$

8. 令
$$Q_i = \frac{1}{\sqrt{2}}\left(a_i + a_i^\dagger\right), \quad P_i = \frac{1}{\mathrm{i}\sqrt{2}}\left(a_i - a_i^\dagger\right) \quad (i=1,2), \tag{4.94}$$
可见
$$[Q_2 - P_1, Q_1 - P_2] = 0, \tag{4.95}$$
因此 $Q_2 - P_1$ 与 $Q_1 - P_2$ 具有共同本征态,试求此本征态,并分析其性质.

9. 设两粒子组成的系统可由以下哈密顿量描述:
$$H = \sum_{i=1}^{2}\frac{P_i^2}{2m_i} + \frac{m_i}{2}\omega^2 Q_i^2 + V_0 \exp\left[-\lambda(Q_1 - Q_2)^2\right], \tag{4.96}$$
把高斯相互作用项作为微扰,求其对能级的影响.

10. 求哈密顿量 $H = \omega_1 a_1^\dagger a_1 + \omega_2 a_2^\dagger a_2 + \gamma\left(a_1^\dagger a_2^\dagger + a_1 a_2\right)$ 对应的系统波函数.

11. 利用 IWOP 技术,计算密度矩阵
$$\rho = \int \frac{\mathrm{d}^2 z}{\pi} \exp\left(-\frac{1}{f}|z|^2\right)|z,r\rangle\langle z,r|, \tag{4.97}$$
其中 f 是一个参数,$|z,r\rangle$ 是单模相干压缩态,满足
$$|z,r\rangle = D(z)S(r)|0\rangle, \quad D(z) = \exp\left(za^\dagger - z^*a\right), \quad S(r) = \exp\left[\frac{r}{2}\left(a^2 - a^{\dagger 2}\right)\right]. \tag{4.98}$$

4.4 习题解答

1. 对比关联拉盖尔多项式的定义
$$\mathrm{L}_n^\nu(x) = \sum_{l=0}^{n}(-1)^l\binom{n+\nu}{n-l}\frac{x^l}{l!}, \tag{4.99}$$
以及双变量厄米多项式的定义
$$\mathrm{H}_{m,n}(\lambda,\lambda^*) = \sum_{k=0}^{\min(m,n)}\frac{(-1)^k m! n!}{k!(m-k)!(n-k)!}\lambda^{m-k}\lambda^{*n-k}, \tag{4.100}$$

可知
$$H_{n+\nu,n}(x,x) = n!(-1)^n x^\nu L_n^\nu(x^2). \tag{4.101}$$

于是由式 (4.68)~(4.70) 和 (4.99)，可计算内积

$$\begin{aligned}(s,x'|\nu,x\rangle &= e^{-\frac{x^2+x'^2}{2}} \sum_{n=0}^{+\infty} \frac{(-1)^n}{(n+\nu)!n!} H_{n+\nu,n}(x,x) H_{n+\nu,n}(x',x')\delta_{s\nu}\\ &= \delta_{s\nu} e^{-\frac{x^2+x'^2}{2}} \sum_{n=\max(0,-\nu)}^{+\infty} \frac{n!(-1)^n}{(n+\nu)!}(xx')^\nu L_n^\nu(x^2) L_n^\nu(x'^2).\end{aligned} \tag{4.102}$$

根据数学公式

$$L_n^\nu(x^2) L_n^\nu(x'^2) = \frac{(n+\nu)!}{n!} \sum_{k=0}^{+\infty} \frac{(xx')^{2k}}{k!(k+\nu)!} L_{n-k}^{\nu+2k}(x^2+x'^2), \tag{4.103}$$

可得

$$(s,x'|\nu,x\rangle = \delta_{s\nu} e^{-\frac{x^2+x'^2}{2}} \sum_{n=\max(0,-\nu)}^{+\infty} (-1)^n \sum_{k=0}^{+\infty} \frac{(xx')^{2k+\nu}}{k!(k+\nu)!} L_{n-k}^{\nu+2k}(x^2+x'^2). \tag{4.104}$$

进一步，利用关联拉盖尔多项式的母函数

$$\sum_{n=0}^{+\infty} L_n^\alpha(x) t^n = (1-t)^{-\alpha-1} e^{\frac{xt}{t-1}}, \tag{4.105}$$

可得

$$\sum_{n=\max(0,-\nu)}^{+\infty} (-1)^n L_{n-k}^{\nu+2k}(x^2+x'^2) = (-1)^k 2^{-\nu-2k-1} e^{\frac{x^2+x'^2}{2}}. \tag{4.106}$$

将式 (4.106) 代入式 (4.104)，并与贝塞尔函数的标准定义式 (4.73) 对比，最终可得

$$(s,x'|\nu,x\rangle = \frac{1}{2}\delta_{s\nu} \sum_{k=0}^{+\infty} \frac{(-1)^k}{k!(k+\nu)!} \left(\frac{xx'}{2}\right)^{2k+\nu} = \frac{1}{2}\delta_{s\nu} J_\nu(xx'). \tag{4.107}$$

2. X_{cm} 和 P_r 具有共同本征态 $|\alpha\rangle$，引入如下本征方程：

$$kX_{cm}|\alpha\rangle = \alpha_1|\alpha\rangle, \quad kP_r|\alpha\rangle = \alpha_2|\alpha\rangle \quad \left(\alpha = \alpha_1 + i\alpha_2, k = \frac{1}{\sqrt{\mu_1^2+\mu_2^2}}\right), \tag{4.108}$$

于是可以构造如下高斯积分:

$$1 = \int \frac{\mathrm{d}^2\alpha}{\pi} : \exp\left[-\left(\alpha_1 - \frac{1}{\sqrt{2}}kX_{\mathrm{cm}}\right)^2 - \left(\alpha_2 - \frac{1}{\sqrt{2}}kP_{\mathrm{r}}\right)^2\right] : . \qquad (4.109)$$

根据式 (4.23),(4.74) 和 (4.75), 可得

$$1 = \int \frac{\mathrm{d}^2\alpha}{\pi} : \exp\left[-\left(\alpha_1 - k\mu_1 \frac{a_1 + a_1^\dagger}{2} - k\mu_2 \frac{a_2 + a_2^\dagger}{2}\right)^2\right.$$
$$\left. - \left(\alpha_2 - k\mu_2 \frac{a_1 - a_1^\dagger}{2\mathrm{i}} + k\mu_1 \frac{a_2 - a_2^\dagger}{2\mathrm{i}}\right)^2\right] :$$
$$= \int \frac{\mathrm{d}^2\alpha}{\pi} \exp\left[-|\alpha|^2 + 2k\left(\alpha_1\mu_1 + \mathrm{i}\alpha_2\mu_2\right)a_1^\dagger + 2k\left(\alpha_1\mu_2 - \mathrm{i}\alpha_2\mu_1\right)a_2^\dagger\right.$$
$$\left. - \frac{1}{2}k^2\left(\mu_1^2 - \mu_2^2\right)\left(a_1^{\dagger 2} - a_2^{\dagger 2}\right) - 2k^2\mu_1\mu_2 a_1^\dagger a\right] : \exp\left(-a_1 a_1^\dagger - a_2 a_2^\dagger\right) :$$
$$\times \exp\left[2k\left(\alpha_1\mu_1 - \mathrm{i}\alpha_2\mu_2\right)a_1 + 2k\left(\alpha_1\mu_2 + \mathrm{i}\alpha_2\mu_1\right)a_2\right.$$
$$\left. - \frac{1}{2}k^2\left(\mu_1^2 - \mu_2^2\right)\left(a_1^2 - a_2^2\right) - 2k^2\mu_1\mu_2 a_1 a_2\right]$$
$$= \int \frac{\mathrm{d}^2\alpha}{\pi} |\alpha\rangle\langle\alpha| . \qquad (4.110)$$

因此, $|\alpha\rangle$ 的显式为

$$|\alpha\rangle = \exp\left[-\frac{|\alpha|^2}{2} + \sqrt{2}k\left(\alpha_1\mu_1 + \mathrm{i}\alpha_2\mu_2\right)a_1^\dagger + \sqrt{2}k\left(\alpha_1\mu_2 - \mathrm{i}\alpha_2\mu_1\right)a_2^\dagger\right.$$
$$\left. - \frac{1}{\sqrt{2}}k^2\left(\mu_1^2 - \mu_2^2\right)\left(a_1^{\dagger 2} - a_2^{\dagger 2}\right) - \sqrt{2}k^2\mu_1\mu_2 a_1^\dagger a\right]|00\rangle . \qquad (4.111)$$

将 a_1 与 a_2 作用于式 (4.111), 可以验证式 (4.108) 成立.

当 $m_1 = m_2$ 时, 有

$$|\alpha\rangle \mapsto \exp\left(-\frac{|\alpha|^2}{2} + \alpha a_1^\dagger + \alpha^* a_2^\dagger - a_1^\dagger a_2^\dagger\right)|00\rangle . \qquad (4.112)$$

若取 $\alpha = \xi$, 则式 (4.112) 变为式 (4.25).

3. 在纠缠态 $|\eta\rangle$ 和 $|\xi\rangle$ 的内积 $\langle\eta|\xi\rangle$ 中插入双模相干态的过完备性关系式：

$$\langle\eta|\xi\rangle = \langle\eta|\int \frac{\mathrm{d}^2 z_1 \mathrm{d}^2 z_2}{\pi^2} |z_1 z_2\rangle\langle z_1 z_2|\xi\rangle$$

$$= \langle 00|\exp\left(-\frac{|\eta|^2}{2} + \eta^* a_1 - \eta a_2 + a_1 a_2\right) \int \frac{\mathrm{d}^2 z_1 \mathrm{d}^2 z_2}{\pi^2} |z_1 z_2\rangle\langle z_1 z_2|$$

$$\times \exp\left(-\frac{1}{2}|\xi|^2 + \xi a_1^\dagger + \xi^* a_2^\dagger - a_1^\dagger a_2^\dagger\right) |00\rangle$$

$$= \int \frac{\mathrm{d}^2 z_1 \mathrm{d}^2 z_2}{\pi^2} \exp\left(-|z_1|^2 - |z_2|^2 + \eta^* z_1 - \eta z_2 + \xi z_1^*\right.$$

$$\left. + \xi^* z_2^* - z_1^* z_2^* + z_1 z_2 - \frac{|\xi|^2 + |\eta|^2}{2}\right), \tag{4.113}$$

利用积分公式

$$\int \frac{\mathrm{d}^2 z}{\pi} \exp\left(\zeta|z|^2 + \xi z + \eta z^*\right) = -\frac{1}{\zeta}\exp\left(-\frac{\xi\eta}{\zeta}\right) \quad (\mathrm{Re}\,\xi < 0), \tag{4.114}$$

可得

$$\langle\eta|\xi\rangle = \frac{1}{2}\exp\left[\mathrm{i}\left(\eta_1\xi_2 - \eta_2\xi_1\right)\right]. \tag{4.115}$$

4. 注意到

$$x_\mathrm{r} = x_1 - x_2, \quad x_\mathrm{c} = \mu_1 x_1 + \mu_2 x_2, \quad x_1 = x_\mathrm{c} + \mu_2 x_\mathrm{r}, \quad x_2 = x_\mathrm{c} - \mu_1 x_\mathrm{r},$$

$$P = P_1 + P_2, \quad P_\mathrm{r} = \mu_2 P_1 - \mu_1 P_2, \quad P_1 = P_\mathrm{r} + \mu_1 P, \quad P_2 = \mu_2 P - P_\mathrm{r}, \tag{4.116}$$

$$[x_\mathrm{r}, P] = 0, \quad [x_\mathrm{r}, P_\mathrm{r}] = \mathrm{i}, \quad [P, x_\mathrm{c}] = -\mathrm{i},$$

以及

$$\frac{P_1^2}{2m_1} + \frac{P_2^2}{2m_2} = \frac{P^2}{2M} + \frac{P_\mathrm{r}^2}{2\mu}, \tag{4.117}$$

其中 M 为总质量，μ 是折合质量，即 $M = m_1 + m_2, \mu = \dfrac{m_1 m_2}{M}$. 把式 (4.76) 中的 H 在 $\{x_\mathrm{r}, P_\mathrm{r}\}, \{x_\mathrm{c}, P\}$ 框架中写出：

$$H = \left(\frac{1}{2M} + k\mu_1\mu_2\right) P^2 + \left(\frac{1}{2\mu} - k\right) P_\mathrm{r}^2 + k(\mu_2 - \mu_1) P P_\mathrm{r} + V(x_\mathrm{r}). \tag{4.118}$$

设 H 的能量本征态是 $|E_n\rangle$，则从 $\langle\eta|$ 满足的本征方程得到

$$\langle\eta|H|E_n\rangle = \left(\frac{1}{M} + 2k\mu_1\mu_2\right)\eta_2^2\langle\eta|E_n\rangle + V\left(\sqrt{2}\eta_1\right)\langle\eta|E_n\rangle$$
$$+ \sqrt{2}k\left(\mu_2 - \mu_1\right)\eta_2\langle\eta|P_r|E_n\rangle + \left(\frac{1}{2\mu} - k\right)P_r^2\langle\eta|P_r^2|E_n\rangle. \quad (4.119)$$

再由

$$\langle\eta|P_r = \langle\eta|P_r\int\frac{\mathrm{d}^2\xi}{\pi}|\xi\rangle\langle\xi| = \langle\eta|\int\frac{\mathrm{d}^2\xi}{\pi}\sqrt{\frac{\lambda}{2}}\xi_2|\xi\rangle\langle\xi|$$
$$= -\sqrt{\frac{1}{2}}\left[\mathrm{i}\frac{\partial}{\partial\eta_1} + (\mu_1 - \mu_2)\eta_2\right]\langle\eta|, \quad (4.120)$$

式 (4.119) 可转化为

$$E_n\langle\eta|E_n\rangle$$
$$= \left\{\frac{1}{2}\left(k - \frac{1}{2\mu}\right)\left[\frac{\partial}{\partial\eta_1} - \mathrm{i}(\mu_1 - \mu_2)\eta_2\right]^2 - \mathrm{i}\eta_2k(\mu_2 - \mu_1)\left[\frac{\partial}{\partial\eta_1} - \mathrm{i}(\mu_1 - \mu_2)\eta_2\right]\right.$$
$$\left. + \left[\left(\frac{1}{M} + 2k\mu_1\mu_2\right)\eta_2^2 + V\left(\sqrt{2}\eta_1\right)\right]\right\}\langle\eta|E_n\rangle. \quad (4.121)$$

假定在 $\langle\eta|$ 表象内，能量本征态 $|E_n\rangle$ 的波函数形式为

$$\langle\eta|E_n\rangle = \exp\left[\mathrm{i}(\mu_1 - \mu_2)\eta_1\eta_2\right]\psi_n, \quad (4.122)$$

则由

$$\exp\left[-\mathrm{i}(\mu_1 - \mu_2)\eta_1\eta_2\right]\left[\frac{\partial}{\partial\eta_1} - \mathrm{i}(\mu_1 - \mu_2)\eta_2\right]\exp\left[\mathrm{i}(\mu_1 - \mu_2)\eta_1\eta_2\right] = \frac{\partial}{\partial\eta_1}, \quad (4.123)$$

可得 ψ_n 所满足的微分方程

$$\left\{-\frac{1}{2}\left(\frac{1}{2\mu} - k\right)\frac{\partial^2}{\partial\eta_1^2} + \mathrm{i}\eta_2 k(\mu_1 - \mu_2)\frac{\partial}{\partial\eta_1}\right.$$
$$\left. + \left[\left(\frac{1}{M} + 2k\mu_1\mu_2\right)\eta_2^2 + V\left(\sqrt{2}\eta_1\right) - E_n\right]\right\}\psi_n = 0. \quad (4.124)$$

再令

$$\psi_n = \exp[2i\eta_1\eta_2 k\mu(\mu_1-\mu_2)/(1-2\mu k)]\varphi_n \equiv e^{i\eta_1\rho}\varphi_n,$$
$$\rho \equiv 2\eta_2 k\mu(\mu_1-\mu_2)/(1-2\mu k),$$
(4.125)

则方程 (4.124) 中的前两项可写为

$$-\frac{1}{2}\left(\frac{1}{2\mu}-k\right)\frac{\partial}{\partial\eta_1}\left(\frac{\partial}{\partial\eta_1}+\frac{4\mu}{1-2\mu k}i\eta_2 k\right)e^{i\eta_1\rho}\varphi_n$$
$$=-\frac{1}{2}\left(\frac{1}{2\mu}-k\right)\frac{\partial}{\partial\eta_1}\left(\frac{\partial}{\partial\eta_1}-2i\rho\right)e^{i\eta_1\rho}\varphi_n. \quad (4.126)$$

再由

$$e^{-i\eta_1\rho}\frac{\partial}{\partial\eta_1}e^{i\eta_1\rho}=\frac{\partial}{\partial\eta_1}+i\rho, \quad (4.127)$$

式 (4.126) 可变为

$$-\frac{1}{2}\left(\frac{1}{2\mu}-k\right)e^{i\eta_1\rho}e^{-i\eta_1\rho}\frac{\partial}{\partial\eta_1}e^{i\eta_1\rho}e^{-i\eta_1\rho}\left(\frac{\partial}{\partial\eta_1}-2i\rho\right)e^{i\eta_1\rho}\varphi_n$$
$$=-\frac{1}{2}\left(\frac{1}{2\mu}-k\right)e^{i\eta_1\rho}\left(\frac{\partial}{\partial\eta_1}+i\rho\right)\left(\frac{\partial}{\partial\eta_1}-i\rho\right)\varphi_n$$
$$=-\frac{1}{2}\left(\frac{1}{2\mu}-k\right)e^{i\eta_1\rho}\left(\frac{\partial^2}{\partial\eta_1^2}+\rho^2\right)\varphi_n. \quad (4.128)$$

代入方程 (4.124), 可知 φ_n 所满足的方程

$$\left[-\frac{1}{2}\left(\frac{1}{2\mu}-k\right)\frac{\partial^2}{\partial\eta_1^2}+\frac{1-k^2\mu M}{M(1-2\mu k)}\eta_2^2+V\left(\sqrt{2}\eta_1\right)-E_n\right]\varphi_n=0. \quad (4.129)$$

(1) 当内键势为 $V(x_1-x_2)=\mu\omega^2 x^2/2$ 时, 将式 (4.129) 与简谐振子定态方程

$$-\frac{1}{2m}\frac{d^2\varphi_n}{dx^2}+\frac{1}{2}m\omega^2 x^2\varphi_n=\varepsilon_n\varphi_n \quad (4.130)$$

的能级 $\varepsilon_n=\left(n+\frac{1}{2}\right)\hbar\omega$ 比较, 可知方程 (4.129) 中 φ_n 的本征值是

$$E_n=\frac{1-k^2\mu M}{1-2\mu k}\frac{\eta_2^2}{M}+\sqrt{1-2\mu k}\left(n+\frac{1}{2}\right)\omega. \quad (4.131)$$

由本征方程 $P|\eta\rangle = \sqrt{2}\eta_2|\eta\rangle$，可把式 (4.131) 中的 η_2^2 换成 $P^2/2$，其中 P^2 是两粒子的总动量，它与哈密顿量 H 对易，即 $[P^2, H] = 0$，所以能级为

$$E_n = \frac{1-k\mu M}{1-2\mu k}\frac{P^2}{2M} + \sqrt{1-2\mu k}\left(n + \frac{1}{2}\right)\omega, \quad (4.132)$$

于是我们就在 $\langle\eta|$ 表象内方便地求出了 H 的能级.

从式 (4.132) 我们看到，运动耦合项 kP_1P_2 的存在不但应影响了质心动能，而且使能级的频率发生了变化.

(2) 当位势 $V(x_1-x_2) = -V_0\delta(x_1-x_2)$，即为 δ 函数势时，相应的关于 φ_n 的方程 (4.129) 变成

$$\left[-\frac{1}{2}\left(\frac{1}{2\mu} - k\right)\frac{\partial^2}{\partial\eta_1^2} - V_0\delta\left(\sqrt{2}\eta_1\right) - E_n + \frac{1}{M}\left(\frac{1-k^2\mu M}{1-2\mu k}\right)\eta_2^2\right]\varphi_n = 0. \quad (4.133)$$

按照解一维 δ 函数势束缚态能级的标准做法，立刻可见

$$E_n = -\frac{\mu V_0^2}{1-2\mu k} + \frac{1-k^2\mu M}{M(1-2\mu k)}\eta_2^2. \quad (4.134)$$

当两粒子的运动耦合项 $k=0$ 时，上式退化为只存在 $\delta(x_1-x_2)$ 相互作用的情况，$\dfrac{\eta_2^2}{M} = \dfrac{P^2}{2M}$ 是质心动量.

5. 设 $X_1 - X_2, X_1 - X_3$ 和 $P_1 + P_2 + P_3$ 的共同本征态为 $|p, \chi_1, \chi_2\rangle$，分别满足本征方程

$$\begin{aligned}
(X_1 - X_2)|p, \chi_1, \chi_2\rangle &= \chi_1|p, \chi_1, \chi_2\rangle, \\
(X_1 - X_3)|p, \chi_1, \chi_2\rangle &= \chi_2|p, \chi_1, \chi_2\rangle, \\
(P_1 + P_2 + P_3)|p, \chi_1, \chi_2\rangle &= p|p, \chi_1, \chi_2\rangle.
\end{aligned} \quad (4.135)$$

由本征方程构造一个正规乘积内的纯高斯积分：

$$\begin{aligned}
1 = \iiint_{-\infty}^{+\infty}\frac{\mathrm{d}p\mathrm{d}\chi_1\mathrm{d}\chi_2}{3\pi^{3/2}} &: \exp\left\{-\frac{1}{3}[\chi_1 - (X_1-X_2)]^2 - \frac{1}{3}[\chi_2 - (X_1-X_3)]^2\right. \\
&\left. -\frac{1}{3}[(\chi_2-\chi_1) - (X_2-X_3)]^2 - \frac{1}{3}[p - (P_1+P_2+P_3)]\right\}:.
\end{aligned} \quad (4.136)$$

利用 IWOP 技术，$|000\rangle\langle 000| =: \exp\left(-\sum_{i=1}^{3} a_i^\dagger a_i\right):$，以及 $X_i = \left(a_i + a_i^\dagger\right)/\sqrt{2}$，$P_i = \left(a_i - a_i^\dagger\right)/(\mathrm{i}\sqrt{2})$ $(i=1,2,3)$，把式 (4.136) 分拆成纯态投影算符，即得

$$\iiint_{-\infty}^{+\infty} \mathrm{d}p\,\mathrm{d}\chi_1\,\mathrm{d}\chi_2\, |p,\chi_1,\chi_2\rangle\langle p,\chi_1,\chi_2| = 1, \tag{4.137}$$

其中

$$|p,\chi_1,\chi_2\rangle = \frac{1}{\sqrt{3}\pi^{3/4}} \exp\left[-\frac{p^2}{6} - \frac{1}{3}\left(\chi_1^2 + \chi_2^2 - \chi_1\chi_2\right) + \frac{\sqrt{2}\mathrm{i}p}{3}\sum_{i=1}^{3} a_i^\dagger \right.$$
$$+ \frac{\sqrt{2}\chi_1}{3}\left(a_1^\dagger - 2a_2^\dagger + a_3^\dagger\right) + \frac{\sqrt{2}\chi_2}{3}\left(a_1^\dagger + a_2^\dagger - 2a_3^\dagger\right)$$
$$\left. + \frac{2}{3}\sum_{i<j=1}^{3} a_i^\dagger a_j^\dagger - \frac{1}{6}\sum_{i=1}^{3} a_i^{\dagger 2}\right]|000\rangle \tag{4.138}$$

是三模纠缠态.

6. 假设 $X_1 - X_2, X_1 - X_3, \cdots, X_1 - X_n$ 和 $\sum_{i=1}^{n} P_i$ 的共同本征态为 $|p,\chi_1,\chi_2,\cdots,\chi_{n-1}\rangle$，分别满足本征方程

$$(X_1 - X_2)|p,\chi_2,\chi_3,\cdots,\chi_n\rangle = \chi_2|p,\chi_2,\chi_3,\cdots,\chi_n\rangle,$$
$$(X_1 - X_3)|p,\chi_2,\chi_3,\cdots,\chi_n\rangle = \chi_3|p,\chi_2,\chi_3,\cdots,\chi_n\rangle,$$
$$\cdots,$$
$$(X_1 - X_n)|p,\chi_2,\chi_3,\cdots,\chi_n\rangle = \chi_n|p,\chi_2,\chi_3,\cdots,\chi_n\rangle,$$
$$\sum_{i=1}^{n} P_i|p,\chi_2,\chi_3,\cdots,\chi_n\rangle = p|p,\chi_2,\chi_3,\cdots,\chi_n\rangle. \tag{4.139}$$

构造完备性积分关系

$$1 = \int_{-\infty}^{+\infty}\cdots\int \frac{\mathrm{d}p}{n\pi^{n/2}}\prod_{i=2}^{n}\mathrm{d}\chi_i : \exp\left\{-\frac{1}{n}\left[\sum_{i=2}^{n}(\chi_i - X_1 + X_i)^2\right.\right.$$
$$\left.\left. + \sum_{i=2,j>i}^{n}(\chi_j - \chi_i - X_i + X_j)^2 + \left(p - \sum_{i=1}^{n} P_i\right)^2\right]\right\} : . \tag{4.140}$$

第 4 章 纠缠态表象

该积分不仅考虑了对应关系 $X_1 - X_i \mapsto \chi_i$, 而且计入了对应关系 $X_j - X_i \mapsto \chi_j - \chi_i (j > i; i = 1, 2, \cdots, n-1)$ 项的贡献.

根据积分公式

$$\int_{-\infty}^{+\infty} \cdots \int d^n \chi \exp(-\widetilde{\chi} B \chi + \widetilde{\chi} v) = \pi^{n/2} \det{}^{-1/2} B \exp\left(\frac{1}{4} \widetilde{v} B^{-1} v\right), \quad (4.141)$$

这里 B 为 $n \times n$ 对称矩阵, χ, v 为 $n \times 1$ 列矩阵, 对式 (4.140) 右边中的 dp 积分, 有

$$\int_{-\infty}^{+\infty} \cdots \int \prod_{i=2}^{n} d\chi_i \frac{1}{\sqrt{n\pi^{n-1}}} : \exp\left[-(\chi_2, \chi_3, \cdots, \chi_n) B \begin{pmatrix} \chi_2 \\ \chi_3 \\ \vdots \\ \chi_n \end{pmatrix} \right. $$
$$\left. + (\chi_2, \chi_3, \cdots, \chi_n) C \begin{pmatrix} X_1 \\ X_2 \\ \vdots \\ X_n \end{pmatrix} - (X_1, X_2, \cdots, X_{n-1}) D \begin{pmatrix} X_1 \\ X_2 \\ \vdots \\ X_n \end{pmatrix} \right] :, \quad (4.142)$$

这里

$$B \equiv \begin{pmatrix} \frac{n-1}{n} & -\frac{1}{n} & -\frac{1}{n} & \cdots & -\frac{1}{n} \\ -\frac{1}{n} & \frac{n-1}{n} & -\frac{1}{n} & \cdots & -\frac{1}{n} \\ -\frac{1}{n} & -\frac{1}{n} & \frac{n-1}{n} & \cdots & -\frac{1}{n} \\ \vdots & \vdots & \vdots & & \vdots \\ -\frac{1}{n} & -\frac{1}{n} & -\frac{1}{n} & \cdots & \frac{n-1}{n} \end{pmatrix}_{(n-1)\times(n-1)}, \quad (4.143)$$

$$C \equiv \begin{pmatrix} \dfrac{2}{n} & \dfrac{2-2n}{n} & \dfrac{2}{n} & \cdots & \dfrac{2}{n} \\ \dfrac{2}{n} & \dfrac{2}{n} & \dfrac{2-2n}{n} & \cdots & \dfrac{2}{n} \\ \dfrac{2}{n} & \dfrac{2}{n} & \dfrac{2}{n} & \cdots & \dfrac{2}{n} \\ \vdots & \vdots & \vdots & & \vdots \\ \dfrac{2}{n} & \dfrac{2}{n} & \dfrac{2}{n} & \cdots & \dfrac{2-2n}{n} \end{pmatrix}_{(n-1)\times n}, \qquad (4.144)$$

$$D \equiv \begin{pmatrix} \dfrac{n-1}{n} & -\dfrac{1}{n} & -\dfrac{1}{n} & \cdots & -\dfrac{1}{n} \\ -\dfrac{1}{n} & \dfrac{n-1}{n} & -\dfrac{1}{n} & \cdots & -\dfrac{1}{n} \\ -\dfrac{1}{n} & -\dfrac{1}{n} & \dfrac{n-1}{n} & \cdots & -\dfrac{1}{n} \\ \vdots & \vdots & \vdots & & \vdots \\ -\dfrac{1}{n} & -\dfrac{1}{n} & -\dfrac{1}{n} & \cdots & \dfrac{n-1}{n} \end{pmatrix}_{n\times n}. \qquad (4.145)$$

利用 IWOP 技术和式 (4.141) 对式 (4.142) 积分，它变为

$$:\exp\left[\frac{1}{4}(X_1,X_2,\cdots,X_n)\widetilde{C}B^{-1}C\begin{pmatrix}X_1\\X_2\\\vdots\\X_n\end{pmatrix}-(X_1,X_2,\cdots,X_n)D\begin{pmatrix}X_1\\X_2\\\vdots\\X_n\end{pmatrix}\right]:,$$
$$(4.146)$$

其中

$$B^{-1} = \begin{pmatrix} 2 & 1 & 1 & \cdots & 1 \\ 1 & 2 & 1 & \cdots & 1 \\ 1 & 1 & 2 & \cdots & 1 \\ \vdots & \vdots & \vdots & & \vdots \\ 1 & 1 & 1 & \cdots & 2 \end{pmatrix}_{(n-1)\times(n-1)}, \quad \det B = \frac{1}{n}, \qquad (4.147)$$

且 $\frac{1}{4}\widetilde{C}B^{-1}C = D$. 至此，我们证明了式 (4.140) 的完备性.

另外, 因为

$$: \exp\left(-\sum_{i=1}^{n} a_i^\dagger a_i\right) : = |00\cdots 0\rangle\langle 00\cdots 0|, \tag{4.148}$$

所以式 (4.140) 的被积函数部分可分解为正规乘积内的三项乘积: 左边是产生算符项, 中间为式 (4.148), 右边为湮灭算符, 即

$$: \exp\left\{-\frac{1}{n}\left[\sum_{i=2}^{n}(\chi_i - X_1 + X_i) + \sum_{i=2, j>i}^{n}(\chi_j - \chi_i - X_i + X_j)^2 + \left(p - \sum_{i=1}^{n} P_i\right)^2\right]\right\} :$$

$$=: \exp\left[-\frac{1}{n}p^2 - \frac{n-1}{n}\sum_{i=2}^{n}\chi_i^2 + \frac{2}{n}\sum_{i<j=2}^{n}\chi_i\chi_j + \frac{\mathrm{i}\sqrt{2}p}{n}\sum_{i=1}^{n}\left(a_i^\dagger - a_i\right)\right.$$

$$+ \frac{2-n}{2n}\sum_{i=1}^{n}\left(a_i^{\dagger 2} - a_i^2\right) - \sum_{i=1}^{n} a_i^\dagger a_i + \frac{2}{n}\sum_{i<j=2}^{n}\left(a_i^\dagger a_j^\dagger + a_i a_j\right)$$

$$\left. + \frac{\sqrt{2}}{n}\sum_{i=1}^{n-1}\chi_i\left(a_1^\dagger + a_1\right) + \frac{\sqrt{2}}{n}\sum_{j=2}^{n}\left(\sum_{i=2}^{n-1}\chi_i - n\chi_j\right)\left(a_j^\dagger + a_j\right)\right] :$$

$$= \exp\left[M + \frac{\sqrt{2}}{n}\sum_{j=2}^{n}\left(\sum_{i=2}^{n}\chi_i - n\chi_j + \mathrm{i}p\right) a_j^\dagger + \frac{\sqrt{2}}{n}\left(\sum_{i=2}^{n}\chi_i + \mathrm{i}p\right) a_1^\dagger + N^\dagger\right]$$

$$\times : \exp\left(-\sum_{i=1}^{n} a_i^\dagger a_i\right) :$$

$$\times \exp\left[M + \frac{\sqrt{2}}{n}\sum_{j=2}^{n}\left(\sum_{i=2}^{n}\chi_i - n\chi_j - \mathrm{i}p\right) a_j + \frac{\sqrt{2}}{n}\left(\sum_{i=2}^{n}\chi_i - \mathrm{i}p\right) a_1 + N\right]$$

$$\equiv |p, \chi_2, \chi_3, \cdots, \chi_n\rangle\langle p, \chi_2, \chi_3, \cdots, \chi_n|, \tag{4.149}$$

这里

$$M = -\frac{1}{2n}p^2 - \frac{n-1}{2n}\sum_{i=2}^{n}\chi_i^2 + \frac{1}{n}\sum_{i<j=2}^{n}\chi_i\chi_j,$$

$$N = \frac{2}{n}\sum_{i<j=2}^{n} a_i a_j + \frac{2-n}{2n}\sum_{i=1}^{n} a_i^2, \tag{4.150}$$

因此, 求得 n 模纠缠态

$$|p, \chi_2, \chi_3, \cdots, \chi_n\rangle$$

$$= \frac{1}{\sqrt{n}\pi^{n/4}} \exp\left[M + \frac{\sqrt{2}}{n} \sum_{j=2}^{n} \left(\sum_{i=2}^{n} \chi_i - n\chi_j + \mathrm{i}p \right) a_j^\dagger \right.$$
$$\left. + \frac{\sqrt{2}}{n} \left(\sum_{i=2}^{n} \chi_i + \mathrm{i}p \right) a_1^\dagger + \frac{2}{n} \sum_{j=2, j>i}^{n} a_i^\dagger a_j^\dagger + \frac{2-n}{2n} \sum_{i=1}^{n} a_i^{\dagger 2} \right] |00\cdots 0\rangle. \quad (4.151)$$

7. 略.

8. 由

$$\Pi_\pm = \frac{\Pi_x \pm \mathrm{i}\Pi_y}{\sqrt{2M\Omega}}, \quad \Pi_x = P_x + eA_x, \quad \Pi_y = P_y + eA_y, \quad [\Pi_x, \Pi_y] = -\mathrm{i}M\Omega, \quad (4.152)$$

以及

$$K_\pm = \sqrt{\frac{M\Omega}{2}}(x_0 \mp \mathrm{i}y_0), \quad [K_-, K_+] = 1, \quad (4.153)$$

可将式 (4.78) 中的 H 改写为

$$H = A\left(\Pi_+ \Pi_- + \frac{1}{2}\right) + DK_+ K_- - \mathrm{i}D(\Pi_+ K_+ - K_- \Pi_-) + \frac{D}{2}, \quad (4.154)$$

其中 $A = \Omega + D$, $D = \omega^2/\Omega$.

由下面的压缩变换:

$$\begin{aligned} SK_- S^{-1} &= K_- \cosh f - \mathrm{i}\Pi_+ \sinh f, \\ S\Pi_- S^{-1} &= \Pi_- \cosh f - \mathrm{i}K_+ \sinh f, \\ SxS^{-1} &= \mu x, \quad SyS^{-1} = \mu y, \quad \mu = \mathrm{e}^f, \end{aligned} \quad (4.155)$$

其中压缩参数为

$$\tanh f = -\frac{2D}{A+D}, \quad f = \frac{1}{4}\ln\frac{\Omega^2}{\Omega^2 + 4\omega^2}, \quad \mu = \mathrm{e}^f = \left(\frac{\Omega^2}{\Omega^2 + 4\omega^2}\right)^{1/4}, \quad (4.156)$$

可得

$$SHS^{-1} = \frac{1}{2}[(\Omega + \Omega')\Pi_+ \Pi_- + (\Omega' - \Omega)K_+ K_- + \Omega'] \equiv H'. \quad (4.157)$$

上式表明原哈密顿量可以通过对角化变为两个独立的谐振子形式, 其对应频率分别为 $(\Omega' - \Omega)/2$ 和 $(\Omega' + \Omega)/2$, 其中 $\Omega' = \sqrt{\Omega^2 + 4\omega^2}$ 可作为新的回旋加速器的

频率. 压缩算符为

$$S = \operatorname{sech} f \exp\left(\mathrm{i}\Pi_+ K_+ \tanh f\right) \exp\left[(K_+ K_- + \Pi_+ K_+)\ln \operatorname{sech} f\right] \exp\left(\mathrm{i}\Pi_- K_- \tanh f\right)$$
$$= \exp\left[\mathrm{i}f\left(\Pi_+ K_+ + \Pi_- K_-\right)\right], \tag{4.158}$$

在 $\langle\lambda|$ 表象中有简洁表示

$$S = \int \frac{\mathrm{d}^2\lambda}{\pi\mu} |\lambda/\mu\rangle\langle\lambda|. \tag{4.159}$$

9. 根据式 (4.157), 可知在 $\langle\lambda|$ 表象中费恩曼传播子可取如下形式:

$$\langle\lambda'|\mathrm{e}^{-\mathrm{i}Ht}|\lambda\rangle = \langle\lambda'|S^{-1}\exp\left\{\frac{-\mathrm{i}t}{2}\left[(\Omega+\Omega')\Pi_+\Pi_- + (\Omega'-\Omega)K_+K_- + \Omega'\right]\right\}S|\lambda\rangle. \tag{4.160}$$

利用

$$S|\lambda\rangle = \frac{1}{\mu}\left|\frac{\lambda}{\mu}\right\rangle, \tag{4.161}$$

同时, 令

$$\sigma = \frac{\mathrm{i}t}{2}\left(\Omega+\Omega'\right), \quad \tau = \frac{\mathrm{i}t}{2}\left(\Omega'-\Omega\right), \tag{4.162}$$

可将式 (4.160) 表达为

$$\langle\lambda'|\mathrm{e}^{-\mathrm{i}Ht}|\lambda\rangle = \frac{1}{\mu^2}\mathrm{e}^{-\frac{1}{2}|\lambda'/\mu|^2 - \frac{1}{2}|\lambda/\mu|^2 - \frac{\mathrm{i}t}{2}\Omega'}\langle 00|W|00\rangle, \tag{4.163}$$

其中

$$W \equiv \exp\left(\mathrm{i}\Pi_-\lambda'^*/\mu + K_-\lambda'/\mu - \mathrm{i}\Pi_- K_-\right)\exp\left[(-\sigma\Pi_+\Pi_- - \tau K_+ K_-)\right]$$
$$\times \exp\left(-\mathrm{i}\Pi_+\lambda/\mu + K_+\lambda^*/\mu + \mathrm{i}\Pi_+ K_+\right). \tag{4.164}$$

插入相干态的完备性关系式

$$\int \frac{\mathrm{d}^2\alpha\mathrm{d}^2\beta}{\pi^2}|\alpha,\beta\rangle\langle\alpha,\beta| = 1, \tag{4.165}$$

其中

$$|\alpha,\beta\rangle = |\alpha\rangle\otimes|\beta\rangle$$

$$= \exp\left(-\frac{1}{2}|\alpha|^2 + \alpha \Pi_+\right)|0\rangle \otimes \exp\left(-\frac{1}{2}|\beta|^2 + \beta K_+\right)|0\rangle, \tag{4.166}$$

利用反正规乘积形式

$$e^{-\sigma \Pi_+ \Pi_-} = \colon e^\sigma \exp\left[(1-e^\sigma)\Pi_-\Pi_+\right]\colon$$

$$= e^\sigma \sum_{l=0}^{+\infty} \frac{(1-e^\sigma)^l}{l!} \Pi_-^l \int \frac{d^2\alpha}{\pi}|\alpha\rangle\langle\alpha|\Pi_+^l$$

$$= e^\sigma \int \frac{d^2\alpha}{\pi} \exp\left[(1-e^\sigma)|\alpha|^2\right]|\alpha\rangle\langle\alpha| \tag{4.167}$$

和

$$e^{-\tau K_+ K_-} = e^\tau \int \frac{d^2\beta}{\pi} \exp\left[(1-e^\tau)|\beta|^2\right]|\beta\rangle\langle\beta|, \tag{4.168}$$

可得

$$\langle 00|W|00\rangle = e^{\sigma+\tau}\langle 00|\exp\left(i\frac{\Pi_-\lambda'^*}{\mu} + \frac{K_-\lambda'}{\mu} - i\Pi_- K_-\right)$$

$$\times \int \frac{d^2\alpha d^2\beta}{\pi^2} e^{(1-e^\sigma)|\alpha|^2 + (1-e^\tau)|\beta|^2}|\alpha,\beta\rangle\langle\alpha,\beta|$$

$$\times \exp\left(-i\frac{\Pi_+\lambda}{\mu} + \frac{K_+\lambda^*}{\mu} + i\Pi_+ K_+\right)|00\rangle$$

$$= e^{\sigma+\tau}\int \frac{d^2\alpha d^2\beta}{\pi^2}\exp\left(-e^\sigma|\alpha|^2 - e^\tau|\beta|^2 + i\frac{\alpha\lambda'^*}{\mu} + \frac{\beta\lambda'}{\mu}\right.$$

$$\left.-i\alpha\beta - i\frac{\alpha^*\lambda}{\mu} + \frac{\beta^*\lambda^*}{\mu} + i\alpha^*\beta^*\right)$$

$$= e^\tau \int \frac{d^2\beta}{\pi}\exp\left[-e^\tau|\beta|^2 + \frac{1}{e^\sigma}\left(\frac{\lambda'^*}{\mu} - \beta\right)\left(\frac{\lambda}{\mu} - \beta^*\right) + \frac{\beta^*\lambda^*}{\mu} + \frac{\beta\lambda'}{\mu}\right]$$

$$= \frac{e^\tau}{e^\tau - e^{-\sigma}}\exp\left\{\frac{1}{(e^\tau - e^{-\sigma})\mu^2}\left[(\lambda' - e^{-\sigma}\lambda)(\lambda^* - e^{-\sigma}\lambda'^*)\right] + \frac{1}{e^\sigma}\frac{\lambda\lambda'^*}{\mu^2}\right\}.$$
$$\tag{4.169}$$

将式 (4.169) 代入式 (4.163), 得

$$\langle\lambda'|e^{-iHt}|\lambda\rangle$$

$$= \frac{\exp(-it\Omega'/2)}{\mu^2(1-e^{-it\Omega'})}\exp\left\{\frac{1}{(e^\tau - e^{-\sigma})\mu^2}\left[\lambda'\lambda^* - \frac{e^\tau + e^{-\sigma}}{2}(|\lambda|^2 + |\lambda'|^2)\right]\right.$$

$$+\frac{\lambda\lambda'^*}{(e^\sigma-e^{-\tau})\mu^2}\Bigg\}$$

$$=\frac{1}{2i\mu^2\sin\frac{\Omega' t}{2}}\exp\Bigg\{\frac{1}{2i\mu^2\sin\frac{\Omega' t}{2}}\bigg[\lambda'\lambda^*\exp\left(\frac{it}{2}\Omega\right)-\left(|\lambda|^2+|\lambda'|^2\right)\cos\frac{\Omega' t}{2}$$

$$+\lambda\lambda'^*\exp\left(-\frac{it}{2}\Omega\right)\bigg]\Bigg\}, \tag{4.170}$$

这就是我们所要求的费恩曼传播子.

注 将 $\lambda=\lambda_1+i\lambda_2$ 代入式 (4.170), 可得

$$\langle\lambda'|e^{-iHt}|\lambda\rangle=\frac{1}{2i\mu^2\sin\frac{\Omega' t}{2}}\exp\Bigg\{\frac{1}{2i\mu^2\sin\frac{\Omega' t}{2}}\bigg[2(\lambda_1'\lambda_1+\lambda_2'\lambda_2)\cos\frac{\Omega t}{2}$$

$$+2i(\lambda_2'\lambda_1-\lambda_2\lambda_1')\sin\frac{\Omega t}{2}\bigg]-\frac{1}{2i\mu^2}\left(|\lambda|^2+|\lambda'|^2\right)\cot\frac{\Omega t}{2}\Bigg\}. \tag{4.171}$$

特别当 $\omega=0$, $\mu=1$, $\Omega'=\Omega$ 时, 式 (4.171) 变为

$$\langle\lambda'|e^{-itH_0}|\lambda\rangle=\frac{1}{2i\sin\frac{\Omega t}{2}}\exp\Bigg\{\frac{i}{2}[(\lambda_1'-\lambda_1)^2+(\lambda_2'-\lambda_2)^2]\cot\frac{\Omega t}{2}$$

$$+2(\lambda_2'\lambda_1-\lambda_2\lambda_1')\Bigg\}. \tag{4.172}$$

或者由

$$X|\lambda\rangle=\sqrt{\frac{2}{M\Omega}}\lambda_1|\lambda\rangle\equiv\underline{x}|\lambda\rangle,\quad Y|\lambda\rangle=-\sqrt{\frac{2}{M\Omega}}\lambda_2|\lambda\rangle=-\underline{y}|\lambda\rangle \tag{4.173}$$

和 $|\underline{x},\underline{y}\rangle=\sqrt{\frac{M\Omega}{2\pi}}|\lambda\rangle$, 式 (4.172) 等价于

$$\langle\underline{x}',\underline{y}'|e^{-itH_0}|\underline{x},\underline{y}\rangle$$

$$=\frac{M\Omega}{4Mi\sin\frac{\Omega t}{2}}\left(\exp\frac{i}{4}M\Omega\left\{\left[(\underline{x}'-\underline{x})^2+(\underline{y}'-\underline{y})^2\right]\cot\frac{\Omega t}{2}+2\left(\underline{x}\underline{y}'-\underline{y}\underline{x}'\right)\right\}\right),$$

$$\tag{4.174}$$

这与费恩曼的结论是一致的.

10. 为求配分函数, 我们在式 (4.170) 中取 $\beta = it$, 其中 $\beta = 1/(k_B T)$ (k_B 为玻尔兹曼常数), 于是

$$\langle \lambda | e^{-\beta H} | \lambda \rangle = \frac{1}{2\mu^2 \sinh \frac{\beta \Omega'}{2}} \exp \left[\frac{|\lambda|^2}{\mu^2 \sinh \frac{\beta \Omega'}{2}} \left(\cosh \frac{\beta \Omega}{2} - \cosh \frac{\beta \Omega'}{2} \right) \right], \quad (4.175)$$

配分函数为

$$Z = \operatorname{tr} e^{-\beta H} = \int \frac{d^2 \lambda}{\pi} \langle \lambda | e^{-\beta H} | \lambda \rangle$$

$$= \frac{1}{2\mu^2 \sinh \frac{\beta \Omega'}{2}} \int \frac{d^2 \lambda}{\pi} \exp \left[\frac{|\lambda|^2}{\mu^2 \sinh \frac{\beta \Omega'}{2}} \left(\cosh \frac{\beta \Omega}{2} - \cosh \frac{\beta \Omega'}{2} \right) \right]$$

$$= \frac{\mu^2 \sinh \frac{\Omega' \beta}{2}}{2 \left(\cosh \frac{\beta \Omega'}{2} - \cosh \frac{\beta \Omega}{2} \right)}. \quad (4.176)$$

11. 由 $\langle \lambda |$ 表象知识, 可以求得

$$\langle 00 | V_1 | 00 \rangle = g \langle 00 | e^{-\epsilon(X^2 + Y^2)/2} | 00 \rangle$$

$$= g \langle 00 | \int \frac{d^2 \lambda}{\pi} \exp \left[-\frac{\epsilon}{M\Omega} (\lambda_1^2 + \lambda_2^2) \right] | \lambda \rangle \langle \lambda | 00 \rangle$$

$$= g \int \frac{d^2 \lambda}{\pi} \exp \left[-\left(1 + \frac{\epsilon}{M\Omega}\right) |\lambda|^2 \right] = \frac{gM\Omega}{M\Omega + \epsilon}. \quad (4.177)$$

12. 由

$$\frac{\partial}{\partial \eta} |\eta\rangle = \left(-\frac{1}{2} \eta^* + a^\dagger \right) |\eta\rangle = \frac{1}{2} \left(b + a^\dagger \right) |\eta\rangle,$$

$$\frac{\partial}{\partial \eta^*} |\eta\rangle = \left(-\frac{1}{2} \eta - b^\dagger \right) |\eta\rangle = -\frac{1}{2} \left(b^\dagger + a \right) |\eta\rangle, \quad (4.178)$$

$$\langle \eta | \frac{\partial}{\partial \xi} | \xi \rangle = \langle \eta | \left(-\frac{1}{2} \xi^* + a^\dagger \right) | \xi \rangle = \langle \eta | \frac{1}{2} \left(a^\dagger - b \right) | \xi \rangle = \frac{\eta^*}{2} \langle \eta | \xi \rangle,$$

$$\langle \eta | \frac{\partial}{\partial \xi^*} | \xi \rangle = \langle \eta | \left(-\frac{1}{2} \xi + b^\dagger \right) | \xi \rangle = \langle \eta | -\frac{1}{2} \left(a - b^\dagger \right) | \xi \rangle = -\frac{\eta}{2} \langle \eta | \xi \rangle. \quad (4.179)$$

类似于式 (4.179) 的推导, 可得

$$\langle\eta|\frac{\partial}{\partial\eta}|\xi\rangle=-\frac{\xi^*}{2}\langle\eta|\xi\rangle, \quad \langle\eta|\frac{\partial}{\partial\eta^*}|\xi\rangle=\frac{\xi}{2}\langle\eta|\xi\rangle. \tag{4.180}$$

方程 (4.179),(4.180) 的解为

$$\langle\eta|\xi\rangle=\frac{1}{2}\exp\left[\frac{1}{2}(\eta^*\xi-\eta\xi^*)\right]. \tag{4.181}$$

13. 因为

$$P_x=\Pi_j-eA_j=\Pi_x+eB\left(y_0-\frac{\Pi_x}{m\Omega}\right)=\frac{1}{2}(\Pi_x+m\Omega y_0), \tag{4.182}$$

$$P_y=\Pi_y-\frac{1}{2}eB\left(x_0+\frac{\Pi_y}{m\Omega}\right)=\frac{1}{2}(\Pi_y-m\Omega x_0), \tag{4.183}$$

所以在 $\langle\lambda|$ 表象中, P_x 和 P_y 的作用可表达为

$$\langle\lambda|P_x=-\mathrm{i}\sqrt{\frac{\mu\Omega}{2}}\frac{\partial}{\partial\lambda_1}\langle\lambda|, \quad \langle\lambda|P_y=\mathrm{i}\sqrt{\frac{\mu\Omega}{2}}\frac{\partial}{\partial\lambda_2}\langle\lambda|. \tag{4.184}$$

另外, 电子的角动量为

$$\begin{aligned}L_z&=xP_y-yP_x\\&=\frac{m\Omega}{2}\left[-y\left(y_0+\frac{\Pi_x}{m\Omega}\right)-x\left(x_0-\frac{\Pi_y}{m\Omega}\right)\right]\\&=\frac{m\Omega}{2}\left[\frac{1}{(m\Omega)^2}(\Pi_x^2+\Pi_y^2)-(x_0^2+y_0^2)\right]=\Pi_+\Pi_--K_+K_-,\end{aligned} \tag{4.185}$$

在 $|\lambda\rangle$ 表象中, 有

$$\begin{aligned}L_z|\lambda\rangle&=-\mathrm{i}\left(|\lambda|\mathrm{e}^{-\mathrm{i}\varphi}\Pi_+-\mathrm{i}|\lambda|\mathrm{e}^{\mathrm{i}\varphi}K_+\right)\\&\quad\times\exp\left(-\frac{1}{2}|\lambda|^2-\mathrm{i}|\lambda|\mathrm{e}^{-\mathrm{i}\varphi}\Pi_++|\lambda|\mathrm{e}^{\mathrm{i}\varphi}K_++\mathrm{i}\Pi_+K_+\right)|00\rangle\\&=\mathrm{i}\frac{\partial}{\partial\varphi}|\lambda\rangle,\end{aligned} \tag{4.186}$$

$$\langle\lambda|L_z=-\mathrm{i}\frac{\partial}{\partial\varphi}\langle\lambda|.$$

根据朗道波函数的性质, 得

$$\langle \lambda | n, m \rangle = c(|\lambda|) e^{-i(n-m)\phi}, \tag{4.187}$$

其中 $c(|\lambda|)$ 是归一化系数. 至此, 我们得到 $\langle \lambda | H$ 的表达式

$$\langle \lambda | H = \left[-\frac{\Omega}{4} \left(\frac{\partial^2}{\partial |\lambda|^2} + \frac{1}{|\lambda|} \frac{\partial}{\partial |\lambda|} + \frac{1}{|\lambda|^2} \frac{\partial^2}{\partial \varphi^2} \right) + i \frac{\Omega}{2} \frac{\partial}{\partial \varphi} + \frac{\Omega}{4} |\lambda|^2 \right] \langle \lambda |. \tag{4.188}$$

当我们取 $\lambda = \frac{\rho}{\sqrt{2}R_c} e^{-i\theta}$ (注意 λ 无量纲, 而 ρ 具有长度量纲), 上式恰为薛定谔方程的微分形式, 即

$$\left[-\frac{1}{2M} \left(\frac{\partial^2}{\partial \rho^2} + \frac{1}{\rho} \frac{\partial}{\partial \rho} + \frac{1}{\rho^2} \frac{\partial^2}{\partial \theta^2} \right) - i \frac{\Omega}{2} \frac{\partial}{\partial \theta} + \frac{M\Omega^2}{8} \rho^2 \right] \Psi(\rho, \theta) = E \Psi(\rho, \theta). \tag{4.189}$$

于是可证得 $\langle \lambda | H$ 和薛定谔方程的等价性.

另外, 我们可以取本征态 $\psi_{nm_l} = |n, n - m_l\rangle$, 得

$$\begin{aligned} H |n, n - m_l\rangle &= \left(n + \frac{1}{2} \right) \Omega |n, n - m_l\rangle, \\ L_z |n, n - m_l\rangle &= m_l |n, n - m_l\rangle. \end{aligned} \tag{4.190}$$

14. 电子在磁场中运转的轨道半径可以由下式计算:

$$\begin{aligned} \langle \rho^2 \rangle_{n, n-m_l} &= \langle n, n - m_l | (x^2 + y^2) | n, n - m_l \rangle \\ &= \langle n, n - m_l | \int \frac{d^2\lambda}{\pi} (x^2 + y^2) |\lambda\rangle \langle \lambda | n, n - m_l\rangle \\ &= 2R_c^2 \int \frac{d^2\lambda}{\pi} |C_{nm_l}|^2 |\lambda|^{2(|m_l|+1)} e^{-|\lambda|^2} \left[L_{n-(|m_l|+m_l)/2}^{|m_l|} \left(|\lambda|^2 \right) \right]^2 \\ &= 2R_c^2 (2n - m_l + 1), \end{aligned} \tag{4.191}$$

其中 $R_c = 1/\sqrt{eB}$, 并利用了积分公式

$$\int_0^{+\infty} x^{\alpha+1} e^{-x} \left[L_n^\alpha(x) \right]^2 dx = (2n - m_l + 1) \frac{\left(n + \frac{|m_l| - m_l}{2} \right)!}{\left(n - \frac{|m_l| + m_l}{2} \right)!}. \tag{4.192}$$

令算符 D 表示中心坐标离 z 轴的距离:

$$D^2 = x_0^2 + y_0^2 = R_c^2(2K_+K_- + 1), \tag{4.193}$$

则朗道态也是其本征态, 因此

$$\langle D^2 \rangle_{n,n-m_l} = \langle n, n-m_l | D^2 | n, n-m_l \rangle = 2R_c^2 \left(n - m_l + \frac{1}{2}\right). \tag{4.194}$$

这说明对于确定的能级 n, 中心坐标到 z 轴的距离与角动量量子数 m_l 有关, m_l 越大, 轨道中心距 z 轴越近. 由式 (4.191) 和 (4.194), 我们引入轨道半径平方

$$R_n^2 \equiv \langle \rho^2 \rangle_{n,n-m_l} - \langle D^2 \rangle_{n,n-m_l} = 2R_c^2 \left(n + \frac{1}{2}\right), \tag{4.195}$$

这仅与能量量子数 n 有关. 由于 $[x_0, y_0] \neq 0$, 所以轨道的中心坐标无法确定, 其不确定度为

$$(\Delta x_0)^2 = (\Delta y_0)^2 = R_c^2 \left(n - m_l + \frac{1}{2}\right). \tag{4.196}$$

这表示对于任意 n, 当 m_l 为正数时, m_l 越大, 中心坐标不确定度越小.

由于不能同时精确测量 x_0, y_0, 但它们都与系统哈密顿量对易, 这导致朗道能级的简并. 由式 (4.194), 可见对于同样的 n, 不同的 m_l, $\pi \langle D^2 \rangle_{n,n-m_l}$ 也不同, 两毗邻的轨道差为

$$\Delta S = \pi \left(\langle D^2 \rangle_{n,n-m_l} - \langle D^2 \rangle_{n,n-(m_l-1)} \right) = 2\pi R_c^2 = 2\pi \frac{\hbar c}{eB}. \tag{4.197}$$

于是对于一个电子在轨道半径为 R 的轨道上的情形, 朗道态的能级简并为

$$g = \frac{\pi R^2}{\Delta S} = \frac{\pi R^2 B}{\phi_0}, \tag{4.198}$$

其中 ϕ_0 是单位磁通量, $\pi R^2 B$ 是圆环的磁通量.

15. 利用 IWOP 技术, 可以求得压缩算符的正规乘积形式

$$S_B = \frac{1}{\mu} \int \frac{d^2\lambda}{\pi} \left| \frac{\lambda}{\mu} \right\rangle \langle \lambda |$$

$$= \mathrm{sech}\, f \exp\left(\mathrm{i}\Pi_+ K_+ \tanh f\right) \exp\left[(K_+ K_- + \Pi_+ K_+) \ln \mathrm{sech}\, f\right]$$

$$\times \exp\left(\mathrm{i}\Pi_- K_- \tanh f\right)$$

$$= \exp\left[\mathrm{i} f\left(\Pi_+ K_+ + \Pi_- K_-\right)\right]. \tag{4.199}$$

将压缩算符 S_B 作用到 $|\lambda\rangle$，得到

$$S_B |\lambda\rangle = \frac{1}{\mu}\left|\frac{\lambda}{\mu}\right\rangle \quad (\mu = \mathrm{e}^f), \tag{4.200}$$

对应的压缩变换为

$$SK_- S^{-1} = K_- \cosh f - \mathrm{i}\Pi_+ \sinh f, \tag{4.201}$$

$$S\Pi_- S^{-1} = \Pi_- \cosh f - \mathrm{i}K_+ \sinh f, \tag{4.202}$$

$$Sx_0 S^{-1} = x_0 \cosh f + \frac{\Pi_y \sinh f}{M\Omega} \equiv x_0', \tag{4.203}$$

$$Sy_0 S^{-1} = y_0 \cosh^2 f - \frac{\Pi_x \sinh f}{M\Omega} = y_0', \tag{4.204}$$

于是

$$SxS^{-1} = \mu x, \quad SyS^{-1} = \mu y \quad (\mu = \mathrm{e}^f). \tag{4.205}$$

据上可知，当磁场强度 $\sqrt{B} \mapsto \mu\sqrt{B}$，电子运转半径压缩为 r/μ。另外，由

$$K_-' \equiv SK_- S^{-1}|_\Omega = K_-|_{\Omega'} \quad (\Omega' = \mu^{-1}\Omega), \tag{4.206}$$

可见压缩使原来的 Ω 依赖

$$K_- = \frac{1}{2}\sqrt{\frac{m\Omega}{2}}(x + \mathrm{i}y) + \frac{\mathrm{i}}{\sqrt{2m\Omega}}(P_x + \mathrm{i}P_y) \tag{4.207}$$

变为 Ω' 依赖，即

$$K_-' = \frac{1}{2}\sqrt{\frac{m\Omega'}{2}}(x + \mathrm{i}y) + \frac{\mathrm{i}}{\sqrt{2m\Omega'}}(P_x + \mathrm{i}P_y). \tag{4.208}$$

而且，电子轨道半径的中心坐标也随压缩而改变，即

$$\left\langle x_0'^2 \right\rangle_{n,n-m_l} = \left\langle x_0^2 \right\rangle_{n,n-m_l} \cosh^2 f + \frac{\left(n+\frac{1}{2}\right)\sinh^2 f}{M\Omega} = \left\langle y_0'^2 \right\rangle_{n,n-m_l}, \tag{4.209}$$

因此

$$\left(\Delta x_0'\right)^2 = (\Delta y_0')^2 = (\Delta x_0)^2 \cosh^2 f + \frac{\left(n+\frac{1}{2}\right)\sinh^2 f}{M\Omega} \geqslant (\Delta x_0)^2. \quad (4.210)$$

这说明压缩使轨道中心坐标的不确定度增加.

16. 根据压缩算符的定义式 (4.199), 可知

$$\begin{aligned}
S_{\mathrm{B}}^{-1}|n,m\rangle &= \mu \int \frac{\mathrm{d}^2\lambda}{\pi} |\lambda\mu\rangle \, \mathrm{e}^{-\frac{1}{2}|\lambda|^2} \frac{\mathrm{i}^n}{\sqrt{m!n!}} H_{m,n}(\lambda,\lambda^*) \\
&= \mu \frac{\partial^{m+n}}{\partial t^n \partial t'^m} \int \frac{\mathrm{d}^2\lambda}{\pi} |\lambda\mu\rangle \, \mathrm{e}^{-\frac{1}{2}|\lambda|^2} \frac{\mathrm{i}^n}{\sqrt{m!n!}} \exp\left(-tt' + t\lambda^* + t'\lambda\right)\big|_{t,t'=0} \\
&= \frac{\mathrm{i}^n \mu}{\sqrt{m!n!}} \frac{\partial^{m+n}}{\partial t^n \partial t'^m} \int \frac{\mathrm{d}^2\lambda}{\pi} \exp\left[-\frac{1}{2}|\lambda|^2(\mu^2+1) + \lambda(t' - \mathrm{i}\mu\varPi_+) \right. \\
&\quad \left. + \lambda^*(t + \mu K_+) - tt' + \mathrm{i}K_+\varPi_+ |00\rangle\right]\Big|_{t,t'=0} \\
&= \operatorname{sech}\lambda \frac{\mathrm{i}^n}{\sqrt{m!n!}} \frac{\partial^{m+n}}{\partial t^n \partial t'^m} \exp\left[-tt'\tanh\lambda + \operatorname{sech}\lambda(t' K_+ - \mathrm{i}t\varPi_+) \right. \\
&\quad \left. - \mathrm{i}K_+\varPi_+ \tanh\lambda |00\rangle\right]\big|_{t,t'=0} \\
&= \mathrm{i}^n \operatorname{sech}\lambda \sqrt{m!n!} \sum_{l=0}^{\min(m,n)} \frac{\tanh^l \lambda \operatorname{sech}^{n+m-2l}\lambda}{l!(n-l)!(m-l)!} (\mathrm{i}\varPi_+)^{n-l} K_+^{m-l} \\
&\quad \times \exp(-\mathrm{i}K_+\varPi_+ \tanh\lambda)|00\rangle \\
&= \mathrm{i}^n \exp(-\mathrm{i}K_+\varPi_+ \tanh\lambda) \sqrt{m!n!} \\
&\quad \times \sum_{j=\max(0,n-m)}^{n} \frac{\tanh^{n-j}\lambda \operatorname{sech}^{m-n+2j+1}\lambda}{(n-j)!\sqrt{j!(m-n+j)!}} \mathrm{i}^j |j, m-n+j\rangle. \quad (4.211)
\end{aligned}$$

17. 根据本章第 1 题的结果, 可知

$$\begin{aligned}
\mathrm{H}_n\left(\frac{X_1+X_2}{\sqrt{2}}\right) &= \int \frac{\mathrm{d}^2\xi}{\pi} \mathrm{H}_n(\xi_1) |\xi\rangle\langle\xi| \\
&= \int \frac{\mathrm{d}\xi_1 \mathrm{d}\xi_2}{\pi} \mathrm{H}_n(\xi_1) : \mathrm{e}^{-\left(\xi_1 - \frac{X_1+X_2}{\sqrt{2}}\right)^2 - \left(\xi_2 - \frac{P_1-P_2}{\sqrt{2}}\right)^2} : \\
&= \int \frac{\mathrm{d}\xi_1}{\sqrt{\pi}} \mathrm{H}_n(\xi_1) : \mathrm{e}^{-\left(\xi_1 - \frac{X_1+X_2}{\sqrt{2}}\right)^2} :
\end{aligned}$$

$$= \left(\sqrt{2}\right)^n : (X_1 + X_2)^n : . \tag{4.212}$$

18. 将 $e^{iP_1X_2}$ 作用到 $|\eta\rangle$, 同时利用 $P_i|x\rangle_i = i\dfrac{d}{dx}|x\rangle_i$, $_i\langle x|p\rangle_i = \dfrac{e^{ipx}}{\sqrt{2\pi}}$, 可得

$$\begin{aligned} e^{iP_1X_2}|\eta\rangle &= e^{-i\eta_2\eta_1/2}\int_{-\infty}^{+\infty} dx e^{iP_1(x-\eta_1)}|x\rangle_1 \otimes |x-\eta_1\rangle_2 e^{i\eta_2 x} \\ &= e^{i\eta_2\eta_1/2}|\eta_1\rangle_1 \otimes \int_{-\infty}^{+\infty} dx |x\rangle_2 e^{i\eta_2 x} \\ &= \sqrt{2\pi}e^{i\eta_2\eta_1/2}|\eta_1\rangle_1 \otimes |\eta_2\rangle_2, \end{aligned} \tag{4.213}$$

其中 $|\eta_1\rangle_1$ 是 a 模的坐标本征态, $|\eta_2\rangle_2$ 是 b 模的动量本征态. 可见纠缠是由指数算符 $e^{-iP_1X_2}$ 引起的,

$$e^{-iP_1X_2}\sqrt{2\pi}e^{i\eta_2\eta_1/2}|x=\eta_1\rangle_1 \otimes |p=\eta_2\rangle_2 = |\eta\rangle, \tag{4.214}$$

其中位相 $e^{i\eta_2\eta_1/2}$ 对构造纠缠态 $|\eta\rangle$ 是必不可少的. 类似还可推得

$$\begin{aligned} e^{iP_2X_1}|\eta\rangle &= e^{-i\eta_2\eta_1/2}\int_{-\infty}^{+\infty} dx |x\rangle_1 \otimes e^{iP_2 x}|x-\eta_1\rangle_2 e^{i\eta_2 x} \\ &= e^{-i\eta_2\eta_1/2}\int_{-\infty}^{+\infty} dx |x\rangle_1 e^{i\eta_2 x} \otimes |-\eta_1\rangle_2 \\ &= \sqrt{2\pi}e^{-i\eta_2\eta_1/2}|\eta_2\rangle_1 \otimes |-\eta_1\rangle_2, \end{aligned} \tag{4.215}$$

于是

$$e^{-iP_2X_1}\sqrt{2\pi}e^{-i\eta_2\eta_1/2}|p=\eta_2\rangle_1 \otimes |x=-\eta_1\rangle_2 = |\eta\rangle. \tag{4.216}$$

点评 指数算符 $e^{-iP_1X_2}$ 和 $e^{-iP_2X_1}$ 都可称为纠缠算符.

19. 将 $e^{-i(X_3+X_4)(P_1+P_2)/2}$ 作用于 $|\rangle_{1\text{-}2\text{-}3\text{-}4}$, 可得

$$\begin{aligned} &e^{-i(X_3+X_4)(P_1+P_2)/2}|\rangle_{1\text{-}2\text{-}3\text{-}4} \\ &= \int \frac{d^2\eta}{\pi}|\eta\rangle_{1\text{-}2} \otimes e^{-i\eta_2(X_3+X_4)/2}|\eta-\sigma\rangle_{3\text{-}4} e^{\eta\gamma^*-\eta^*\gamma} \\ &= \int \frac{d^2\eta}{\pi}e^{\eta\gamma^*-\eta^*\gamma}|\eta\rangle_{1\text{-}2} \otimes \exp\left(-\frac{\eta_2}{\sqrt{2}}\frac{\partial}{\partial \eta_2/\sqrt{2}}\right)\left|\frac{\eta_1-\sigma_1}{\sqrt{2}}, \frac{\eta_2-\sigma_2}{\sqrt{2}}\right\rangle_{3\text{-}4} \\ &= \int \frac{d^2\eta}{\pi}e^{\eta\gamma^*-\eta^*\gamma}|\eta\rangle_{1\text{-}2} \otimes \left|\frac{\eta_1-\sigma_1}{\sqrt{2}}, \frac{-\sigma_2}{\sqrt{2}}\right\rangle_{3\text{-}4}. \end{aligned} \tag{4.217}$$

将 $e^{i(X_1-X_2)(P_3-P_4)/2}$ 再作用于上式, 可得

$$\begin{aligned}
& e^{i(X_1-X_2)(P_3-P_4)/2} e^{-i(X_3+X_4)(P_1+P_2)/2} |\rangle_{1\text{-}2\text{-}3\text{-}4} \\
&= \int \frac{d^2\eta}{\pi} e^{\eta\gamma^*-\eta^*\gamma} |\eta\rangle_{1\text{-}2} \otimes \exp\left(-\frac{\eta_1}{\sqrt{2}}\frac{\partial}{\partial\eta_1/\sqrt{2}}\right) \left|\frac{\eta_1-\sigma_1}{\sqrt{2}}, \frac{-\sigma_2}{\sqrt{2}}\right\rangle_{3\text{-}4} \\
&= \int \frac{d^2\eta}{\pi} e^{\eta\gamma^*-\eta^*\gamma} |\eta\rangle_{1\text{-}2} \otimes \left|\frac{-\sigma_1}{\sqrt{2}}, \frac{-\sigma_2}{\sqrt{2}}\right\rangle_{3\text{-}4} \\
&= 2|\xi=2\gamma\rangle_{1\text{-}2} \otimes |\eta=-\sigma\rangle_{3\text{-}4}.
\end{aligned} \tag{4.218}$$

点评 仿照双模的情况, 由

$$[(X_1+X_2)(P_3+P_4),(X_3-X_4)(P_1-P_2)]=0, \tag{4.219}$$

可得

$$\begin{aligned}
& e^{i(X_3+X_4)(P_1+P_2)/2-i(X_1-X_2)(P_3-P_4)/2} |\xi=2\gamma\rangle_{1\text{-}2} \otimes |\eta=-\sigma\rangle_{3\text{-}4} \\
&= \int \frac{d^2\eta}{2\pi} |\eta\rangle_{1\text{-}2} \otimes |\eta-\sigma\rangle_{3\text{-}4} e^{\eta\gamma^*-\eta^*\gamma}.
\end{aligned} \tag{4.220}$$

可见, $e^{-i(X_1+X_2)(P_3+P_4)/2}$ 和 $e^{-i(X_3-X_4)(P_1-P_2)/2}$ 也是纠缠算符.

20. 将算符 D 作用于纠缠态 $|\eta\rangle$, 得

$$D|\eta\rangle = \left(\eta a_1^\dagger + \eta^* a_2^\dagger\right)|\eta\rangle = -i\frac{\partial}{\partial\theta}|\eta\rangle \quad (\eta=|\eta|e^{i\theta}), \tag{4.221}$$

因此粒子数差算符 D 在 $\langle\eta|$ 表象中为 $i\dfrac{\partial}{\partial\theta}$, 这是纠缠态表象的一个特性. 进一步, 将它作用于态 $|m,r\rangle$, 可得

$$|m,r\rangle = \int_0^{2\pi} \frac{d\theta}{2\pi} e^{-im\theta} \left(-i\frac{\partial}{\partial\theta}|\eta=re^{i\theta}\rangle\right) = m|m,r\rangle. \tag{4.222}$$

另外, 根据 $K \equiv (a_1-a_2^\dagger)(a_1^\dagger-a_2), [D,K]=0$, 可知 $|m,r\rangle$ 是它们的本征态:

$$K|m,r\rangle = r^2|m,r\rangle, \tag{4.223}$$

其中 K 可以称为关联振幅算符, 即 $K|\eta\rangle = |\eta|^2|\eta\rangle$. 态 $|m,r\rangle$ 称为关联振幅–粒子数差纠缠态, 其完备性和正交性关系式分别如下:

$$\sum_{m=-\infty}^{+\infty}\int_0^{+\infty}\mathrm{d}r^2\,|m,r\rangle\langle m,r| = 1, \tag{4.224}$$

$$\langle m,r|\,m',r'\rangle = \delta_{mm'}\frac{1}{2r}\delta\left(r-r'\right). \tag{4.225}$$

点评 根据纠缠态 $|\xi\rangle$, 我们可以构造另一个新态

$$|s,r'\rangle = \frac{1}{2\pi}\int_0^{2\pi}\mathrm{d}\varphi\,|\xi = r'\mathrm{e}^{\mathrm{i}\varphi}\rangle\mathrm{e}^{-\mathrm{i}s\varphi}, \tag{4.226}$$

满足

$$D|\xi\rangle = \left(a_1^\dagger\xi - a_2^\dagger\xi^*\right)|\xi\rangle = -\mathrm{i}\frac{\partial}{\partial\varphi}|\xi = r'\mathrm{e}^{\mathrm{i}\varphi}\rangle, \tag{4.227}$$

即算符 D 在 $\langle\xi = r'\mathrm{e}^{\mathrm{i}\varphi}|$ 表象中等价于 $\mathrm{i}\dfrac{\partial}{\partial\varphi}$, 于是

$$D|s,r'\rangle = \int_0^{2\pi}\frac{\mathrm{d}\theta}{2\pi}\mathrm{e}^{-\mathrm{i}s\theta}\left(-\mathrm{i}\frac{\partial}{\partial\theta}|\xi = r'\mathrm{e}^{\mathrm{i}\theta}\rangle\right) = s|s,r'\rangle. \tag{4.228}$$

注意到 $\left[D,(a_1^\dagger+a_2)(a_1+a_2^\dagger)\right] = 0$, 可得

$$(a_1^\dagger+a_2)(a_1+a_2^\dagger)|s,r'\rangle = r'^2|s,r'\rangle. \tag{4.229}$$

$|s,r'\rangle$ 的完备性和正交性关系式分别如下:

$$\sum_{s=-\infty}^{+\infty}\int_0^{+\infty}\mathrm{d}r'^2\,|s,r'\rangle\langle s,r'| = 1, \quad \langle s,r'|\,s',r''\rangle = \delta_{ss'}\frac{1}{2r'}\delta\left(r'-r''\right). \tag{4.230}$$

因为 $|\xi\rangle$ 和 $|\eta\rangle$ 互为共轭态, 所以 $|s,r'\rangle$ 与 $|m,r\rangle$ 也可看做共轭态. 从 $|m,r\rangle$ 和 $|s,r'\rangle$ 的定义, 可以计算它们的内积:

$$\begin{aligned}\langle s,r'|\,q,r\rangle &= \frac{1}{4\pi^2}\int_0^{2\pi}\mathrm{d}\varphi\,\mathrm{e}^{\mathrm{i}s\varphi}\langle\xi = r'\mathrm{e}^{\mathrm{i}\varphi}|\int_0^{2\pi}\mathrm{d}\theta\,|\eta = r\mathrm{e}^{\mathrm{i}\theta}\rangle\mathrm{e}^{-\mathrm{i}m\theta}\\ &= \frac{1}{8\pi^2}\int_0^{2\pi}\int_0^{2\pi}\mathrm{e}^{\mathrm{i}s\varphi-\mathrm{i}m\theta}\exp\left[\mathrm{i}rr'\sin\left(\theta-\varphi\right)\right]\mathrm{d}\theta\mathrm{d}\varphi\end{aligned}$$

$$= \frac{1}{8\pi^2} \int_0^{2\pi} \int_0^{2\pi} e^{is\varphi - im\theta} \sum_{l=-\infty}^{+\infty} J_l(rr') e^{il(\theta - \varphi)}$$

$$= \frac{1}{2} \sum_{l=-\infty}^{+\infty} \delta_{lm} \delta_{ls} J_l(rr') = \frac{1}{2} \delta_{sm} J_s(rr'), \tag{4.231}$$

其中用到了 l 阶贝塞尔函数的生成公式

$$e^{ix \sin t} = \sum_{l=-\infty}^{+\infty} J_l(x) e^{ilt} \tag{4.232}$$

和

$$J_l(x) = \sum_{k=0}^{+\infty} \frac{(-1)^l}{k!(l+k)!} \left(\frac{x}{2}\right)^{l+2k}. \tag{4.233}$$

等式 (4.231) 是很有意义的, 因为 $J_s(rr')$ 是汉克尔变换的内核.

21. 假设 $X_1^2 + X_2^2$ 和 $X_1 P_2 - X_2 P_1$ 的共同本征态为 $|r, m\rangle$, 本征方程为

$$(X_1^2 + X_2^2)|r, m\rangle = r^2 |r, m\rangle, \tag{4.234}$$

$$L_z |r, m\rangle = m |r, m\rangle, \tag{4.235}$$

其中 r 是连续变量, 而粒子数 m 是离散变量. 由于 $X_1^2 + X_2^2 = (X_1 + iX_2)(X_1 - iX_2)$, 所以

$$\langle r, m | (X_1^2 + X_2^2) | r, m \rangle = |(X_1 - iX_2)|r, m\rangle|^2 \geqslant 0, \tag{4.236}$$

可见 $r^2 \geqslant 0$. 取双模坐标本征态 $|x_1, x_2\rangle$, 满足 $X_i |x_1, x_2\rangle = x_i |x_1, x_2\rangle$, 以及完备性关系式 $\iint_{-\infty}^{+\infty} dx_1 dx_2 |x_1, x_2\rangle \langle x_1 x_2| = 1$. $|x_1, x_2\rangle$ 在双模福克空间可以表达为

$$|x_1, x_2\rangle = \frac{1}{\sqrt{\pi}} \exp\left[-\frac{\rho^2}{2} + \sqrt{2}\rho\left(a^\dagger \cos\theta + b^\dagger \sin\theta\right) - \frac{a^{\dagger 2} + b^{\dagger 2}}{2}\right] |00\rangle, \tag{4.237}$$

其中 $x_1 = \rho \cos\theta$, $x_2 = \rho \sin\theta$, 于是

$$X_1 P_2 - X_2 P_1 = x_1 \frac{\partial}{i \partial x_2} - x_2 \frac{\partial}{i \partial x_1} = \frac{\partial}{i \partial \theta}. \tag{4.238}$$

根据式 (4.234), 可得

$$\langle x_1, x_2 | (X_1^2 + X_2^2) | r, m \rangle = \rho^2 \langle x_1, x_2 | r, m \rangle = r^2 \langle x_1, x_2 | r, m \rangle \quad (\rho^2 \equiv x_1^2 + x_2^2), \tag{4.239}$$

所以

$$\langle x_1, x_2 | r, m \rangle \simeq \delta(\rho^2 - r^2) = \frac{1}{2r} \delta(\rho - r). \tag{4.240}$$

又因为

$$\langle x_1, x_2 | (X_1 P_2 - X_2 P_1) | r, m \rangle = \frac{\partial}{\mathrm{i}\partial\theta} \langle x_1, x_2 | r, m \rangle = m \langle x_1, x_2 | r, m \rangle, \tag{4.241}$$

故方程 (4.241) 的解为

$$\langle x_1, x_2 | r, m \rangle \propto \mathrm{e}^{\mathrm{i}m\theta}. \tag{4.242}$$

由波函数的唯一性 $\mathrm{e}^{\mathrm{i}m\theta}|_{\theta=0} = \mathrm{e}^{\mathrm{i}m\theta}|_{\theta=2\pi}$, 可知 $m = 0, \pm 1, \pm 2, \cdots$. 对比式 (4.240) 和 (4.242), 得

$$\langle x_1, x_2 | r, m \rangle = \frac{1}{2r} \delta(\rho - r) \mathrm{e}^{\mathrm{i}m\theta}. \tag{4.243}$$

进一步, 利用式 (4.237), 得

$$\begin{aligned}
|r, m\rangle &= \iint_{-\infty}^{+\infty} \mathrm{d}x_1 \mathrm{d}x_2 |x_1, x_2\rangle \langle x_1, x_2 | r, m \rangle \\
&= \frac{1}{\sqrt{\pi}} \int_0^{2\pi} \mathrm{d}\theta \int_0^{+\infty} \rho \mathrm{d}\rho \mathrm{e}^{\mathrm{i}m\theta} \frac{1}{2r} \delta(\rho - r) \\
&\quad \times \exp\left[-\frac{\rho^2}{2} + \sqrt{2}\rho(a^\dagger \cos\theta + b^\dagger \sin\theta) - \frac{a^{\dagger 2} + b^{\dagger 2}}{2}\right] |00\rangle \\
&= \frac{1}{2\sqrt{\pi}} \mathrm{e}^{-r^2/2} \mathrm{e}^{-\frac{a^{\dagger 2} + b^{\dagger 2}}{2}} \int_0^{2\pi} \mathrm{d}\theta \mathrm{e}^{\mathrm{i}m\theta} \exp\left[\sqrt{2}r(a^\dagger \cos\theta + b^\dagger \sin\theta)\right] |00\rangle.
\end{aligned} \tag{4.244}$$

令 $z = \mathrm{e}^{\mathrm{i}\theta}$, $A \equiv (a + \mathrm{i}b)/\sqrt{2}$, $B \equiv (a - \mathrm{i}b)/\sqrt{2}$, 则由

$$[A, A^\dagger] = [B, B^\dagger] = 1, \quad [A, B^\dagger] = 0, \tag{4.245}$$

第 4 章 纠缠态表象

可知

$$|r,m\rangle = \frac{1}{2\mathrm{i}\sqrt{\pi}}\mathrm{e}^{-r^2/2-A^\dagger B^\dagger}\oint z^{m-1}\exp(rA^\dagger z + rB^\dagger/z)\mathrm{d}z|00\rangle$$

$$= \sqrt{\pi}r^m \mathrm{e}^{-r^2/2-A^\dagger B^\dagger}\sum_{k=\max(0,-m)}^{+\infty}\frac{r^{2k}A^{\dagger k}B^{\dagger k+m}}{k!(k+m)!}|00\rangle. \tag{4.246}$$

由式 (4.246), 可以判断 $|r,m\rangle$ 是纠缠态, 而算符 $\exp(-A^\dagger B^\dagger)$ 为纠缠算符.

点评 对纠缠态 $|r,m\rangle$ 的完备性可以作如下推导:

令 $\rho'^2 \equiv x_1'^2 + x_2'^2$, 则利用双模坐标本征态, 可得

$$\sum_{m=-\infty}^{+\infty}\int_0^{+\infty}r\mathrm{d}r\,\langle x_1',x_2'|r,m\rangle\langle r,m|x_1,x_2\rangle$$

$$= \sum_{m=-\infty}^{+\infty}\int_0^{+\infty}\frac{\mathrm{d}r}{4r}\mathrm{e}^{\mathrm{i}m(\theta'-\theta)}\delta(\rho'-r)\delta(\rho-r)$$

$$= \frac{\pi}{2\rho}\delta(\rho-\rho')\delta(\theta-\theta')$$

$$= \frac{\pi}{2}\delta(x_1'-x_1)\delta(x_2'-x_2)$$

$$= \frac{\pi}{2}\langle x_1',x_2'|x_1,x_2\rangle, \tag{4.247}$$

因此, $|r,m\rangle$ 的完备性关系式为

$$\frac{2}{\pi}\sum_{m=-\infty}^{+\infty}\int_0^{+\infty}r\mathrm{d}r\,|r,m\rangle\langle r,m| = 1, \tag{4.248}$$

其正交性为

$$\langle r',m'|r,m\rangle = \iint_{-\infty}^{+\infty}\mathrm{d}x_1\mathrm{d}x_2\,\langle r',m'|x_1x_2\rangle\langle x_1x_2|r,m\rangle$$

$$= \int_0^{2\pi}\int_0^{+\infty}\mathrm{d}\rho\mathrm{d}\theta\mathrm{e}^{\mathrm{i}(m'-m)\theta}\frac{1}{4r}\delta(\rho-r)\delta(\rho-r')$$

$$= \frac{\pi}{2r}\delta(r-r')\delta_{mm'}. \tag{4.249}$$

从而 $|r,m\rangle$ 可以看做一个表象.

22. 由纠缠态 $|\eta\rangle$ 所满足的本征方程, 可得

$$\left(a - b^\dagger\right)\left(a^\dagger - b\right)|\eta\rangle = |\eta|^2|\eta\rangle. \tag{4.250}$$

又因 $[a - b^\dagger, a^\dagger - b] = 0$, 所以

$$\sqrt{\frac{a - b^\dagger}{a^\dagger - b}}|\eta\rangle = \mathrm{e}^{\mathrm{i}\varphi}|\eta\rangle, \quad \sqrt{\frac{a^\dagger - b}{a - b^\dagger}}|\eta\rangle = \mathrm{e}^{-\mathrm{i}\varphi}|\eta\rangle \quad (\eta = |\eta|\mathrm{e}^{\mathrm{i}\varphi}). \tag{4.251}$$

根据 "极" 分解

$$a - b^\dagger = \sqrt{A^\dagger A}\mathrm{e}^{\mathrm{i}\Phi}, \quad a^\dagger - b = \mathrm{e}^{-\mathrm{i}\Phi}\sqrt{A^\dagger A}, \tag{4.252}$$

其中 $A^\dagger A$ 称为关联振幅算符:

$$A^\dagger A = \left(a^\dagger - b\right)\left(a - b^\dagger\right), \tag{4.253}$$

或用场的正交分量 X_i, P_i 写为

$$A^\dagger A = (X_1 - X_2)^2 + (P_1 - P_2)^2, \quad A^\dagger A|\eta\rangle = |\eta|^2|\eta\rangle, \tag{4.254}$$

于是从式 (4.252) 看出在双模空间中的相算符是

$$\mathrm{e}^{\mathrm{i}\Phi} = \sqrt{\frac{a - b^\dagger}{a^\dagger - b}}, \quad \mathrm{e}^{-\mathrm{i}\Phi} = \sqrt{\frac{a^\dagger - b}{a - b^\dagger}}, \tag{4.255}$$

或者表示为

$$\begin{aligned}\cos\Phi &= \frac{X_1 - X_2}{\sqrt{(X_1 - X_2)^2 + (P_1 + P_2)^2}} \\ &= \frac{1}{2}\left(\mathrm{e}^{\mathrm{i}\Phi} + \mathrm{e}^{-\mathrm{i}\Phi}\right).\end{aligned} \tag{4.256}$$

点评 从式 (4.256), 可见在以经典值 $x_1 - x_2$ 与 $p_1 + p_2$ 分别为横轴和纵轴的相空间中, 转动角的余弦 $\cos\varphi = (x_1 - x_2)/\sqrt{(x_1 - x_2)^2 + (p_1 + p_2)^2}$ 就对应于相算符 $\cos\Phi$, 所以从纠缠态表象分析可以给出量子光学的相算符与经典相之间的一个很自然的对应.

23. 我们可把类关联振幅相与普通 (x,p) 相空间中的相做比较, 后者对应的是直角坐标 $\Delta X \Delta P \approx \hbar$ 的测不准关系, 当把 $\Delta X \Delta P$ 化为 $R\Delta\theta\Delta R$(一个小的圆带的环面积), 就暗示了半径 R(对应于 $\sqrt{x^2+p^2}$) 与转角 θ 不能同时被精确地测量. 而在以 (x_1-x_2, p_1+p_2) 为横-纵轴的相空间中 "半径" 与 "转角" 可以同时被精确测量. $[X_1-X_2, P_1+P_2]=0$, 这就是 $\left[\left(a^\dagger-b\right)\left(a-b^\dagger\right), \Phi\right]=0$ 所包含的物理意义.

第 5 章 量子主方程

5.1 新增基础知识与例题

由于自然界中绝大多数系统都不是孤立存在的，而是"浸"在一个热库中，系统与系统之间存在热交换，因此相应的量子理论应该能包容系统的激发 (衰减) 与热库的能量释放 (吸收) 两部分功能. 那么, 系统与热库之间是否存在某种量子纠缠呢？

例如, 对于一热场混态, 其密度算符为

$$\rho_c = \text{sech}^2 \theta \exp\left(a^\dagger a \ln \tanh^2 \theta\right), \tag{5.1}$$

其中

$$\tanh \theta = \exp\left(-\frac{\beta \hbar \omega}{2}\right) = \exp\left(-\frac{\hbar \omega}{2 k_B T}\right). \tag{5.2}$$

我们可以通过附加自由度 (以 "~" 表示其模) 的方法构造纯态 $|\rho_1\rangle\langle\rho_1|$, 此纯态对附加自由度的部分求迹满足

$$\text{tr}^{(\sim)} |\rho_1\rangle\langle\rho_1| = \rho_c. \tag{5.3}$$

如何来构造此纯态呢？利用算符恒等式

$$\exp\left(\lambda a^\dagger a\right) =: \exp\left[a^\dagger a \left(e^\lambda - 1\right)\right] :, \tag{5.4}$$

第 5 章 量子主方程

可将式 (5.1) 中的密度算符 ρ_c 化为正规乘积形式

$$\rho_c = \mathrm{sech}^2\theta : \exp\left[a^\dagger a\left(\tanh^2\theta - 1\right)\right]: . \tag{5.5}$$

根据真空投影算符的正规乘积形式 $|0\rangle\langle 0| = :\exp\left(-a^\dagger a\right):$ 和相干态的性质

$$\int \frac{\mathrm{d}^2 z}{\pi} |\tilde{z}\rangle\langle\tilde{z}| = 1, \quad |\tilde{z}\rangle = \exp\left(z\tilde{a}^\dagger - z^*\tilde{a}\right)|\tilde{0}\rangle, \quad \tilde{a}|\tilde{z}\rangle = z|\tilde{z}\rangle, \tag{5.6}$$

其中带 "~" 的 $|\tilde{z}\rangle$ 表示虚态矢,可进一步将式 (5.5) 改写为

$$\begin{aligned}
\rho_c &= \mathrm{sech}^2\theta \int \frac{\mathrm{d}^2 z}{\pi} : \exp\left(-|z|^2 + z^* a^\dagger \tanh\theta + za\tanh\theta - a^\dagger a\right): \\
&= \mathrm{sech}^2\theta \int \frac{\mathrm{d}^2 z}{\pi} \mathrm{e}^{z^* a^\dagger \tanh\theta} |0\rangle\langle 0| \mathrm{e}^{za\tanh\theta} \left|\langle\tilde{0}|\tilde{z}\rangle\right|^2 \\
&= \mathrm{sech}^2\theta \int \frac{\mathrm{d}^2 z}{\pi} \langle\tilde{z}| \mathrm{e}^{a^\dagger \tilde{a}^\dagger \tanh\theta} |0\tilde{0}\rangle\langle 0\tilde{0}| \mathrm{e}^{a\tilde{a}\tanh\theta} |\tilde{z}\rangle,
\end{aligned} \tag{5.7}$$

式中第一步推导利用了积分公式

$$\int \frac{\mathrm{d}^2 z}{\pi} \exp\left(h|z|^2 + sz + fz^*\right) = -\frac{1}{h}\exp\left(-\frac{sf}{h}\right) \quad (\mathrm{Re}\, h < 0). \tag{5.8}$$

对比式 (5.3) 和 (5.7),可见

$$|\rho_1\rangle = \mathrm{sech}\,\theta \exp\left(a^\dagger \tilde{a}^\dagger \tanh\theta\right)|0\tilde{0}\rangle \equiv |0(\beta)\rangle. \tag{5.9}$$

这是一个纯态,称为热真空态. 在极端高温下,热真空态 $|0(\beta)\rangle$ 的极限是

$$\exp\left(a^\dagger \tilde{a}^\dagger\right)|0\tilde{0}\rangle = \sum_{n=0}^{+\infty} |n\tilde{n}\rangle \equiv |I\rangle. \tag{5.10}$$

将平移算符 $D(\eta)$ 作用于 $|I\rangle$,得

$$D(\eta)|I\rangle = \exp\left(-\frac{1}{2}|\eta|^2 + \eta a^\dagger - \eta^* \tilde{a}^\dagger + a^\dagger \tilde{a}^\dagger\right)|0\tilde{0}\rangle \equiv |\eta\rangle. \tag{5.11}$$

可见 $|\eta\rangle$ 为热纠缠态,或称为相干热态.

易见,$|\eta\rangle$ 是 $a - \tilde{a}^\dagger, \tilde{a} - a^\dagger$ 的共同本征态:

$$\left(a - \tilde{a}^\dagger\right)|\eta\rangle = \eta|\eta\rangle, \quad \left(\tilde{a} - a^\dagger\right)|\eta\rangle = -\eta^*|\eta\rangle. \tag{5.12}$$

当 $\eta = 0$ 时,有 $|\eta = 0\rangle = |I\rangle$,

$$a|I\rangle = \tilde{a}^\dagger |I\rangle, \quad a^\dagger |I\rangle = \tilde{a}|I\rangle, \quad (a^\dagger a)^n |I\rangle = (\tilde{a}^\dagger \tilde{a})^n |I\rangle. \tag{5.13}$$

根据式 (5.11),可以进一步求得

$$\begin{aligned} \langle \eta | \tilde{a} | \rho \rangle &= -\left(\frac{\partial}{\partial \eta} + \frac{\eta^*}{2} \right) \langle \eta | \rho \rangle, \quad \langle \eta | a | \rho \rangle = \left(\frac{\partial}{\partial \eta^*} + \frac{\eta}{2} \right) \langle \eta | \rho \rangle, \\ \langle \eta | \tilde{a}^\dagger | \rho \rangle &= \left(\frac{\partial}{\partial \eta^*} - \frac{\eta}{2} \right) \langle \eta | \rho \rangle, \quad \langle \eta | a^\dagger | \rho \rangle = -\left(\frac{\partial}{\partial \eta} - \frac{\eta^*}{2} \right) \langle \eta | \rho \rangle. \end{aligned} \tag{5.14}$$

上述公式在求解主方程时,十分有用.

【例 5.1】 讨论态 $|\psi\rangle = \alpha|0\rangle + \beta|1\rangle$ 经与非门后,相应的密度矩阵 $\rho = |\psi\rangle\langle\psi|$ 如何变化.

解 设系统初态为纯态 (一个量子比特)$|\psi\rangle = \alpha|0\rangle + \beta|1\rangle$ ($|\alpha|^2 + |\beta|^2 = 1$),相应的密度矩阵为 $\rho = |\psi\rangle\langle\psi|$,而环境是一个单量子比特,系统与环境的相互作用由一个与非门代表,初始密度矩阵在 $|0\rangle$ 与 $|1\rangle$ 基上的表示为

$$\rho = |\psi\rangle\langle\psi| = \begin{pmatrix} |\alpha|^2 & \alpha\beta^* \\ \alpha^*\beta & |\beta|^2 \end{pmatrix}, \tag{5.15}$$

其中非对角元代表相干,它是由 $|\psi\rangle$ 中 $|0\rangle$ 与 $|1\rangle$ 的交叠引起的. 系统与环境相互作用使得系统-环境的状态从 $|\psi\rangle \otimes |0\rangle$ 变成 (由与非门作用)

$$\alpha|00\rangle + \beta|11\rangle \equiv |\phi\rangle, \tag{5.16}$$

而最终的密度矩阵 (经过对环境的求迹后) 变为

$$\rho' = \text{tr}^{(\sim)}(|\phi\rangle\langle\phi|) = \begin{pmatrix} |\alpha|^2 & 0 \\ 0 & |\beta|^2 \end{pmatrix}, \tag{5.17}$$

此即退相干. 从 ρ 变为 ρ' 在理论上希望找到一个算符 M_n,使得

$$\rho \mapsto \rho' = \sum_{n=0} M_n \rho M_n^\dagger, \tag{5.18}$$

其中
$$\sum_{n=0} M_n M_n^\dagger = 1, \tag{5.19}$$

M_n 称为克劳斯 (Kraus) 算符.

【例 5.2】 利用热纠缠态表象, 求解描述振幅衰减的主方程

$$\frac{\mathrm{d}\rho}{\mathrm{d}t} = k\left(2a\rho a^\dagger - a^\dagger a\rho - \rho a^\dagger a\right). \tag{5.20}$$

解 将式 (5.20) 的两边作用到 $|I\rangle$ 上, 并利用式 (5.13), 可得

$$\begin{aligned}\frac{\mathrm{d}}{\mathrm{d}t}|\rho\rangle &= k\left(2a\rho a^\dagger - a^\dagger a\rho - \rho a^\dagger a\right)|I\rangle \\ &= k\left(2a\tilde{a} - a^\dagger a - \tilde{a}^\dagger \tilde{a}\right)|\rho\rangle.\end{aligned} \tag{5.21}$$

方程 (5.21) 的形式解为

$$\begin{aligned}|\rho\rangle &= \exp\left[kt\left(2a\tilde{a} - a^\dagger a - \tilde{a}^\dagger \tilde{a}\right)\right]|\rho_0\rangle \\ &= \exp\left\{kt\left[\left(\tilde{a} - a^\dagger\right)a + \left(a - \tilde{a}^\dagger\right)\tilde{a}\right]\right\}|\rho_0\rangle,\end{aligned} \tag{5.22}$$

其中 ρ_0 为初态密度算符, $|\rho_0\rangle \equiv \rho_0|I\rangle$. 将热纠缠态表象 $\langle\eta|$ 作用于式 (5.22), 得

$$\langle\eta|\rho\rangle = \langle\eta|\exp\left\{kt\left[\left(\tilde{a} - a^\dagger\right)a + \left(a - \tilde{a}^\dagger\right)\tilde{a}\right]\right\}|\rho_0\rangle. \tag{5.23}$$

根据式 (5.12) 和 (5.14), 可得

$$\begin{aligned}\langle\eta|\rho\rangle &= \exp\left[-kt\eta^*\left(\frac{\partial}{\partial\eta^*} + \frac{\eta}{2}\right) - kt\eta\left(\frac{\partial}{\partial\eta} + \frac{\eta^*}{2}\right)\right] \\ &= \exp\left[-kt\left(\eta\eta^* + \eta^*\frac{\partial}{\partial\eta^*} + \eta\frac{\partial}{\partial\eta}\right)\right]\langle\eta|\rho_0\rangle.\end{aligned} \tag{5.24}$$

利用 $\eta = re^{\mathrm{i}\varphi}, r = |\eta|$, 得

$$\begin{aligned}\frac{\partial}{\partial\eta} &= \frac{1}{2}e^{-\mathrm{i}\varphi}\left(\frac{\partial}{\partial r} - \frac{\mathrm{i}}{r}\frac{\partial}{\partial\varphi}\right), \quad \frac{\partial}{\partial\eta^*} = \frac{1}{2}e^{\mathrm{i}\varphi}\left(\frac{\partial}{\partial r} + \frac{\mathrm{i}}{r}\frac{\partial}{\partial\varphi}\right), \\ \eta^*\frac{\partial}{\partial\eta^*} &+ \eta\frac{\partial}{\partial\eta} = r\frac{\partial}{\partial r},\end{aligned} \tag{5.25}$$

同时也有
$$\left[r\frac{\partial}{\partial r}, r^2\right] = 2r^2, \tag{5.26}$$

以及算符公式
$$\exp\left[\lambda(A+\sigma B)\right] = \exp(\lambda A)\exp\left[\frac{\sigma B}{\tau}\left(1-\mathrm{e}^{-\lambda\tau}\right)\right]$$
$$= \exp\left[\frac{\sigma B}{\tau}\left(1-\mathrm{e}^{-\lambda\tau}\right)\right]\exp(\lambda A). \tag{5.27}$$

上式成立的条件是 $[A,B] = \tau B$，于是式 (5.24) 可以重新表达为
$$\langle\eta|\rho\rangle = \exp\left[-kt\left(r^2 + r\frac{\partial}{\partial r}\right)\right]\langle\eta|\rho_0\rangle$$
$$= \exp\left[\frac{r^2}{2}\left(\mathrm{e}^{-2kt}-1\right)\right]\exp\left(-ktr\frac{\partial}{\partial r}\right)\langle r\mathrm{e}^{\mathrm{i}\varphi}|\rho_0\rangle$$
$$= \mathrm{e}^{-Tr^2/2}\langle\eta\mathrm{e}^{-kt}|\rho_0\rangle, \tag{5.28}$$

其中 $T = 1 - \mathrm{e}^{-2kt}$. 上式明显表述了 $\eta \to \eta\mathrm{e}^{-kt}$ 的衰减，体现了纠缠态表象的优点.

根据热纠缠态表象完备性和式 (5.28)，可知
$$|\rho\rangle = \int\frac{\mathrm{d}^2\eta}{\pi}|\eta\rangle\langle\eta|\rho\rangle$$
$$= \int\frac{\mathrm{d}^2\eta}{\pi}|\eta\rangle\mathrm{e}^{-T|\eta|^2/2}\langle\eta\mathrm{e}^{-kt}|\rho_0\rangle$$
$$= \int\frac{\mathrm{d}^2\eta}{\pi} : \exp\left[-|\eta|^2 + \eta\left(a^\dagger - \mathrm{e}^{-kt}\tilde{a}\right) + \eta^*\left(a\mathrm{e}^{-kt} - \tilde{a}^\dagger\right)\right.$$
$$\left.+ a^\dagger\tilde{a}^\dagger + a\tilde{a} - a^\dagger a - \tilde{a}^\dagger\tilde{a}\right] :$$
$$=: \exp\left[\left(a^\dagger - \mathrm{e}^{-kt}\tilde{a}\right)\left(a\mathrm{e}^{-kt} - \tilde{a}^\dagger\right) + a^\dagger\tilde{a}^\dagger + a\tilde{a} - a^\dagger a - \tilde{a}^\dagger\tilde{a}\right] : |\rho_0\rangle$$
$$= \exp\left[-kt\left(a^\dagger a + \tilde{a}^\dagger\tilde{a}\right)\right]\exp\left[\left(1-\mathrm{e}^{-2kt}\right)a\tilde{a}\right]|\rho_0\rangle, \tag{5.29}$$

式中最后一步推导利用了算符公式
$$\exp\left(\lambda a^\dagger a\right) =: \exp\left[\left(\mathrm{e}^\lambda - 1\right)a^\dagger a\right] :. \tag{5.30}$$

由式 (5.13), 可将式 (5.29) 化为

$$|\rho\rangle = \exp\left[-kt\left(a^\dagger a + \tilde{a}^\dagger \tilde{a}\right)\right] \sum_{n=0}^{+\infty} \frac{T^n}{n!} a^n \tilde{a}^n \rho_0 |I\rangle$$

$$= \sum_{n=0}^{+\infty} \frac{T^n}{n!} \mathrm{e}^{-kta^\dagger a} a^n \rho_0 a^{\dagger n} \mathrm{e}^{-kta^\dagger a} |I\rangle. \tag{5.31}$$

至此, 我们可以求得密度算符 ρ 的算符求和形式

$$\rho = \sum_{n=0}^{+\infty} \frac{T^n}{n!} \mathrm{e}^{-kta^\dagger a} a^n \rho_0 a^{\dagger n} \mathrm{e}^{-kta^\dagger a} \equiv \sum_{n=0}^{+\infty} \frac{T^n}{n!} \rho_n. \tag{5.32}$$

【例 5.3】 当光与原子相互作用时, 原子的约化密度矩阵主方程是

$$\frac{\mathrm{d}}{\mathrm{d}t}\rho = K\left(2J_-\rho J_+ - J_+ J_- \rho - \rho J_+ J_-\right) + G\left(2J_+\rho J_- - J_- J_+ \rho - \rho J_- J_+\right), \tag{5.33}$$

其中 K, G 分别为耗散系数和增益系数, J_+, J_- 分别为描述原子上升和下降的角动量算符, 满足对易关系

$$[J_+, J_-] = 2J_z, \quad [J_\pm, J_z] = \mp J_\pm. \tag{5.34}$$

求解此主方程, 并讨论 $t \to +\infty$ 时的演化.

解 在 su(2) 代数的 $2j+1$ 维空间, 可取角动量表达式为

$$\begin{aligned}
(J_+)_{\alpha\beta} &= \delta_{\alpha+1,\beta}\sqrt{\alpha(2j-\alpha+1)}, \\
(J_-)_{\alpha\beta} &= \delta_{\alpha,\beta+1}\sqrt{\beta(2j-\beta+1)}, \\
(J_z)_{\alpha\beta} &= (j+1-\alpha)\delta_{\alpha\beta}.
\end{aligned} \tag{5.35}$$

在此情形下, 可知

$$(J_-\rho J_+)_{\alpha\beta} = 2\delta_{\alpha,\gamma+1}\sqrt{\gamma(2j-\gamma+1)}\rho_{\gamma\epsilon}\delta_{\epsilon+1,\beta}\sqrt{\epsilon(2j-\epsilon+1)}$$

$$= 2\sqrt{(\alpha-1)(2j-\alpha+2)}\sqrt{(\beta-1)(2j-\beta+2)}\rho_{\alpha-1,\beta-1},$$

$$(J_+J_-\rho)_{\alpha\beta} = \alpha(2j-\alpha+1)\rho_{\alpha\beta},$$

$$(J_+J_-\rho)_{\alpha\beta} = \beta(2j-\beta+1)\rho_{\alpha\beta},$$

$$(J_+\rho J_-)_{\alpha\beta} = 2\delta_{\alpha+1,\gamma}\sqrt{\alpha(2j-\alpha+1)}\rho_{\gamma\epsilon}\delta_{\epsilon,\beta+1}\sqrt{\beta(2j-\beta+1)}$$

$$= 2\sqrt{\alpha(2j-\alpha+1)}\sqrt{\beta(2j-\beta+1)}\rho_{\alpha+1,\beta+1},$$

$$(J_-J_+\rho)_{\alpha\beta} = (\alpha-1)(2j-\alpha+2)\rho_{\alpha\beta},$$

$$(J_-J_+\rho)_{\alpha\beta} = (\beta-1)(2j-\beta+2)\rho_{\alpha\beta}. \tag{5.36}$$

为便于讨论, 我们讨论 $j=\dfrac{1}{2}$ 时的情况, 即

$$J_+ = \begin{pmatrix} 0 & 1 \\ 0 & 0 \end{pmatrix}, \quad J_- = \begin{pmatrix} 0 & 0 \\ 1 & 0 \end{pmatrix}. \tag{5.37}$$

将密度矩阵写为

$$\rho = \begin{pmatrix} \rho_{11} & \rho_{12} \\ \rho_{21} & \rho_{22} \end{pmatrix}, \tag{5.38}$$

于是

$$\frac{\mathrm{d}}{\mathrm{d}t}\rho = K(2J_-\rho J_+ - J_+J_-\rho - \rho J_+J_-) + G(2J_+\rho J_- - J_-J_+\rho - \rho J_-J_+)$$

$$= \begin{pmatrix} 2G\rho_{22} - 2K\rho_{11} & -(K+G)\rho_{12} \\ -(K+G)\rho_{21} & 2K\rho_{11} - 2G\rho_{22} \end{pmatrix}, \tag{5.39}$$

所以

$$\frac{\mathrm{d}}{\mathrm{d}t}\begin{pmatrix} \rho_{12} \\ \rho_{21} \end{pmatrix} = -(K+G)\begin{pmatrix} \rho_{12} \\ \rho_{21} \end{pmatrix}. \tag{5.40}$$

求解方程 (5.40), 得

$$\rho_{12}(t) = \exp[-(K+G)t]\rho_{12}(0),$$
$$\rho_{21}(t) = \exp[-(K+G)t]\rho_{21}(0). \tag{5.41}$$

当 $t \to +\infty$ 时, 式 (5.39) 变为

$$\frac{\mathrm{d}}{\mathrm{d}t}\begin{pmatrix} \rho_{11} \\ \rho_{22} \end{pmatrix} = 2\begin{pmatrix} -K & G \\ K & -G \end{pmatrix}\begin{pmatrix} \rho_{11} \\ \rho_{22} \end{pmatrix}, \tag{5.42}$$

其解为

$$\begin{aligned}\rho_{11}(t) &= \frac{G}{K+G} + \left[\rho_{11}(0) - \frac{G}{K+G}\right]\exp\left[-(K+G)t\right],\\ \rho_{22}(t) &= \frac{K}{K+G} - \left[\rho_{11}(0) - \frac{G}{K+G}\right]\exp\left[-(K+G)t\right].\end{aligned} \quad (5.43)$$

所以当 $t \to +\infty$ 时, $\rho_{11}(t)$ 和 $\rho_{22}(t)$ 分别趋向于 $\frac{G}{K+G}$, $\frac{K}{K+G}$.

【例 5.4】 证明: 混态 ρ 的威格纳 (Wigner) 函数

$$W(\alpha) = 2\pi \mathrm{tr}\left[\Delta(\alpha)\rho\right], \quad (5.44)$$

其中

$$\Delta(\alpha) = \frac{1}{\pi}:\exp\left[-2\left(a^\dagger - \alpha^*\right)(a-\alpha)\right]: = \frac{1}{\pi}(-1)^N D(-2\alpha), \quad (5.45)$$

可变形为密度算符在纯相干热态 $\langle \xi = 2\alpha |$ 与 $|I\rangle$ 中的矩阵元, 即

$$W(\alpha) = 2\langle \xi = 2\alpha |\rho| I\rangle, \quad (5.46)$$

式中

$$|\xi\rangle = \exp\left(-\frac{1}{2}|\xi|^2 + \xi a^\dagger + \xi^* \tilde{a}^\dagger - a^\dagger \tilde{a}^\dagger\right)|0\tilde{0}\rangle.$$

证明 利用粒子数态的完备性, 可知

$$\begin{aligned}W(\alpha) &= 2\pi \sum_{n=0}^{+\infty} \langle n|\Delta(\alpha)\rho|n\rangle \\ &= 2\pi \sum_{n,m=0}^{+\infty} \langle n,\tilde{n}|\Delta(\alpha)\rho|m,\tilde{m}\rangle \\ &= 2\pi \langle I|\Delta(\alpha)\rho|I\rangle \\ &= 2\langle I|(-1)^N D(-2\alpha)|I\rangle \\ &= 2\langle \xi = 2\alpha|\rho|I\rangle,\end{aligned} \quad (5.47)$$

其中第二步推导扩展了福克空间的自由度, 即引入虚态矢 $|\tilde{n}\rangle$.

【例 5.5】 在量子光学中,密度算符 ρ 的特征函数定义为

$$\mathrm{tr}\left(e^{\lambda a^\dagger - \lambda^* a}\rho\right) \equiv \chi(\lambda), \tag{5.48}$$

试证明: 在相干热态中,密度算符特征函数的计算公式为

$$\chi(\lambda) = \int \frac{d^2\alpha}{\pi} \exp(\lambda\alpha^* - \lambda\alpha) W(\alpha) = \langle \eta = -\lambda | \rho \rangle. \tag{5.49}$$

证明 根据式 (5.45),得

$$2\int d^2\alpha \exp\left(\lambda a^\dagger - \lambda^* a\right) \Delta(\alpha)$$

$$= 2\int \frac{d^2\alpha}{\pi} : \exp\left(-2|\alpha|^2 + 2\alpha^* a + 2a^\dagger \alpha - 2a^\dagger a + \lambda\alpha^* - \lambda^*\alpha\right) :$$

$$= : \exp\left(\lambda a^\dagger - \lambda^* a - \frac{|\lambda|^2}{2}\right) :$$

$$= \exp\left(\lambda a^\dagger - \lambda^* a\right), \tag{5.50}$$

于是

$$\chi(\lambda) = 2\int d^2\alpha \exp(\lambda\alpha^* - \lambda^*\alpha) \mathrm{tr}[\Delta(\alpha)\rho] = \int \frac{d^2\alpha}{\pi} \exp(\lambda\alpha^* - \lambda^*\alpha) W(\alpha). \tag{5.51}$$

上式体现了特征函数 $\chi(\lambda)$ 与威格纳函数 $W(\alpha)$ 的关系.

由共轭纠缠态 $\langle\xi|$ 与 $\langle\eta|$ 的内积

$$\langle\xi|\eta\rangle = \frac{1}{2}\exp\left[\frac{1}{2}(\xi^*\eta - \xi\eta^*)\right], \tag{5.52}$$

可在式 (5.46) 中插入热相干态 $|\eta\rangle$ 的完备性关系式,得

$$W(\alpha) = 2\langle\xi = 2\alpha|\int \frac{d^2\eta}{\pi}|\eta\rangle\langle\eta|\rho\rangle. \tag{5.53}$$

将式 (5.53) 代入式 (5.51),得

$$\chi(\lambda) = \int \frac{d^2\eta}{\pi^2}\int d^2\alpha \exp(\alpha^*\eta - \alpha\eta^* + \lambda\alpha^* - \lambda^*\alpha)\langle\eta|\rho\rangle$$

$$= \int d^2\eta \delta(\lambda+\eta)\delta(\lambda^*+\eta^*)\langle\eta|\rho\rangle$$

$$= \langle\eta = -\lambda|\rho\rangle. \tag{5.54}$$

5.2 习题

1. 讨论密度算符为 $(1-\mathrm{e}^f)\mathrm{e}^{fa^\dagger a}$ 的混沌场经过振幅衰减通道的演化.
2. 利用热纠缠态表象, 求解主方程

$$\frac{\mathrm{d}\rho}{\mathrm{d}t} = g\left(2a^\dagger\rho a - aa^\dagger\rho - \rho aa^\dagger\right) + k\left(2a^\dagger\rho a - a^\dagger a\rho - \rho a^\dagger a\right). \tag{5.55}$$

3. 讨论初态为 $\rho_0 = (1-\mathrm{e}^f)\mathrm{e}^{fa^\dagger a}$ 的混沌场经过第 2 题中所指的量子通道 (振幅衰减–增益通道) 是如何演化的.
4. 对于压缩真空态

$$\rho_0 = (\mathrm{sech}\,\lambda)\mathrm{e}^{\frac{\tanh\lambda}{2}a^{\dagger 2}}|0\rangle\langle 0|\mathrm{e}^{\frac{\tanh\lambda}{2}a^2}, \tag{5.56}$$

讨论其经振幅耗散通道 (主方程见例 5.2) 后的演化.

5. 两个单模主方程

$$\frac{\mathrm{d}\rho_1(t)}{\mathrm{d}t} = \kappa\left(2a\rho a^\dagger - a^\dagger a\rho - \rho a^\dagger a\right), \tag{5.57}$$

$$\frac{\mathrm{d}\rho_2(t)}{\mathrm{d}t} = \kappa\left(2b\rho b^\dagger - b^\dagger b\rho - \rho b^\dagger b\right) \tag{5.58}$$

可组合为一个双模主方程, 即

$$\frac{\mathrm{d}\rho}{\mathrm{d}t} = \kappa\left(2a\rho a^\dagger - a^\dagger a\rho - \rho a^\dagger a\right) + \kappa\left(2b\rho b^\dagger - b^\dagger b\rho - \rho b^\dagger b\right). \tag{5.59}$$

求解此主方程, 并讨论纯双模压缩态 $\rho(0) = (\mathrm{sech}^2\lambda)\mathrm{e}^{a^\dagger b^\dagger\tanh\lambda}|00\rangle\langle 00|\mathrm{e}^{ab\tanh\lambda}$ 的演化.

6. 利用热纠缠态表象, 求解下列主方程：

(1) $\dfrac{\mathrm{d}\rho}{\mathrm{d}t} = -\mathrm{i}\omega\left[a^\dagger a, \rho\right]$;

(2) $\dfrac{\mathrm{d}\rho}{\mathrm{d}t} = -\gamma\left[a^\dagger a, \left[a^\dagger a, \rho\right]\right]$;

(3) $\dfrac{\mathrm{d}\rho}{\mathrm{d}t} = (-\mathrm{i})^3 \gamma \left[a^\dagger a, [a^\dagger a, [a^\dagger a, \rho]]\right].$

7. 在式 (5.32) 中, 若初态为粒子数态 $\rho_0 = |m\rangle\langle m|$, 试讨论其密度算符 ρ 随时间的演化情况.

8. 初态为压缩混沌态

$$\rho_0 = S(r)\rho_c S^\dagger(r), \tag{5.60}$$

其中 $S(r) = \exp\left[\mathrm{i}r(QP+PQ)/2\right]$ 是单模压缩算符, $[Q,P] = \mathrm{i}$, $\hbar = 1$, r 为压缩参数, $\rho_c = (1-\mathrm{e}^\lambda)\mathrm{e}^{\lambda a^\dagger a}$, 试讨论其在式 (5.32) 支配下的演化.

9. 通过引入非线性算符 $\dfrac{1}{f(N-1)}a^\dagger$ 和 $f(N)a$, 其中 $a^\dagger$ 与 a 分别为玻色算符的产生算符和湮灭算符, $[a,a^\dagger] = 1$, $N = a^\dagger a$ 是粒子数算符, $f(N)$ 是关于 N 的函数, 我们可建立如下非线性主方程:

$$\dfrac{\mathrm{d}\rho}{\mathrm{d}t} = \kappa\left[2f(N)a\rho\dfrac{1}{f(N-1)}a^\dagger - a^\dagger a\rho - \rho a^\dagger a\right], \tag{5.61}$$

试利用热纠缠态表象求解此主方程.

10. 构建三模福克空间的热纠缠态表象

$$|\eta,\sigma\rangle_\theta = \exp\left[-\dfrac{1}{2}\left(|\eta|^2+|\sigma|^2\right) + \tilde{a}^\dagger\left(a_1^\dagger - \eta^*\right)\cos\theta \right.$$
$$\left. + \tilde{a}^\dagger\left(a_2^\dagger - \sigma^*\right)\sin\theta + \eta a_1^\dagger + \sigma a_2^\dagger\right]|00\tilde{0}\rangle, \tag{5.62}$$

利用它求解双模主方程

$$\dfrac{\mathrm{d}\rho}{\mathrm{d}t} = \kappa\left[2(a_1\cos\theta + a_2\sin\theta)\rho\left(a_1^\dagger\cos\theta + a_2^\dagger\sin\theta\right)\right.$$
$$- \left(a_1^\dagger\cos\theta + a_2^\dagger\sin\theta\right)(a_1\cos\theta + a_2\sin\theta)\rho$$
$$\left. - \rho\left(a_1^\dagger\cos\theta + a_2^\dagger\sin\theta\right)(a_1\cos\theta + a_2\sin\theta)\right]. \tag{5.63}$$

11. 利用 $\chi(\lambda) = \langle\eta=-\lambda|\rho\rangle$, 求以下密度算符的特征函数:

(1) 纯相干态 $\rho = |z\rangle\langle z|$;

(2) 平移混沌场 $\rho = (1-\mathrm{e}^{-\beta})D(-\gamma)\mathrm{e}^{-\beta a^\dagger a}D^\dagger(\gamma)$.

12. 在量子光学中, 单模光场在时间间隔 T 内检测到 m 个光子的概率为

$$p(m,T) = \text{tr}\left[\rho : \frac{\left(\xi a^\dagger a\right)^m}{m!} e^{-\xi a^\dagger a} :\right], \tag{5.64}$$

这里 $\xi \propto T$ 是检测器的量子检测效率, ρ 是待测单模场的密度算符.

(1) 求光子计数公式 (5.64) 在相干态表象中的表示.

(2) 如何将式 (5.64) 用威格纳函数来表示?

5.3 习题解答

1. 对于压缩混沌场的密度算符

$$\rho_0 = \left(1 - e^f\right) e^{f a^\dagger a}, \tag{5.65}$$

利用相干态的完备性关系式 $\int \frac{d^2 z}{\pi} |z\rangle\langle z| = 1$, 可知

$$\begin{aligned}\text{tr}\,\rho_0 &= \text{tr}\left[\left(1 - e^f\right) e^{f a^\dagger a}\right] = \left(1 - e^f\right) \int \frac{d^2 z}{\pi} \langle z| : e^{(e^f - 1) a^\dagger a} : |z\rangle \\&= \left(1 - e^f\right) \int \frac{d^2 z}{\pi} e^{(e^f - 1)|z|^2} = 1,\end{aligned} \tag{5.66}$$

确实满足对密度算符的要求. 粒子数平均值为

$$\begin{aligned}\left(1 - e^f\right) \text{tr}\left(e^{f a^\dagger a} a^\dagger a\right) &= \left(1 - e^f\right) \frac{\partial}{\partial f} \text{tr}\, e^{f a^\dagger a} = \left(1 - e^f\right) \frac{\partial}{\partial f} \frac{1}{1 - e^f} \\&= \frac{e^f}{1 - e^f} = \left(e^{-f} - 1\right)^{-1},\end{aligned} \tag{5.67}$$

因此 $\left(1 - e^f\right) e^{f a^\dagger a}$ 可以作为密度算符. 对于哈密顿量为 $H = \omega \hbar a^\dagger a$ 的光场, 其密度算符为 $e^{-\beta H}$, 其中 $\beta = 1/(k_B T)$. 对照式 (5.65), 令 $f = -\omega \hbar/(k_B T)$, 由玻色统计及式 (5.67) 给出粒子数 n 的值:

$$\left(e^{-f} - 1\right)^{-1} = \left(e^{\frac{\omega \hbar}{k_B T}} - 1\right)^{-1} = n, \quad \frac{e^f - 1}{e^f + 1} = -\frac{1}{2n + 1}. \tag{5.68}$$

于是由式 (5.32), 可知

$$\rho_n = e^{-\kappa t a^\dagger a} a^n \rho_0 a^{\dagger n} e^{-\kappa t a^\dagger a} = \left(1 - e^f\right) e^{2n\kappa t} a^n e^{(f-2\kappa t)a^\dagger a} a^{\dagger n}. \tag{5.69}$$

令

$$\lambda = f - 2\kappa t. \tag{5.70}$$

利用 IWOP 技术, 得

$$\begin{aligned}
a^n e^{\lambda a^\dagger a} a^{\dagger n} &= a^n \int \frac{\mathrm{d}^2 z}{\pi} e^{\lambda a^\dagger a} |z\rangle \langle z| a^{\dagger n} \\
&= a^n \int \frac{\mathrm{d}^2 z}{\pi} e^{-|z|^2/2} e^{\lambda a^\dagger a} e^{z a^\dagger} e^{-\lambda a^\dagger a} |0\rangle \langle z| a^{\dagger n} \\
&= \int \frac{\mathrm{d}^2 z}{\pi} a^n e^{-|z|^2/2} e^{z a^\dagger e^\lambda} |0\rangle \langle z| a^{\dagger n}.
\end{aligned} \tag{5.71}$$

根据积分公式

$$\int \frac{\mathrm{d}^2 z}{\pi} \exp(\zeta |z|^2 + \xi z + \eta z^*) z^n z^{*m} = e^{-\xi \eta/\zeta} \sum_{l=0} \frac{m!n!\xi^{m-l}\eta^{n-l}}{l!(m-l)!(n-l)!(-\zeta)^{m+n-l+1}}, \tag{5.72}$$

有

$$\begin{aligned}
a^n e^{\lambda a^\dagger a} a^{\dagger n} &= \int \frac{\mathrm{d}^2 z}{\pi} : \exp\left(-|z|^2 + z a^\dagger e^\lambda + z^* a - a^\dagger a\right) \left(z e^\lambda\right)^n z^{*n} : \\
&= : e^{\lambda n} \exp\left[\left(e^\lambda - 1\right) a^\dagger a\right] \sum_{l=0}^{n} \frac{(n!)^2 \left(a^\dagger a e^\lambda\right)^{n-l}}{l! [(n-l)!]^2} : .
\end{aligned} \tag{5.73}$$

由拉盖尔多项式

$$L_n(x) = \sum_{l=0}^{n} \frac{(-x)^l n!}{(l!)^2 (n-l)!}, \tag{5.74}$$

得

$$a^n e^{\lambda a^\dagger a} a^{\dagger n} = n! e^{\lambda n} : \exp\left[\left(e^\lambda - 1\right) a^\dagger a\right] L_n\left(-a^\dagger a e^\lambda\right) : . \tag{5.75}$$

拉盖尔多项式的母函数为

$$\sum_{n=0}^{+\infty} z^n L_n(x) = \frac{1}{1-z} \exp\left(\frac{xz}{z-1}\right). \tag{5.76}$$

注意到 $\lambda = f - 2\kappa t$, $e^\lambda e^{2\kappa t} = e^f$, 于是 t 时刻的密度算符为

$$\rho(t) = \sum_{n=0}^{+\infty} \frac{T^n}{n!} \rho_n = (1 - e^f) \sum_{n=0}^{+\infty} (e^f T)^n : L_n(-e^\lambda a^\dagger a) \exp\left[(e^\lambda - 1) a^\dagger a\right] :$$

$$= \frac{1 - e^f}{1 - e^f T} : \exp\left[\left(e^\lambda - 1 - \frac{e^\lambda e^f T}{e^f T - 1}\right) a^\dagger a\right] :$$

$$= \frac{1 - e^f}{1 - e^f T} : \exp\left[\left(\frac{1}{e^{-\lambda} - T e^{2\kappa t}} - 1\right) a^\dagger a\right] :$$

$$= \frac{1 - e^f}{1 - e^f T} \exp\left[a^\dagger a \ln \frac{1}{e^{-\lambda} - T e^{2\kappa t}}\right]$$

$$= \frac{1 - e^f}{1 - e^f (1 - e^{-2\kappa t})} \exp\left[-a^\dagger a \ln \left(e^{-f + 2\kappa t} - e^{2\kappa t} + 1\right)\right]$$

$$= \frac{1 - e^f}{1 - e^f (1 - e^{-2\kappa t})} \exp\left\{-a^\dagger a \ln \left[(e^{-f} - 1) e^{2\kappa t} + 1\right]\right\}. \tag{5.77}$$

点评 我们可验证上述结果的正确性. 令

$$-\ln\left[(e^{-f} - 1) e^{2\kappa t} + 1\right] = f', \tag{5.78}$$

于是

$$1 - e^{f'} = 1 - \frac{1}{(e^{-f} - 1) e^{2\kappa t} + 1} = \frac{(e^{-f} - 1) e^{2\kappa t}}{(e^{-f} - 1) e^{2\kappa t} + 1}$$

$$= \frac{1 - e^f}{(1 - e^f) + e^f e^{-2\kappa t}} = \frac{1 - e^f}{1 - e^f (1 - e^{-2\kappa t})}, \tag{5.79}$$

因而式 (5.77) 可化简为

$$\rho(t) = \left(1 - e^{f'}\right) e^{f' a^\dagger a}. \tag{5.80}$$

与 $(1 - e^f) e^{f a^\dagger a}$ 对比, 可知

$$e^{f'} = \frac{1}{(e^{-f} - 1) e^{2\kappa t} + 1}, \tag{5.81}$$

于是平均粒子数为

$$\mathrm{tr}\left[a^\dagger a \rho(t)\right] = \left(e^{-f'} - 1\right)^{-1} = \left(e^{-f} - 1\right)^{-1} e^{-2\kappa t}. \tag{5.82}$$

2. 提示：此题求解方法类似于例 5.2，结果为

$$\rho(t) = T_3 \sum_{l,j=0}^{+\infty} \frac{\kappa^l g^j}{l! j!} T_1^{l+j} a^{\dagger j} e^{a^\dagger a \ln T_2} a^l \rho_0 a^{\dagger l} e^{a^\dagger a \ln T_2} a^j$$

$$= T_3 \sum_{l,j=0}^{+\infty} \frac{\kappa^l g^j}{l! j!} T_1^{l+j} \rho_{lj}, \tag{5.83}$$

其中

$$\rho_{lj} \equiv a^{\dagger j} e^{a^\dagger a \ln T_2} a^l \rho_0 a^{\dagger l} e^{a^\dagger a \ln T_2} a^j, \tag{5.84}$$

$$T_1 = \frac{1 - e^{-2(\kappa-g)t}}{\kappa - g e^{-2t(\kappa-g)}}, \quad T_2 = \frac{e^{-(\kappa-g)t}}{\kappa - g e^{-2t(\kappa-g)}}(\kappa-g), \quad T_3 = \frac{\kappa-g}{\kappa - g e^{-2t(\kappa-g)}}. \tag{5.85}$$

特例：当 $g=0$ 时，由 $T_1 = \frac{1-e^{-2\kappa t}}{\kappa}$，$T_2 = e^{-\kappa t}$，$T_3 = 1$，可知式 (5.83) 退化为式 (5.32).

3. 对于混沌光场 $\rho_0 = (1-e^f) e^{fa^\dagger a}$，由 $e^{fa^\dagger a}|z\rangle = e^{-|z|^2/2} e^{za^\dagger e^f}|0\rangle$ 和 $e^{fa^\dagger a} a^\dagger e^{-fa^\dagger a} = e^f a^\dagger$，以及式 (5.84)，可知

$$\rho_{lj} = (1-e^f) a^{\dagger j} e^{a^\dagger a \ln T_2} a^l e^{fa^\dagger a} a^{\dagger l} e^{a^\dagger a \ln T_2} a^j$$

$$= (1-e^f) a^{\dagger j} e^{a^\dagger a \ln T_2} a^l \int \frac{d^2 z}{\pi} e^{fa^\dagger a}|z\rangle\langle z| z^{*l} e^{a^\dagger a \ln T_2} a^j$$

$$= (1-e^f) a^{\dagger j} \int \frac{d^2 z}{\pi} z^{*l} (ze^f)^l e^{-|z|^2} e^{a^\dagger a \ln T_2} e^{ze^f a^\dagger}|0\rangle\langle 0| e^{z^* a T_2} a^j$$

$$= (1-e^f) a^{\dagger j} \int \frac{d^2 z}{\pi} z^{*l} (ze^f)^l e^{-|z|^2} e^{zT_2 e^f a^\dagger}|0\rangle\langle 0| e^{z^* a T_2} a^j$$

$$= (1-e^f) : (a^\dagger a)^j e^{lf} \int \frac{d^2 z}{\pi} z^{*l} z^l \exp(-|z|^2 + z^* a T_2 + z T_2 e^f a^\dagger - a^\dagger a) : . \tag{5.86}$$

进一步，由公式

$$H_{m,n}(\xi, \eta) = (-1)^n e^{\xi\eta} \int \frac{d^2 z}{\pi} z^n z^{*m} \exp(-|z|^2 + \xi z - \eta z^*), \tag{5.87}$$

其中 $H_{m,n}$ 是双变量厄米多项式，对式 (5.86) 进行积分，得

$$\rho_{lj} = (1-e^f) : (-1)^l (a^\dagger a)^j e^{lf} \exp(T_2^2 e^f a^\dagger a - a^\dagger a) H_{l,l}(T_2 e^f a^\dagger, -aT_2) :$$

$$= \left(1-\mathrm{e}^f\right) : l!\left(a^\dagger a\right)^j \mathrm{e}^{lf} \exp\left(T_2^2 \mathrm{e}^f a^\dagger a - a^\dagger a\right) \mathrm{L}_l\left(-T_2^2 \mathrm{e}^f a^\dagger a\right) : . \tag{5.88}$$

在上式的最后一步用到了

$$\mathrm{L}_m(xy) = \frac{(-1)^m}{m!} \mathrm{H}_{m,m}(x,y). \tag{5.89}$$

将式 (5.88) 代入式 (5.83), 得到

$$\rho(t) = T_3 \sum_{l,j=0}^{+\infty} \frac{\kappa^l g^j}{l! j!} T_1^{l+j} \rho_{lj}$$

$$= \left(1-\mathrm{e}^f\right) T_3 : \exp\left(T_2^2 \mathrm{e}^f a^\dagger a - a^\dagger a\right) \sum_{l,j=0}^{+\infty} \frac{\left(T_1 g a^\dagger a\right)^j}{j!} \left(\kappa T_1 \mathrm{e}^f\right)^l \mathrm{L}_l\left(-T_2^2 \mathrm{e}^f a^\dagger a\right) :$$

$$= \frac{\left(1-\mathrm{e}^f\right) T_3}{1-\kappa T_1 \mathrm{e}^f} : \exp\left[\left(T_2^2 \mathrm{e}^f + T_1 g - \frac{\kappa T_1 T_2^2 \mathrm{e}^{2f}}{\kappa T_1 \mathrm{e}^f - 1} - 1\right) a^\dagger a\right] :$$

$$= \frac{\left(1-\mathrm{e}^f\right) T_3}{1-\kappa T_1 \mathrm{e}^f} \exp\left[a^\dagger a \ln\left(T_2^2 \mathrm{e}^f + T_1 g - \frac{\kappa T_1 T_2^2 \mathrm{e}^{2f}}{\kappa T_1 \mathrm{e}^f - 1}\right)\right]. \tag{5.90}$$

4. 对于振幅耗散通道, 其主方程的解为

$$\rho(t) = \sum_{n=0}^{+\infty} \frac{T^n}{n!} \mathrm{e}^{-\kappa t a^\dagger a} a^n \rho_0 a^{\dagger n} \mathrm{e}^{-\kappa t a^\dagger a} \quad (T = 1 - \mathrm{e}^{-2\kappa t}). \tag{5.91}$$

根据

$$a^n \mathrm{e}^{\frac{\tanh \lambda}{2} a^{\dagger 2}} |0\rangle = \mathrm{e}^{\frac{\tanh \lambda}{2} a^{\dagger 2}} \mathrm{e}^{-\frac{\tanh \lambda}{2} a^{\dagger 2}} a^n \mathrm{e}^{\frac{\tanh \lambda}{2} a^{\dagger 2}} |0\rangle$$

$$= \mathrm{e}^{\frac{\tanh \lambda}{2} a^{\dagger 2}} \left(a + a^\dagger \tanh \lambda\right)^n |0\rangle, \tag{5.92}$$

其中用到了算符公式

$$\mathrm{e}^{\mathrm{i}\lambda \hat{A}} \hat{B} \mathrm{e}^{-\mathrm{i}\lambda \hat{A}} = \hat{B} + \mathrm{i}\lambda \left[\hat{A}, \hat{B}\right] + \frac{(\mathrm{i}\lambda)^2}{2!}\left[\hat{A}, \left[\hat{A}, \hat{B}\right]\right] + \cdots, \tag{5.93}$$

再利用算符恒等式

$$\left(\mu a + \nu a^\dagger\right)^m = \left(-\mathrm{i}\sqrt{\frac{\mu\nu}{2}}\right)^m : \mathrm{H}_m\left(\mathrm{i}\sqrt{\frac{\mu}{2\nu}} a + \mathrm{i}\sqrt{\frac{\nu}{2\mu}} a^\dagger\right) :, \tag{5.94}$$

其中 H(x) 是厄米多项式, 可得

$$(a+a^\dagger \tanh\lambda)^n = \left(-\mathrm{i}\sqrt{\frac{\tanh\lambda}{2}}\right)^n : \mathrm{H}_n\left(\mathrm{i}\sqrt{\frac{1}{2\tanh\lambda}}a+\mathrm{i}\sqrt{\frac{\tanh\lambda}{2}}a^\dagger\right):. \quad (5.95)$$

于是式 (5.92) 可改写为

$$a^n \mathrm{e}^{\frac{\tanh\lambda}{2}a^{\dagger 2}}|0\rangle = \left(-\mathrm{i}\sqrt{\frac{\tanh\lambda}{2}}\right)^n \mathrm{e}^{\frac{\tanh\lambda}{2}a^{\dagger 2}}\mathrm{H}_n\left(\mathrm{i}\sqrt{\frac{\tanh\lambda}{2}}a^\dagger\right)|0\rangle. \quad (5.96)$$

由

$$\mathrm{e}^{-\kappa t a^\dagger a}a^\dagger \mathrm{e}^{\kappa t a^\dagger a} = a^\dagger \mathrm{e}^{-\kappa t}, \quad \mathrm{e}^{\kappa t a^\dagger a}a\mathrm{e}^{-\kappa t a^\dagger a} = a\mathrm{e}^{-\kappa t}, \quad (5.97)$$

$$|0\rangle\langle 0| =: \mathrm{e}^{-a^\dagger a}:, \quad (5.98)$$

可得

$$\begin{aligned}\rho(t) &= \mathrm{sech}\,\lambda \sum_{n=0}^{+\infty}\frac{T^n}{n!}\mathrm{e}^{-\kappa t a^\dagger a}a^n \mathrm{e}^{\frac{\tanh\lambda}{2}a^{\dagger 2}}|0\rangle\langle 0|\mathrm{e}^{\frac{\tanh\lambda}{2}a^2}a^{\dagger n}\mathrm{e}^{-\kappa t a^\dagger a} \\ &= \mathrm{sech}\,\lambda \sum_{n=0}^{+\infty}\frac{(T\tanh\lambda)^n}{2^n n!}\mathrm{e}^{\frac{\mathrm{e}^{-2\kappa t}a^{\dagger 2}\tanh\lambda}{2}}\mathrm{H}_n\left(\mathrm{i}\sqrt{\frac{\tanh\lambda}{2}}a^\dagger \mathrm{e}^{-\kappa t}\right) \\ &\quad \times |0\rangle\langle 0|\mathrm{H}_n\left(-\mathrm{i}\sqrt{\frac{\tanh\lambda}{2}}a\mathrm{e}^{-\kappa t}\right)\mathrm{e}^{\frac{\mathrm{e}^{-2\kappa t}a^2\tanh\lambda}{2}} \\ &= \mathrm{sech}\,\lambda \sum_{n=0}^{+\infty}\frac{(T\tanh\lambda)^n}{2^n n!} : \exp\left[\frac{\mathrm{e}^{-2\kappa t}(a^2+a^{\dagger 2})\tanh\lambda}{2}-a^\dagger a\right] \\ &\quad \times \mathrm{H}_n\left(\mathrm{i}\sqrt{\frac{\tanh\lambda}{2}}a^\dagger \mathrm{e}^{-\kappa t}\right)\mathrm{H}_n\left(-\mathrm{i}\sqrt{\frac{\tanh\lambda}{2}}a\mathrm{e}^{-\kappa t}\right):.\end{aligned} \quad (5.99)$$

由数学公式

$$\sum_{n=0}^{+\infty}\frac{t^n}{2^n n!}\mathrm{H}_n(x)\mathrm{H}_n(y) = (1-t^2)^{-1/2}\exp\left[\frac{t^2(x^2+y^2)-2txy}{t^2-1}\right], \quad (5.100)$$

式 (5.99) 可进一步化简为

$$\rho(t) = \frac{\mathrm{sech}\,\lambda}{\sqrt{1-T^2\tanh^2\lambda}}\mathrm{e}^{\frac{g}{2}a^{\dagger 2}} : \mathrm{e}^{(\beta T\tanh\lambda-1)a^\dagger a} : \mathrm{e}^{\frac{g}{2}a^2}$$

$$= W \mathrm{e}^{\frac{\text{\ss}}{2}a^{\dagger 2}} \mathrm{e}^{a^{\dagger}a\ln(\text{\ss}T\tanh\lambda)} \mathrm{e}^{\frac{\text{\ss}}{2}a^2}, \tag{5.101}$$

其中

$$W \equiv \frac{\operatorname{sech}\lambda}{\sqrt{1-T^2\tanh^2\lambda}}, \quad \text{\ss} \equiv \frac{\mathrm{e}^{-2\kappa t}\tanh\lambda}{1-T^2\tanh^2\lambda}, \tag{5.102}$$

最后一步用到了

$$\mathrm{e}^{\lambda a^{\dagger}a} =\; :\mathrm{e}^{(\mathrm{e}^{\lambda}-1)a^{\dagger}a}:\;. \tag{5.103}$$

点评 我们可以通过验证 $\operatorname{tr}[\rho(t)] = 1$ 来说明式 (5.101) 结论的正确性. 根据相干态的过完备性和积分公式

$$\int \frac{\mathrm{d}^2 z}{\pi} \mathrm{e}^{\zeta|z|^2 + \xi z + \eta z^* + f z^2 + g z^{*2}} = \frac{1}{\sqrt{\zeta^2 - 4fg}} \exp\left(\frac{-\zeta\xi\eta + f\eta^2 + g\xi^2}{\zeta^2 - 4fg}\right), \tag{5.104}$$

可得

$$\begin{aligned}
\operatorname{tr}[\rho(t)] &= \frac{\operatorname{sech}\lambda}{\sqrt{1-T^2\tanh^2\lambda}} \int \frac{\mathrm{d}^2 z}{\pi} \exp\left[(\text{\ss}T\tanh\lambda - 1)|z|^2 + \frac{\text{\ss}}{2}z^{*2} + \frac{\text{\ss}}{2}z^2\right] \\
&= \frac{\operatorname{sech}\lambda}{\sqrt{1-T\tanh^2\lambda}} \frac{1}{\sqrt{(\text{\ss}T\tanh\lambda - 1)^2 - \text{\ss}^2}} \\
&= 1.
\end{aligned} \tag{5.105}$$

5. 仿照单模主方程的求解, 可知双模主方程的结果为

$$\rho(t) = \operatorname{sech}^2\lambda \sum_{m,n=0}^{+\infty} \frac{T^{n+m}}{n!m!} \mathrm{e}^{-\kappa t(a^{\dagger}a+b^{\dagger}b)} a^n b^m \rho(0) a^{\dagger n} b^{\dagger m} \mathrm{e}^{-\kappa t(a^{\dagger}a+b^{\dagger}b)}. \tag{5.106}$$

当初态为双模压缩态

$$\rho(0) = \operatorname{sech}^2\lambda \mathrm{e}^{a^{\dagger}b^{\dagger}\tanh\lambda} |00\rangle\langle 00| \mathrm{e}^{ab\tanh\lambda} \tag{5.107}$$

时, 将式 (5.107) 代入式 (5.106), 得

$$\rho(t) = \operatorname{sech}^2\lambda \sum_{m,n=0}^{+\infty} \frac{T'^{n+m}}{n!m!} \mathrm{e}^{-\kappa t(a^{\dagger}a+b^{\dagger}b)} a^n b^m \mathrm{e}^{a^{\dagger}b^{\dagger}\tanh\lambda} |00\rangle\langle 00|$$

$$\times e^{ab\tanh\lambda} a^{\dagger n} b^{\dagger m} e^{-\kappa t(a^\dagger a + b^\dagger b)}. \tag{5.108}$$

利用

$$a^n b^m e^{a^\dagger b^\dagger \tanh\lambda} |00\rangle = a^n \left(a^\dagger \tanh\lambda\right)^m e^{a^\dagger b^\dagger \tanh\lambda} |00\rangle \tag{5.109}$$

和算符恒等式

$$a^n a^{\dagger m} = (-\mathrm{i})^{m+n} : \mathrm{H}_{m,n}\left(\mathrm{i}a^\dagger, \mathrm{i}a\right) :, \tag{5.110}$$

其中

$$\mathrm{H}_{m,n}(\lambda, \lambda^*) = \sum_{l=0}^{\min(m,n)} \frac{m!n!}{l!(m-l)!(n-l)!} (-1)^l \lambda^{m-l} \lambda^{*n-l} \tag{5.111}$$

为双变量厄米多项式，可得

$$a^n b^m e^{a^\dagger b^\dagger \tanh\lambda} |00\rangle$$
$$= (-\mathrm{i})^{m+n} \tanh^m \lambda : \mathrm{H}_{m,n}\left(\mathrm{i}a^\dagger, \mathrm{i}a\right) : e^{a^\dagger b^\dagger \tanh\lambda} |00\rangle$$
$$= (-\mathrm{i})^{m+n} \tanh^m \lambda : \sum_{l=0}^{\min(m,n)} \frac{m!n!(-1)^l}{l!(m-l)!(n-l)!} \left(\mathrm{i}a^\dagger\right)^{m-l} (\mathrm{i}a)^{n-l} e^{a^\dagger b^\dagger \tanh\lambda} |00\rangle$$
$$= \tanh^m \lambda \sum_{l=0}^{\min(m,n)} \frac{m!n!\left(a^\dagger\right)^{m-l}}{l!(m-l)!(n-l)!} a^{n-l} e^{a^\dagger b^\dagger \tanh\lambda} |00\rangle$$
$$= \tanh^m \lambda \sum_{l=0}^{\min(m,n)} \frac{m!n!\left(a^\dagger\right)^{m-l}\left(b^\dagger \tanh\lambda\right)^{n-l}}{l!(m-l)!(n-l)!} e^{a^\dagger b^\dagger \tanh\lambda} |00\rangle. \tag{5.112}$$

再次利用式 (5.110), 得

$$a^n b^m e^{a^\dagger b^\dagger \tanh\lambda} |00\rangle = (-\mathrm{i})^{m+n} (\tanh^m \lambda) \mathrm{H}_{m,n}\left(\mathrm{i}a^\dagger, \mathrm{i}b^\dagger \tanh\lambda\right) e^{a^\dagger b^\dagger \tanh\lambda} |00\rangle. \tag{5.113}$$

由双变量厄米多项式的母函数公式

$$\sum_{m,n=0}^{+\infty} \mathrm{H}_{m,n}(\xi,\eta) \mathrm{H}_{m,n}(\sigma,\kappa) \frac{t^n s^m}{m!n!} = \frac{1}{1-ts} \exp\left[\frac{1}{1-ts}(s\sigma\xi + t\eta\kappa - st\sigma\kappa - st\xi\eta)\right] \tag{5.114}$$

和
$$|00\rangle\langle 00| =: \mathrm{e}^{-a^\dagger a-b^\dagger b}:, \tag{5.115}$$

以及 $\mathrm{e}^{-\kappa t a^\dagger a}a^\dagger \mathrm{e}^{\kappa t a^\dagger a} = a^\dagger \mathrm{e}^{-\kappa t}$,得到密度算符表达式

$$\begin{aligned}\rho(t) &= \mathrm{sech}^2\lambda \sum_{m,n=0}^{+\infty} \frac{T^{n+m}}{n!m!} \mathrm{e}^{-\kappa t(a^\dagger a+b^\dagger b)}(\tanh^{2m}\lambda)\mathrm{H}_{m,n}\left(\mathrm{i}a^\dagger,\mathrm{i}b^\dagger\tanh\lambda\right)\mathrm{e}^{a^\dagger b^\dagger\tanh\lambda}\\
&\quad \times |00\rangle\langle 00|\mathrm{e}^{ab\tanh\lambda}\mathrm{H}_{m,n}\left(-\mathrm{i}a,-\mathrm{i}b\tanh\lambda\right)\mathrm{e}^{-\kappa t(a^\dagger a+b^\dagger b)}\\
&= \mathrm{sech}^2\lambda \sum_{m,n=0}^{+\infty} \frac{T^n\left(T\tanh^2\lambda\right)^m}{n!m!} :\mathrm{H}_{m,n}\left(\mathrm{i}a^\dagger\mathrm{e}^{-\kappa t},\mathrm{i}b^\dagger\mathrm{e}^{-\kappa t}\tanh\lambda\right)\\
&\quad \times \mathrm{H}_{m,n}\left(-\mathrm{i}a\mathrm{e}^{-\kappa t},-\mathrm{i}b\mathrm{e}^{-\kappa t}\tanh\lambda\right)\mathrm{e}^{(a^\dagger b^\dagger+ab)\mathrm{e}^{-2\kappa t}\tanh\lambda-a^\dagger a-b^\dagger b}:\\
&= \frac{\mathrm{sech}^2\lambda}{1-T^2\tanh^2\lambda} :\exp\left\{\frac{T(\tanh^2\lambda)\mathrm{e}^{-2\kappa t}}{1-T^2\tanh^2\lambda}\left[(aa^\dagger+b^\dagger b)\right.\right.\\
&\quad \left.\left.+T(\tanh\lambda)\left(ab+a^\dagger b^\dagger\right)\right] +\left(a^\dagger b^\dagger+ab\right)\mathrm{e}^{-2\kappa t}\tanh\lambda-a^\dagger a-b^\dagger b\right\}:\\
&= \frac{\mathrm{sech}^2\lambda}{1-T^2\tanh^2\lambda} :\exp\left[\frac{T\tanh^2\lambda-1}{1-T^2\tanh^2\lambda}\left(aa^\dagger+b^\dagger b\right)\right.\\
&\quad \left.+\frac{\mathrm{e}^{-2\kappa t}\tanh\lambda}{1-T^2\tanh^2\lambda}\left(ab+a^\dagger b^\dagger\right)\right]:,\end{aligned}\tag{5.116}$$

其中 $T' = 1-\mathrm{e}^{-2\kappa t}$.

点评 验证 $\mathrm{tr}[\rho(t)] = 1$. 利用双模相干态完备性关系式 $\int \frac{\mathrm{d}^2 z_1 \mathrm{d}^2 z_2}{\pi^2}|z_1 z_2\rangle \times \langle z_1 z_2| = 1$,可得

$$\begin{aligned}\mathrm{tr}[\rho(t)] &= \frac{\mathrm{sech}^2\lambda}{1-T^2\tanh^2\lambda} \int \frac{\mathrm{d}^2 z_1 \mathrm{d}^2 z_2}{\pi}\langle z_1 z_2|:\exp\left\{\frac{T\tanh^2\lambda-1}{1-T^2\tanh^2\lambda}\left(aa^\dagger+b^\dagger b\right)\right.\\
&\quad \left.+\frac{\mathrm{e}^{-2\kappa t}\tanh\lambda}{1-T^2\tanh^2\lambda}\left(ab+a^\dagger b^\dagger\right)\right\}:|z_1 z_2\rangle\\
&= \frac{\mathrm{sech}^2\lambda}{1-T^2\tanh^2\lambda} \int \frac{\mathrm{d}^2 z_1 \mathrm{d}^2 z_2}{\pi^2}\exp\left[\frac{T\tanh^2\lambda-1}{1-T^2\tanh^2\lambda}\left(|z_1|^2+|z_2|^2\right)\right.\\
&\quad \left.+(z_1^* z_2^*+z_1 z_2)\frac{\mathrm{e}^{-2\kappa t}\tanh\lambda}{1-T^2\tanh^2\lambda}\right],\end{aligned}\tag{5.117}$$

其中

$$\int \frac{d^2 z_1}{\pi} \exp\left[\frac{T\tanh^2\lambda - 1}{1 - T^2\tanh^2\lambda}|z_1|^2 + (z_1^* z_2^* + z_1 z_2)\frac{e^{-2\kappa t}\tanh\lambda}{1 - T^2\tanh^2\lambda}\right]$$
$$= \frac{1 - T^2\tanh^2\lambda}{1 - T\tanh^2\lambda}\exp\left[\frac{1}{1 - T\tanh^2\lambda}\frac{(1-T)^2\tanh^2\lambda}{1 - T^2\tanh^2\lambda}|z_2|^2\right]. \tag{5.118}$$

将式 (5.118) 代入式 (5.117), 得

$$\text{tr}[\rho(t)] = \frac{\text{sech}^2\lambda}{1 - T\tanh^2\lambda}\int \frac{d^2 z_2}{\pi}\exp\left(-\frac{\text{sech}^2\lambda}{1 - T\tanh^2\lambda}|z_2|^2\right) = 1, \tag{5.119}$$

验证完毕.

6. (1) 将主方程 $\frac{d\rho}{dt} = -i\omega[a^\dagger a, \rho]$ 的两边作用于 $|I\rangle$, 再利用式 (5.13), 得到

$$\frac{d}{dt}|\rho\rangle = i\omega\left(\tilde{a}^\dagger\tilde{a} - a^\dagger a\right)|\rho\rangle, \tag{5.120}$$

其形式解为

$$|\rho\rangle = \exp\left[i\omega t\left(\tilde{a}^\dagger\tilde{a} - a^\dagger a\right)\right]|\rho_0\rangle$$
$$= \exp\left(-i\omega t a^\dagger a\right)\rho_0 \exp\left(i\omega t a^\dagger a\right)|I\rangle, \tag{5.121}$$

于是得到

$$\rho = \exp\left(-i\omega t a^\dagger a\right)\rho_0 \exp\left(i\omega t a^\dagger a\right). \tag{5.122}$$

仿照 (1) 的步骤可以求其他主方程, 其结果为:

(2)
$$\rho = \sum_{n=0}^{+\infty}\frac{(2\gamma t)^n}{n!}e^{-\gamma t(a^\dagger a)^2}\left(a^\dagger a\right)^n\rho_0\left(a^\dagger a\right)^n e^{-\gamma t(a^\dagger a)^2}; \tag{5.123}$$

(3)
$$\rho = \sum_{m,n=0}^{+\infty}\frac{(3i\gamma t)^n}{m!n!}(-3i\gamma t)^m e^{i\gamma t(a^\dagger a)^3}\left(a^\dagger\right)^{n+2m}\rho_0\left(a^\dagger\right)^{2n+m}e^{-i\gamma t(a^\dagger a)^3}. \tag{5.124}$$

7. 将初态 $\rho_0 = |m\rangle\langle m|$ 代入式 (5.32), 并利用

$$a^n|m\rangle = \sqrt{\frac{m!}{(m-n)!}}|m-n\rangle \tag{5.125}$$

和 $T = 1 - \mathrm{e}^{-2kt}$, 可得

$$
\begin{aligned}
\rho(t) &= \sum_{n=0}^{+\infty} \frac{T^n}{n!} \mathrm{e}^{-kta^\dagger a} a^n |m\rangle \langle m| a^{\dagger n} \mathrm{e}^{-kta^\dagger a} \\
&= \sum_{n=0}^{+\infty} \frac{T^n}{n!} \mathrm{e}^{-kta^\dagger a} \frac{m!}{(m-n)!} |m-n\rangle \langle m-n| \mathrm{e}^{-kta^\dagger a} \\
&= \sum_{n=0}^{+\infty} \frac{T^n}{n!} \mathrm{e}^{-2kt(m-n)} \frac{m!}{(m-n)!} |m-n\rangle \langle m-n| \\
&= \sum_{n=0}^{+\infty} \left(1 - \mathrm{e}^{-2kt}\right)^n \binom{m}{n} \left(\mathrm{e}^{-2kt}\right)^{m-n} |m-n\rangle \langle m-n| \\
&= \sum_{n'=0}^{m} \binom{m}{m-n'} \left(\mathrm{e}^{-2kt}\right)^{n'} \left(1 - \mathrm{e}^{-2kt}\right)^{m-n'} |n'\rangle \langle n'|.
\end{aligned}
\tag{5.126}
$$

由 $\binom{m}{m-n'} = \binom{m}{n'}$, 对比式 (5.126) 与二项式态密度算符

$$
\sum_{n=0}^{M} \binom{M}{n} \sigma^n (1-\sigma)^{M-n} |n\rangle \langle n|, \tag{5.127}
$$

可知式 (5.126) 中的 $\rho(t)$ 为光场二项式态, 其中 e^{-2kt} 为二项式系数. 其退相干情况可以由下式看到:

$$
\mathrm{tr}\left[\rho(t) a^\dagger a\right] = \sum_{n=0}^{m} \binom{m}{n} \left(\mathrm{e}^{-2kt}\right)^n \left(1-\mathrm{e}^{-2kt}\right)^{m-n} \langle n| a^\dagger a |n\rangle = m\mathrm{e}^{-2kt}, \tag{5.128}
$$

其中 k 是通道的耗散系数, 当 $t \to +\infty$ 时, $m\mathrm{e}^{-2kt} \to 0$.

8. 将 $\rho_0 = S(r)\rho_c S^\dagger(r)$ 代入式 (5.32), 得

$$
\rho(t) = \sum_{n=0}^{+\infty} \frac{T^n}{n!} \mathrm{e}^{-\kappa t a^\dagger a} a^n S(r) \rho_c S^\dagger(r) a^{\dagger n} \mathrm{e}^{-\kappa t a^\dagger a}. \tag{5.129}
$$

我们可以将 ρ_0 转换为正规乘积形式:

$$
\begin{aligned}
\rho_0 &= 2\sqrt{fg} : \exp\left(-fQ^2 - gP^2\right) : \\
&= 2\sqrt{fg} : \exp\left[-\frac{1}{2}(f-g)\left(a^2 + a^{\dagger 2}\right) - (f+g)aa^\dagger\right] :,
\end{aligned}
\tag{5.130}
$$

其中 $Q = \dfrac{a+a^\dagger}{\sqrt{2}}, P = \dfrac{a-a^\dagger}{\mathrm{i}\sqrt{2}}$,

$$f = \left[(2n'+1)\mathrm{e}^{2r}+1\right]^{-1}, \quad g = \left[(2n'+1)\mathrm{e}^{-2r}+1\right]^{-1}, \tag{5.131}$$

n' 是对 ρ_c 的粒子数平均:

$$n' = \left(\mathrm{e}^{-\lambda}-1\right)^{-1} = \left[\mathrm{e}^{\omega\hbar/(k_\mathrm{B}T)}-1\right]^{-1}. \tag{5.132}$$

下面我们给出 $\rho(t)$ 的正规乘积形式. 首先利用公式

$$A = \int \dfrac{\mathrm{d}^2\beta}{\pi} : \langle -\beta|A|\beta\rangle \exp\left(|\beta|^2 + \beta^* a - \beta a^\dagger + a^\dagger a\right) :, \tag{5.133}$$

其中 A 为任意算符, $:\ :$ 表示反正规乘积, $|\beta\rangle = \exp(-|\beta|^2/2 + \beta a^\dagger)|0\rangle$ 是相干态, $\langle -\beta|\beta\rangle = \exp\left(-2|\beta|^2\right)$. 将式 (5.130) 代入式 (5.133), 并由积分公式

$$\int \dfrac{\mathrm{d}^2 z}{\pi} \exp\left(\zeta|z|^2 + \xi z + \eta z^* + f'z^2 + g'z^{*2}\right)$$
$$= \dfrac{1}{\sqrt{\zeta^2 - 4f'g'}} \exp\left(\dfrac{-\zeta\xi\eta + \xi^2 g' + \eta^2 f'}{\zeta^2 - 4f'g'}\right), \tag{5.134}$$

其收敛条件为

$$\mathrm{Re}(\xi + f' + g') < 0, \quad \mathrm{Re}\left(\dfrac{\zeta^2 - 4f'g'}{\xi + f' + g'}\right) < 0, \tag{5.135}$$

或者

$$\mathrm{Re}(\xi - f' - g') < 0, \quad \mathrm{Re}\left(\dfrac{\zeta^2 - 4f'g'}{\xi - f' - g'}\right) < 0, \tag{5.136}$$

可得 ρ_0 的反正规乘积形式:

$$\rho_0 = 2\sqrt{fg} \int \dfrac{\mathrm{d}^2\beta}{\pi} : \exp\left[-|\beta|^2 - \dfrac{f}{2}(\beta-\beta^*)^2 + \dfrac{g}{2}(\beta+\beta^*)^2 + \beta^* a - \beta a^\dagger + a^\dagger a\right] :$$
$$= 2\sqrt{fg} \int \dfrac{\mathrm{d}^2\beta}{\pi} : \exp\left[(f+g-1)|\beta|^2 - a^\dagger\beta + a\beta^* + \dfrac{1}{2}(g-f)(\beta^2+\beta^{*2}) + a^\dagger a\right] :$$
$$= 2\sqrt{\dfrac{fg}{D}} : \exp\left[\dfrac{g-f}{2D}(a^{\dagger 2}+a^2) + \dfrac{4fg-f-g}{D}a^\dagger a\right] :, \tag{5.137}$$

其中
$$D = (2f-1)(2g-1). \tag{5.138}$$

将式 (5.137) 代入式 (5.129), 得

$$\rho(t) = 2\sqrt{\frac{fg}{D}} \sum_{n=0}^{+\infty} \frac{T^n}{n!} \mathrm{e}^{-\kappa t a^\dagger a} {:} a^n \exp\left[\frac{g-f}{2D}\left(a^{\dagger 2}+a^2\right) + \frac{4fg-f-g}{D} a^\dagger a\right] a^{\dagger n} {:} \mathrm{e}^{-\kappa t a^\dagger a}. \tag{5.139}$$

再推导式 (5.139) 的正规乘积形式. 首先, 利用算符公式

$$\mathrm{e}^{-\beta a^\dagger a} f\left(a, a^\dagger\right) \mathrm{e}^{\beta a^\dagger a} = f\left(a\mathrm{e}^\beta, a^\dagger \mathrm{e}^{-\beta}\right), \tag{5.140}$$

可得

$$\mathrm{e}^{-\kappa t a^\dagger a} |\beta\rangle = \mathrm{e}^{-|\beta|^2/2} \mathrm{e}^{\beta \mathrm{e}^{-kt} a^\dagger} |0\rangle. \tag{5.141}$$

进一步, 利用相干态 $|\beta\rangle$ 的完备性, 得

$$\begin{aligned}
\rho(t) &= \int \frac{\mathrm{d}^2\beta}{\pi} \rho(t) |\beta\rangle\langle\beta| \\
&= 2\sqrt{\frac{fg}{D}} \int \frac{\mathrm{d}^2\beta}{\pi} \sum_{n=0}^{+\infty} \frac{T^n}{n!} |\beta|^{2n} : \exp\left[\left(\frac{4fg-f-g}{D}-1\right)|\beta|^2 \right. \\
&\quad \left. + \mathrm{e}^{-kt} a^\dagger \beta + \mathrm{e}^{-kt} a\beta^* + \frac{g-f}{2D}\left(\beta^2+\beta^{*2}\right) - a^\dagger a\right]: \\
&= 2\sqrt{\frac{fg}{D}} \int \frac{\mathrm{d}^2\beta}{\pi} : \exp\left[-\mu|\beta|^2 + \mathrm{e}^{-kt} a^\dagger \beta + \mathrm{e}^{-kt} a\beta^* + \frac{g-f}{2D}\left(\beta^2+\beta^{*2}\right) - a^\dagger a\right]:,
\end{aligned} \tag{5.142}$$

其中
$$\mu = \frac{1-f-g-DT}{D}. \tag{5.143}$$

再次利用积分公式 (5.134), 可得

$$\rho(t) = 2\sqrt{\frac{fgD}{F_\mu}} : \exp\left\{\frac{D^2 \mathrm{e}^{-2kt}}{F_\mu}\left[\mu a^\dagger a + E\left(a^2+a^{\dagger 2}\right)\right] - a^\dagger a\right\}:, \tag{5.144}$$

其中
$$F_\mu = \mu^2 D^2 - (g-f)^2, \quad E = \frac{g-f}{2D}, \tag{5.145}$$

或者等价地写为
$$\rho(t) = 2\sqrt{\frac{fgD}{F_\mu}}\exp\left(\frac{ED^2 e^{-2kt}}{F_\mu}a^{\dagger 2}\right)\exp\left(a^\dagger a \ln\frac{\mu D^2 e^{-2kt}}{F_\mu}\right)\exp\left(\frac{ED^2 e^{-2kt}}{F_\mu}a^2\right). \tag{5.146}$$

点评 为确保式 (5.146) 的正确性,必须验证 $\mathrm{tr}[\rho(t)] = 1$. 利用相干态的完备性,可得

$$\begin{aligned}\mathrm{tr}[\rho(t)] &= 2\sqrt{\frac{fgD}{F_\mu}}\int\frac{\mathrm{d}^2\beta}{\pi}\langle\beta|:\exp\left\{\frac{D^2 e^{-2kt}}{F_\mu}\left[\mu a^\dagger a + E\left(a^2 + a^{\dagger 2}\right)\right] - a^\dagger a\right\}:|\beta\rangle\\ &= 2\sqrt{\frac{fgD}{F_\mu}}\int\frac{\mathrm{d}^2\beta}{\pi}\exp\left[\left(\frac{\mu D^2 e^{-2kt} - F_\mu}{F_\mu}\right)|\beta|^2 + \frac{D^2 e^{-2kt}}{F_\mu}E\left(\beta^2 + \beta^{*2}\right)\right]\\ &= 1, \end{aligned} \tag{5.147}$$

最后一步利用了积分公式 (5.134).

9. 将式 (5.61) 的两边作用于热真空态 $|I\rangle \equiv |\eta = 0\rangle$,再令 $|\rho\rangle = \rho|I\rangle$,可得

$$\frac{\mathrm{d}}{\mathrm{d}t}|\rho\rangle = \kappa\left[2f(N)a\rho\frac{1}{f(N-1)}a^\dagger - a^\dagger a\rho - \rho a^\dagger a\right]|I\rangle. \tag{5.148}$$

由式 (5.13),可知

$$\frac{\mathrm{d}}{\mathrm{d}t}|\rho\rangle = \kappa\left[2f(N)a\tilde{a}\frac{1}{f(\tilde{N}-1)} - a^\dagger a - \tilde{a}^\dagger\tilde{a}\right]|\rho\rangle, \tag{5.149}$$

其形式解为

$$|\rho\rangle = \exp\left\{\kappa t\left[2f(N)a\tilde{a}\frac{1}{f(\tilde{N}-1)} - a^\dagger a - \tilde{a}^\dagger\tilde{a}\right]\right\}|\rho_0\rangle, \tag{5.150}$$

式中 $|\rho_0\rangle \equiv \rho_0|I\rangle$, ρ_0 为初态.

根据算符对易关系

$$\left[f(N)a\tilde{a}\frac{1}{f(\tilde{N}-1)},a^\dagger a\right]=\left[f(N)a\tilde{a}\frac{1}{f(\tilde{N}-1)},\tilde{a}^\dagger\tilde{a}\right]=f(N)a\tilde{a}\frac{1}{f(\tilde{N}-1)},$$

$$\left[\frac{a^\dagger a+\tilde{a}^\dagger\tilde{a}}{2},f(N)a\tilde{a}\frac{1}{f(\tilde{N}-1)}\right]=-f(N)a\tilde{a}\frac{1}{f(\tilde{N}-1)}, \tag{5.151}$$

以及算符恒等式

$$e^{\lambda(A+\sigma B)}=e^{\lambda A}\exp\left[\sigma\left(1-e^{-\lambda\tau}\right)\frac{B}{\tau}\right] \tag{5.152}$$

(在 $[A,B]=\tau B$ 条件下成立), 可得

$$\exp\left[-2\kappa t\left(\frac{a^\dagger a+\tilde{a}^\dagger\tilde{a}}{2}-f(N)a\tilde{a}\frac{1}{f(\tilde{N}-1)}\right)\right]$$
$$=\exp\left[-\kappa t\left(a^\dagger a+\tilde{a}^\dagger\tilde{a}\right)\right]\exp\left[Tf(N)a\tilde{a}\frac{1}{f(\tilde{N}-1)}\right], \tag{5.153}$$

其中 $T=1-e^{-2\kappa t}$. 将式 (5.153) 代入式 (5.150), 得

$$|\rho\rangle=\exp\left[-\kappa t\left(a^\dagger a+\tilde{a}^\dagger\tilde{a}\right)\right]\sum_{n=0}^{+\infty}\frac{T^n}{n!}\left[f(N)a\tilde{a}\frac{1}{f(\tilde{N}-1)}\right]^n|\rho_0\rangle$$
$$=e^{-\kappa ta^\dagger a}\sum_{n=0}^{+\infty}\frac{T^n}{n!}\left[f(N)a\right]^n\rho_0\left[\frac{1}{f(N-1)}a^\dagger\right]^n e^{-\kappa t\tilde{a}^\dagger\tilde{a}}|I\rangle$$
$$=\sum_{n=0}^{+\infty}\frac{T^n}{n!}e^{-\kappa ta^\dagger a}\left[f(N)a\right]^n\rho_0\left[\frac{1}{f(N-1)}a^\dagger\right]^n e^{-\kappa ta^\dagger a}|I\rangle. \tag{5.154}$$

因此, 非线性主方程 (5.61) 的解为

$$\rho=\sum_{n=0}^{+\infty}\frac{T^n}{n!}e^{-\kappa ta^\dagger a}\left[f(N)a\right]^n\rho_0\left[\frac{1}{f(N-1)}a^\dagger\right]^n e^{-\kappa ta^\dagger a}. \tag{5.155}$$

令

$$\mathcal{M}_n=\sqrt{\frac{T^n}{n!}}e^{-\kappa ta^\dagger a}\left[f(N)a\right]^n, \tag{5.156}$$

$$\mathfrak{M}_n^\dagger = \sqrt{\frac{T^n}{n!}} \left[\frac{1}{f(N-1)} a^\dagger\right]^n e^{-\kappa t a^\dagger a}, \tag{5.157}$$

则有

$$\rho(t) = \sum_{n=0}^{+\infty} \mathcal{M}_n \rho_0 \mathfrak{M}_n^\dagger. \tag{5.158}$$

我们可以验证 $\rho(t)$ 为密度算符。由 $e^{\lambda a^\dagger a} = :\exp\left[(e^\lambda - 1)a^\dagger a\right]:$, $e^{\lambda a^\dagger a} a e^{-\lambda a^\dagger a} = a e^{-\lambda}$, 得

$$\begin{aligned}
\sum_{n=0}^{+\infty} \mathfrak{M}_n^\dagger \mathcal{M}_n &= \sum_{n=0}^{+\infty} \frac{T^n}{n!} \left[\frac{1}{f(N-1)} a^\dagger\right]^n e^{-2\kappa t a^\dagger a} [f(N) a]^n \\
&= \sum_{n=0}^{+\infty} \frac{T^n}{n!} e^{2n\kappa t} \left[\frac{1}{f(N-1)} a^\dagger\right]^n [f(N) a]^n e^{-2\kappa t a^\dagger a} \\
&= :e^{T e^{2\kappa t} a^\dagger a}: e^{-2\kappa t a^\dagger a} = :e^{(e^{2\kappa t}-1) a^\dagger a}: e^{-2\kappa t a^\dagger a} = 1,
\end{aligned} \tag{5.159}$$

所以

$$\mathrm{tr}[\rho(t)] = \mathrm{tr}\left(\sum_{n=0}^{+\infty} \mathcal{M}_n \rho_0 \mathfrak{M}_n^\dagger\right) = \mathrm{tr}(\rho_0 = 1). \tag{5.160}$$

需要注意的是, $\mathcal{M}_n$ 与 $\mathfrak{M}_n^\dagger$ 并不共轭, 所以可称它们为准克劳斯算符.

10. 首先, 我们讨论热纠缠态 $|\eta,\sigma\rangle_\theta$ 的性质:

$$\begin{aligned}
|\eta,\sigma\rangle_\theta = \exp\Big[&-\frac{1}{2}\left(|\eta|^2 + |\sigma|^2\right) + \tilde{a}^\dagger \left(a_1^\dagger - \eta^*\right)\cos\theta \\
&+ \tilde{a}^\dagger \left(a_2^\dagger - \sigma^*\right)\sin\theta + \eta a_1^\dagger + \sigma a_2^\dagger \Big] |00\tilde{0}\rangle,
\end{aligned} \tag{5.161}$$

其中 $\tilde{a}^\dagger$ 为虚模, $[\tilde{a},\tilde{a}^\dagger] = 1$. $|\eta,\sigma\rangle_\theta$ 的本征方程为

$$(a_1 - \tilde{a}^\dagger \cos\theta) |\eta,\sigma\rangle_\theta = \eta |\eta,\sigma\rangle_\theta, \tag{5.162}$$

$$(a_2 - \tilde{a}^\dagger \sin\theta) |\eta,\sigma\rangle_\theta = \sigma |\eta,\sigma\rangle_\theta, \tag{5.163}$$

$$\left(\tilde{a} - a_1^\dagger \cos\theta - a_2^\dagger \sin\theta\right) |\eta,\sigma\rangle_\theta = -\left(\eta^* \cos\theta + \sigma^* \sin\theta\right) |\eta,\sigma\rangle_\theta. \tag{5.164}$$

联立式 (5.162) 和 (5.163), 得

$$\left(a_1 \cos\theta + a_2 \sin\theta - \tilde{a}^\dagger\right) |\eta,\sigma\rangle_\theta = (\eta \cos\theta + \sigma \sin\theta) |\eta,\sigma\rangle_\theta. \tag{5.165}$$

其完备性关系式为
$$\int \frac{\mathrm{d}^2\sigma \mathrm{d}^2\eta}{\pi^2}|\eta,\sigma\rangle_{\theta\ \theta}\langle\eta,\sigma| = 1. \tag{5.166}$$

引入
$$|I\rangle \equiv |\eta=\sigma=0\rangle_\theta = \exp\left[\tilde{a}^\dagger\left(a_1^\dagger\cos\theta + a_2^\dagger\sin\theta\right)\right]|00\tilde{0}\rangle, \tag{5.167}$$

从式 (5.164) 和 (5.165), 可见
$$\left(a_1^\dagger\cos\theta + a_2^\dagger\sin\theta\right)|I\rangle = \tilde{a}|I\rangle, \tag{5.168}$$

$$\left(a_1\cos\theta + a_2\sin\theta\right)|I\rangle = \tilde{a}^\dagger|I\rangle, \tag{5.169}$$

于是
$$\left(a_1^\dagger\cos\theta + a_2^\dagger\sin\theta\right)\left(a_1\cos\theta + a_2\sin\theta\right)|I\rangle = \tilde{a}^\dagger\tilde{a}|I\rangle. \tag{5.170}$$

将双模主方程 (5.63) 的两边作用于 $|I\rangle$, 同时利用式 (5.168)~(5.170), 得
$$\frac{\mathrm{d}\rho|I\rangle}{\mathrm{d}t} = \kappa\left[2\left(a_1\cos\theta + a_2\sin\theta\right)\tilde{a} - \left(a_1^\dagger\cos\theta + a_2^\dagger\sin\theta\right)\left(a_1\cos\theta + a_2\sin\theta\right) - \tilde{a}^\dagger\tilde{a}\right]$$
$$\times \rho|I\rangle. \tag{5.171}$$

为书写方便, 取 $\rho|I\rangle = |\rho\rangle$,
$$a_1\cos\theta + a_2\sin\theta = b, \tag{5.172}$$

于是式 (5.171) 可改写为
$$\frac{\mathrm{d}}{\mathrm{d}t}|\rho\rangle = \kappa\left(2b\tilde{a} - b^\dagger b - \tilde{a}^\dagger\tilde{a}\right)|\rho\rangle, \tag{5.173}$$

其形式解为
$$|\rho\rangle = \exp[\kappa t\left(2b\tilde{a} - b^\dagger b - \tilde{a}^\dagger\tilde{a}\right)]|\rho_0\rangle, \tag{5.174}$$

其中 $|\rho_0\rangle \equiv \rho_0|I\rangle$, ρ_0 为初态. 注意到式 (5.174) 中的算符遵循如下对易关系:
$$[b\tilde{a}, b^\dagger b] = [b\tilde{a}, \tilde{a}^\dagger\tilde{a}] = \tilde{a}b, \quad \left[\frac{b^\dagger b + \tilde{a}^\dagger\tilde{a}}{2}, b\tilde{a}\right] = -\tilde{a}b. \tag{5.175}$$

根据式 (5.152), 得

$$\exp\left[-2\kappa t\left(\frac{b^\dagger b+\tilde{a}^\dagger\tilde{a}}{2}-b\tilde{a}\right)\right]=\exp\left[-\kappa t\left(b^\dagger b+\tilde{a}^\dagger\tilde{a}\right)\right]\exp(T'b\tilde{a}), \quad (5.176)$$

其中 $T'=1-\mathrm{e}^{-2\kappa t}$. 将式 (5.176) 代入式 (5.174), 得到

$$|\rho\rangle=\exp\left[-\kappa t\left(b^\dagger b+\tilde{a}^\dagger\tilde{a}\right)\right]\sum_{n=0}^{+\infty}\frac{T'^n}{n!}b^n\tilde{a}^n\rho_0|I\rangle$$

$$=\mathrm{e}^{-\kappa t b^\dagger b}\sum_{n=0}^{+\infty}\frac{T'^n}{n!}b^n\rho_0 b^{\dagger n}\mathrm{e}^{-\kappa t\tilde{a}^\dagger\tilde{a}}|I\rangle$$

$$=\sum_{n=0}^{+\infty}\frac{T'^n}{n!}\mathrm{e}^{-\kappa t b^\dagger b}b^n\rho_0 b^{\dagger n}\mathrm{e}^{-\kappa t b^\dagger b}|I\rangle. \quad (5.177)$$

至此, 可知双模主方程 (5.63) 的解为

$$\rho=\sum_{n=0}^{+\infty}\frac{T'^n}{n!}\mathrm{e}^{-\kappa t b^\dagger b}b^n\rho_0 b^{\dagger n}\mathrm{e}^{-\kappa t b^\dagger b}. \quad (5.178)$$

可将上式简化为算符无限求和的形式:

$$\rho=\sum_{n=0}^{+\infty}M_n\rho_0 M_n^\dagger, \quad (5.179)$$

于是

$$M_n=\sqrt{\frac{(1-\mathrm{e}^{-2\kappa t})^n}{n!}}\mathrm{e}^{-\kappa t\left[a_1^\dagger a_1\cos^2\theta+a_2^\dagger a_2\sin^2\theta+\frac{\sin 2\theta}{2}\left(a_2^\dagger a_1+a_1^\dagger a_2\right)\right]}(a_1\cos\theta+a_2\sin\theta)^n \quad (5.180)$$

为双模克劳斯算符, 满足

$$\sum_{n=0}^{+\infty}M_n^\dagger M_n=1. \quad (5.181)$$

11. (1) 将 $\rho=|z\rangle\langle z|$ 作用到热真空态 $|I\rangle$, 得到

$$|\rho\rangle=|z\rangle\langle z|I\rangle=|z,\tilde{z}^*\rangle, \quad (5.182)$$

代入 $\chi(\lambda)=\langle\eta=-\lambda|\rho\rangle$, 得

$$\chi(\lambda)=\langle 0\tilde{0}|\exp\left(-\frac{1}{2}|\lambda|^2-\lambda^* a+\lambda\tilde{a}+a\tilde{a}\right)|z,\tilde{z}^*\rangle$$

$$= \exp\left(-\frac{1}{2}|\lambda|^2 - \lambda^* z + \lambda z^*\right). \tag{5.183}$$

(2) 对于平移混沌场密度算符 $\rho = (1 - \mathrm{e}^{-\beta}) D(\gamma) \mathrm{e}^{-\beta a^\dagger a} D^\dagger(\gamma)$, 注意到

$$a|I\rangle = \tilde{a}^\dagger|I\rangle, \quad a^\dagger|I\rangle = \tilde{a}|I\rangle, \quad a^\dagger a|I\rangle = \tilde{a}^\dagger \tilde{a}|I\rangle, \tag{5.184}$$

则有

$$D^\dagger(\gamma)|I\rangle = \exp\left(\gamma^* \tilde{a}^\dagger\right) \exp\left(-\gamma \tilde{a} - \frac{1}{2}|\gamma|^2\right)|I\rangle \equiv \tilde{D}(\gamma^*)|I\rangle, \tag{5.185}$$

且有

$$\exp\left(-\beta a^\dagger a\right) D^\dagger(\gamma)|I\rangle = \tilde{D}(\gamma^*) \exp\left(-\beta a^\dagger a\right)|I\rangle = \tilde{D}(\gamma^*) \exp\left(-\beta \tilde{a}^\dagger \tilde{a}\right)|I\rangle$$

$$= (\cosh\theta) \tilde{D}(\gamma^*) \int \frac{\mathrm{d}^2\eta}{\mu\pi} \left|\frac{\eta}{\mu}\right\rangle \exp\left(-\frac{1}{2}|\eta|^2\right), \tag{5.186}$$

其中已令

$$\mathrm{e}^{-\beta} \equiv \tanh\theta, \quad \mu^2 = \frac{1 + \tanh\theta}{1 - \tanh\theta}. \tag{5.187}$$

将式 (5.186) 代入 $\chi(\lambda) = \langle \eta = -\lambda|\rho\rangle$, 并用性质 $|\eta\rangle = D(\eta)|I\rangle$, 得

$$\chi(\lambda) = \left(1 - \mathrm{e}^{-\beta}\right) \langle \eta = -\lambda| D(\gamma) \exp\left(-\beta a^\dagger a\right) D^\dagger(\gamma)|I\rangle$$

$$= \left(1 - \mathrm{e}^{-\beta}\right) (\cosh\theta) \langle \eta = -\lambda| \int \frac{\mathrm{d}^2\eta}{\mu\pi} \left|\frac{\eta}{\mu}\right\rangle \exp\left[-\frac{1}{2}|\eta|^2 + \frac{1}{\mu}(\gamma\eta^* - \gamma^*\eta)\right]$$

$$= \exp\left(-\frac{1}{2}|\mu\lambda|^2 - \gamma\lambda^* + \gamma^*\lambda\right). \tag{5.188}$$

12. (1) 为把光子计数公式用密度算符的相干态平均来表示, 我们首先将其转换为反正规乘积形式. 利用任意算符 $A(a, a^\dagger)$ 转换成其相应的反正规乘积表示的公式:

$$A(a, a^\dagger) = \vdots \int \frac{\mathrm{d}^2 z}{\pi} \langle -z| A(a, a^\dagger) |z\rangle \exp\left(|\beta|^2 + z^* a - z a^\dagger + a a^\dagger\right) \vdots, \tag{5.189}$$

其中 $|z\rangle = \exp\left(-|z|^2/2 + z a^\dagger\right)|0\rangle$, $\vdots\ \vdots$ 表示反正规乘积, 在 $\vdots\ \vdots$ 内玻色算符 a 与 $a^\dagger$ 对易.

利用式 (5.189), 可将式 (5.64) 的正规乘积形式写成反正规乘积形式:

$$:\left(a^{\dagger}a\right)^{m}\exp\left(-\xi a^{\dagger}a\right):$$
$$=:\int\frac{\mathrm{d}^{2}z}{\pi}\langle-z|:\left(a^{\dagger}a\right)^{m}\exp\left(-\xi a^{\dagger}a\right):|z\rangle\exp\left(|\beta|^{2}+z^{*}a-za^{\dagger}+aa^{\dagger}\right):$$
$$=:\int\frac{\mathrm{d}^{2}z}{\pi}(-1)^{m}|z|^{2m}\exp\left[-(1-\xi)|z|^{2}+z^{*}a-za^{\dagger}+aa^{\dagger}\right]: . \quad (5.190)$$

利用数学积分公式

$$\int\frac{\mathrm{d}^{2}z}{\pi}z^{n}z^{*m}\exp\left(k|z|^{2}+Bz+Cz^{*}\right)$$
$$=\exp\left(-\frac{BC}{k}\right)\sum_{l=0}^{\min(m,n)}\frac{n!m!B^{m-l}C^{n-l}}{l!(n-l)!(m-l)!(-k)^{n+m-l+1}} \quad (\mathrm{Re}\,k<0), \quad (5.191)$$

对式 (5.190) 积分, 得

$$:\left(a^{\dagger}a\right)^{m}\exp\left(-\xi a^{\dagger}a\right):\,=\,:\exp\left(\frac{\xi}{\xi-1}aa^{\dagger}\right)\sum_{l=0}^{m}\frac{(-1)^{l}m!n!a^{m-l}\left(a^{\dagger}\right)^{m-l}}{l![(m-l)!]^{2}(1-\xi)^{2m-l+1}}: . \quad (5.192)$$

由拉盖尔多项式的定义

$$\mathrm{L}_{m}(x)=\sum_{l=0}^{m}(-1)^{l}\binom{m}{l}\frac{x^{l}}{l!}=\sum_{l'=0}^{m}(-1)^{m-l'}\binom{m}{m-l'}\frac{x^{m-l'}}{(m-l')!}, \quad (5.193)$$

可以将式 (5.192) 化简为

$$:\left(a^{\dagger}a\right)^{m}\exp\left(-\xi a^{\dagger}a\right):\,=\,\frac{(-1)^{m}m!}{(1-\xi)^{m+1}}:\exp\left(\frac{\xi}{\xi-1}aa^{\dagger}\right)\mathrm{L}_{m}\left(\frac{a^{\dagger}a}{1-\xi}\right): . \quad (5.194)$$

任意算符的反正规乘积形式在相干态表象中可写为

$$\vdots A\left(a,a^{\dagger}\right)\vdots=\int\frac{\mathrm{d}^{2}z}{\pi}A(z,z^{*})|z\rangle\langle z|. \quad (5.195)$$

因此, 利用式 (5.194) 与 (5.195), 得

$$p(m,T)=\frac{(-\xi)^{m}m!}{(1-\xi)^{m+1}}\mathrm{tr}\left[\rho\vdots\exp\left(\frac{\xi}{\xi-1}aa^{\dagger}\right)\mathrm{L}_{m}\left(\frac{a^{\dagger}a}{1-\xi}\right)\vdots\right]$$

$$= \left(\frac{\xi}{\xi-1}\right)^m \mathrm{tr}\left[\rho \int \frac{\mathrm{d}^2 z}{(1-\xi)\pi} \left(\exp\frac{\xi|z|^2}{\xi-1}\right) \mathrm{L}_m\left(\frac{|z|^2}{1-\xi}\right) |z\rangle\langle z|\right]$$

$$= \left(\frac{\xi}{\xi-1}\right)^m \int \frac{\mathrm{d}^2 z}{\pi} \mathrm{e}^{-\xi|z|^2} \mathrm{L}_m\left(\frac{|z|^2}{1-\xi}\right) \langle\sqrt{1-\xi}z|\rho|\sqrt{1-\xi}z\rangle. \quad (5.196)$$

可见, 一旦知道密度算符在相干态的平均值, 光子计数分布就可由上式算出.

(2) 根据任意算符 $A(a,a^\dagger)$ 的外尔编序公式

$$A = 2\int \frac{\mathrm{d}^2 z}{\pi} \langle -z|A|z\rangle \vdots \exp\left[2\left(z^* a - z a^\dagger + a^\dagger a\right)\right] \vdots , \quad (5.197)$$

式中 $\vdots\ \vdots$ 表示外尔编序, 且在 $\vdots\ \vdots$ 内玻色算符 a 与 $a^\dagger$ 对易, 得到 : $\left(a^\dagger a\right)^m$
$\times \exp\left(-\xi a^\dagger a\right)$: 的外尔编序为

$$\vdots \left(a^\dagger a\right)^m \exp\left(-\xi a^\dagger a\right) \vdots$$

$$= \vdots 2\int \frac{\mathrm{d}^2 z}{\pi} (-1)^m |z|^{2m} \exp\left[-(2-\xi)|z|^2 + 2z^* a - 2z a^\dagger + 2a a^\dagger\right] \vdots$$

$$= 2 \vdots \exp\left(\frac{2\xi a a^\dagger}{\xi-2}\right) \sum_{l=0}^{m} \frac{(-1)^l (m!)^2 (2a)^{m-l} (2a^\dagger)^{m-l}}{l! [(m-l)!]^2 (2-\xi)^{2m-l+1}} \vdots$$

$$= \frac{2(-1)^m m!}{(2-\xi)^{m+1}} \vdots \exp\left(\frac{2\xi a a^\dagger}{\xi-2}\right) \mathrm{L}_m\left(\frac{4 a a^\dagger}{2-\xi}\right) \vdots, \quad (5.198)$$

算符 $\vdots \exp\left(\frac{2\xi a a^\dagger}{\xi-2}\right) \mathrm{L}_m\left(\frac{4 a a^\dagger}{2-\xi}\right) \vdots$ 的经典外尔函数的对应为

$$\vdots \exp\left(\frac{2\xi a a^\dagger}{\xi-2}\right) \mathrm{L}_m\left(\frac{4 a a^\dagger}{2-\xi}\right) \vdots = 2\int \mathrm{d}^2 z \left(\exp\frac{2\xi |z|^2}{\xi-2}\right) \mathrm{L}_m\left(\frac{4|z|^2}{2-\xi}\right) \Delta(z,z^*), \quad (5.199)$$

其中 $\Delta(z,z^*)$ 是单模威格纳算符, 其表达式为

$$\Delta(z,z^*) = \frac{1}{2} \vdots \delta(z-a)\delta(z^*-a^\dagger) \vdots . \quad (5.200)$$

根据式 (5.198) 和 (5.199), 可得

$$p(m,T) = \frac{2(-\xi)^m}{(2-\xi)^{m+1}} \int \frac{\mathrm{d}^2 z}{\pi} \exp\left(\frac{2\xi |z|^2}{\xi-2}\right) \mathrm{L}_m\left(\frac{4|z|^2}{2-\xi}\right) W(z,z^*), \quad (5.201)$$

其中 $W(z,z^*) = 2\pi \mathrm{tr}[\rho \Delta(z,z^*)]$ 为密度算符 ρ 的威格纳函数.

第 6 章 用不变本征算符法求解量子动力学系统的能隙

6.1 新增基础知识与例题

在量子力学中求动力学哈密顿系统的能级时,传统的做法是解定态薛定谔方程,而与之地位等价的海森伯方程却很少用,这是为什么呢? 原因之一是在海森伯方程中不显含本征态. 在本章中,我们设法 "眷顾" 海森伯方程,提出从海森伯思想出发利用不变本征算符法求解量子系统的能级,并关注能级间隔,同时结合薛定谔算符的物理含义,把本征态思想推广到 "不变本征算符"(英文简称为 IEO) 的概念,从而使海森伯方程更为有用.

我们的方法归结为求哈密顿量的 "不变本征算符",它可以是一阶的,也可以是高阶的,同一个哈密顿量也可以有不同的 "不变本征算符",不同的 "不变本征算符" 也可以对应同一能隙 (简并). 这就为我们尝试找 "不变本征算符" 提供了更多的机会. 除了介绍这个有用的方法之外,本章主要列举了其在物理中的几个应用,尤其是对固体物理中具有周期性的哈密顿量,用不变本征算符法求系统的准粒子谱颇为有效.

不变本征算符法的灵感来源于最基本的量子力学薛定谔方程和海森伯方程. 对于一个不显含时间的哈密顿量 H, $\partial H/\partial t = 0$, 其定态薛定谔方程为

$\mathrm{i}\mathrm{d}\Psi/\mathrm{d}t = H\Psi = E\Psi\ (\hbar = 1)$; 另外, 在海森伯绘景中, 一个算符 O 的时间演化由海森伯方程支配:

$$\mathrm{i}\frac{\mathrm{d}}{\mathrm{d}t}O = [O, H], \tag{6.1}$$

那么是否存在这样的一个算符 O_e, 满足

$$\mathrm{i}\frac{\mathrm{d}}{\mathrm{d}t}O_\mathrm{e} = [O_\mathrm{e}, H] = \lambda O_\mathrm{e}, \tag{6.2}$$

或者满足一个更高阶的方程

$$\left(\mathrm{i}\frac{\mathrm{d}}{\mathrm{d}t}\right)^n O_\mathrm{e} = \underbrace{[[\cdots[O_\mathrm{e}, H], H], \cdots, H]}_{n} = \lambda O_\mathrm{e} \quad (n \geqslant 2). \tag{6.3}$$

与定态薛定谔方程 $H\Psi = E\Psi$ 相比, 式 (6.2) 或 (6.3) 是一个算符方程, "本征矢" 为 O_e, "本征值" 是 λ, 只是这个方程并不是在薛定谔绘景中, 所以我们称式 (6.3) 为求不变本征算符法的算符方程.

那么式 (6.3) 中的 λ 有何意义? 它与系统哈密顿量的本征能谱又有何关系呢? 为了解释这点, 不妨以 $n = 2$ 为例来说明, 式 (6.3) 就相应地变为

$$\left(\mathrm{i}\frac{\mathrm{d}}{\mathrm{d}t}\right)^2 O_\mathrm{e} = [[O_\mathrm{e}, H], H] = \lambda O_\mathrm{e}. \tag{6.4}$$

假设 $|b\rangle$ 和 $|c\rangle$ 为该系统哈密顿量 H 的任意两个相邻的本征态, 对应的本征值分别为 E_b 和 E_c, 于是

$$\begin{aligned}\langle c|[[O_\mathrm{e}, H], H]|b\rangle &= \langle c|\left(O_\mathrm{e}H^2 - 2HO_\mathrm{e}H + H^2 O_\mathrm{e}\right)|b\rangle \\ &= (E_b - E_c)^2 \langle c|O_\mathrm{e}|b\rangle = \lambda \langle c|O_\mathrm{e}|b\rangle.\end{aligned} \tag{6.5}$$

当矩阵元 $\langle c|O_\mathrm{e}|b\rangle \neq 0$ 时, 由于 $\left(\mathrm{i}\dfrac{\mathrm{d}}{\mathrm{d}t}\right)^2$ 对应 H^2, 所以两个相邻能级间的能隙为 $\sqrt{\lambda}$. 对一个系统的哈密顿量 H, 事先选定算符 O_e 作为这个系统的不变本征算符, 按照式 (6.3) 从一阶开始作试探计算. 若作一次对易子, 就有

$$[O_\mathrm{e}, H] = \lambda O_\mathrm{e}, \tag{6.6}$$

那么该体系的能隙就是 λ; 若作 n 次对易计算后, 有

$$\underbrace{[[\cdots [O_{\mathrm{e}}, H], H], \cdots, H]}_{n} = \lambda O_{\mathrm{e}} \quad (n \geqslant 2), \tag{6.7}$$

那么该体系的能隙为 $\lambda^{1/n}$.

在利用不变本征算符法求解某些哈密顿量能谱的时候, 常会碰到这样的情况: 选定一个由几个基本算符组成的 O_{e} 后, 作 n 次的对易子计算 $[[\cdots [O_{\mathrm{e}}, H], H], \cdots, H] = \lambda O'_{\mathrm{e}}$, 而 O_{e} 和 O'_{e} 不成比例, 但是我们发现组成该 O'_{e} 中的某个算符与哈密顿量 H 有共同本征态, 在此本征态空间中让该算符退化为本征值, 于是 O'_{e} 就与 O_{e} 成比例了. 我们称这种方法为 "赝不变本征算符法", 它是 "不变本征算符法" 的弱化.

【例 6.1】 对于哈密顿量

$$H = \omega a^{\dagger} a + \lambda \left(a^2 + a^{\dagger 2} \right), \tag{6.8}$$

利用不变本征算符法求其能级间隔.

解 由海森伯运动方程, 得

$$\begin{aligned} \mathrm{i} \frac{\mathrm{d}}{\mathrm{d}t} a &= [a, H] = \omega a + 2\lambda a^{\dagger}, \\ \mathrm{i} \frac{\mathrm{d}}{\mathrm{d}t} a^{\dagger} &= [a^{\dagger}, H] = -\omega a^{\dagger} - 2\lambda a, \end{aligned} \tag{6.9}$$

所以 $a + a^{\dagger}$ 是 "不变本征算符". 因为

$$\left(\mathrm{i} \frac{\mathrm{d}}{\mathrm{d}t} \right)^2 (a + a^{\dagger}) = [[a + a^{\dagger}, H], H] = \left(\omega^2 - 4\lambda^2 \right) (a + a^{\dagger}), \tag{6.10}$$

所以能级间隔为

$$\Delta E = \sqrt{\omega^2 - 4\lambda^2}. \tag{6.11}$$

【例 6.2】 运用不变本征算符法, 求下面的哈密顿量的能级间隔:

$$H = \frac{P^2}{2m} + \frac{1}{2} m\omega^2 Q^2 + k(PQ + QP), \tag{6.12}$$

其中 $[Q, P] = \mathrm{i}\,(\hbar = 1)$.

解 由于

$$[Q, H] = \frac{\mathrm{i}P}{m} + 2\mathrm{i}kQ, \quad [P, H] = -m\omega^2 Q - 2\mathrm{i}kP, \tag{6.13}$$

故可认定 $O_\mathrm{e} = \lambda Q + vP$ 为不变本征算符. 进一步, 有

$$\mathrm{i}\frac{\mathrm{d}}{\mathrm{d}t}O_\mathrm{e} = [O_\mathrm{e}, H] = \mathrm{i}\lambda\left(\frac{P}{m} + 2Qk\right) - \mathrm{i}v\left(m\omega^2 Q + 2kP\right), \tag{6.14}$$

$$\left(\mathrm{i}\frac{\mathrm{d}}{\mathrm{d}t}\right)^2 O_\mathrm{e} = [[O_\mathrm{e}, H], H] = \left(\omega^2 - 4k^2\right) O_\mathrm{e}, \tag{6.15}$$

所以 H 的能级间隔为 $\sqrt{\omega^2 - 4k^2}$.

【例 6.3】 对于 N 个恒等振子的最近邻耦合模型, 第一个振子与第 N 个振子首尾相接形成环状, 其哈密顿量是

$$H = \frac{1}{2m}\sum_{l=1}^{N} P_l^2 + \frac{\beta}{2}\sum_{l=1}^{N}(Q_l - Q_{l-1})^2. \tag{6.16}$$

由于模型成环状, 可认为

$$P_{N+l} = P_l, \quad Q_{N+l} = Q_l, \tag{6.17}$$

每一个振子所处的环境均相同. 当 N 趋向于很大时, 环的局部就可以看做一个具有玻恩–冯·卡门边界条件的一维长链.

试用不变本征算符法求此系统的能级间隔.

解 对于此系统, 可以认定不变本征算符为

$$O_\mathrm{e} = \sum_{k=1}^{N} P_k \cos k\theta_l, \tag{6.18}$$

其中

$$\theta_l = \frac{2\pi}{N}(l-1) \quad (l = 1, 2, 3, \cdots, N). \tag{6.19}$$

由于

$$[P_k, H] = \mathrm{i}\beta\hbar(Q_{k+1} + Q_{k-1} - 2Q_k), \tag{6.20}$$

故由周期性边界条件, 可知

$$i\frac{d}{dt}O_e = [O_e, H]$$

$$= -i\beta\hbar\sum_{k=1}^{N}Q_k\{2\cos k\theta_l - \cos[(k+1)\theta_l] - \cos[(k-1)\theta_l]\}$$

$$= -4i\beta\sum_{k=1}^{N}Q_k\sin^2\frac{\theta_l}{2}\cos k\theta_l$$

$$= -2i\beta\hbar(1-\cos\theta_l)\sum_{k=1}^{N}Q_k\cos k\theta_l. \tag{6.21}$$

再由

$$[Q_k, H] = \frac{i\hbar}{m}P_k, \tag{6.22}$$

可得

$$\left(i\frac{d}{dt}\right)^2 O_e = \frac{2\beta\hbar^2}{m}(1-\cos\theta_l)O_e, \tag{6.23}$$

所以系统的能级间隔为

$$\Delta E = \hbar\sqrt{\frac{2\beta}{m}(1-\cos\theta_l)}. \tag{6.24}$$

【例 6.4】 设一电荷为 e、质量为 m 的自旋粒子置于均匀磁场 $B(B$ 沿 x 轴$)$ 中, 哈密顿量为

$$H = \frac{eBS_x}{mc}, \tag{6.25}$$

式中 c 是光速, $S_i\ (i=x,y,z)$ 是自旋算符, 满足对易关系

$$[S_x, S_y] = iS_z. \tag{6.26}$$

试用不变本征算符法求其能级间隔.

解 由海森伯方程, 导出

$$\frac{dS_y}{dt} = \frac{1}{i}[S_y, H] = -2\Omega S_z,$$
$$\frac{dS_z}{dt} = \frac{1}{i}[S_z, H] = 2\Omega S_y, \tag{6.27}$$
$$\Omega = \frac{eB}{2mc}.$$

第 6 章 用不变本征算符法求解量子动力学系统的能隙

由此给出
$$\frac{d^2 S_y}{dt^2} = -2\Omega \frac{dS_z}{dt} = 4\Omega^2 S_y, \tag{6.28}$$
所以,此自旋系统的不变本征算符为 S_y,对应能级间隔是 2Ω.

【例 6.5】 描述光场与原子相互作用的最简单的模型是杰恩斯-卡明斯 (Jaynes-Cummings)(JC) 模型,其哈密顿量为
$$H = \omega a^\dagger a + \frac{1}{2}\Omega \sigma_z + k\left(\sigma_+ a + a^\dagger \sigma_-\right), \tag{6.29}$$
其中 ω 为光场频率, Ω 是二能级原子的跃迁频率, k 是光与原子的耦合常数, $a^\dagger$ 和 a 分别为光场的产生算符与湮灭算符, $\sigma_\pm$ 是泡利自旋算符:
$$\sigma_+ = \begin{pmatrix} 0 & 1 \\ 0 & 0 \end{pmatrix}, \quad \sigma_- = \begin{pmatrix} 0 & 0 \\ 1 & 0 \end{pmatrix}, \quad \sigma_z = \begin{pmatrix} 1 & 0 \\ 0 & -1 \end{pmatrix}, \tag{6.30}$$
它们满足
$$[\sigma_z, \sigma_\pm] = \pm 2\sigma_\pm, \quad [\sigma_+, \sigma_-] = \sigma_z. \tag{6.31}$$
讨论不变本征算符法在求解此 JC 模型能级差中的应用.

解 为了便于寻找不变本征算符,我们用超对称生成元的方法构造幺正变换来对角化哈密顿量. 这些生成元为
$$a^\dagger \sigma_- = \begin{pmatrix} 0 & 0 \\ a^\dagger & 0 \end{pmatrix} \equiv Q, \quad \sigma_+ a = \begin{pmatrix} 0 & a \\ 0 & 0 \end{pmatrix} \equiv Q^\dagger,$$
$$N = a^\dagger a + \frac{1}{2}\sigma_z + \frac{1}{2} = \begin{pmatrix} a^\dagger a & 0 \\ 0 & a^\dagger a \end{pmatrix}, \tag{6.32}$$
$$N^{-1/2} = \begin{pmatrix} \frac{1}{\sqrt{a^\dagger a}} & 0 \\ 0 & \frac{1}{\sqrt{a^\dagger a}} \end{pmatrix},$$
它们满足以下对易关系和反对易关系:
$$Q^2 = 0 = Q^{\dagger 2}, \quad [Q^\dagger, Q] = N\sigma_z, \quad \{Q, \sigma_z\} = \{Q^\dagger, \sigma_z\} = 0,$$
$$N = \{Q, Q^\dagger\}, \quad [N, Q] = [N, Q^\dagger] = 0, \quad (Q^\dagger - Q)^2 = -N, \tag{6.33}$$
$$[N^{-1/2}, Q] = [N^{-1/2}, Q^\dagger] = 0,$$

其中 { } 代表反对易子. $(N, Q, Q^\dagger)$ 称为超对称生成元集合, 用它们可以把式 (6.29) 改写为

$$H = \omega N + \frac{\Delta}{2}\sigma_z + k\left(Q + Q^\dagger\right) - \frac{\omega}{2}, \tag{6.34}$$

其中 $\Delta \equiv \Omega - \omega$. 假定此哈密顿量的不变本征算符的形式为

$$O_e = f\left(Q + Q^\dagger\right) + g\sigma_z, \tag{6.35}$$

其中 f 和 g 为待定系数. 由对易关系式 (6.33), 可知

$$\mathrm{i}\frac{\mathrm{d}}{\mathrm{d}t}O_e = [O_e, H] = (f\Delta - 2kg)\left(Q - Q^\dagger\right). \tag{6.36}$$

微分一次, 得到

$$\left(\mathrm{i}\frac{\mathrm{d}}{\mathrm{d}t}\right)^2 O_e = (f\Delta - 2kg)\left[\Delta\left(Q + Q^\dagger\right) - 2kN\sigma_z\right]. \tag{6.37}$$

比较式 (6.35) 与 (6.37) 的右边, 可见它们两者难成比例. 因为 σ_z 与 $N\sigma_z$ 不同, 所以式 (6.35) 中的 O_e 似乎不是不变本征算符. 但是若在 N 的本征矢量空间中就可以用其本征值代表 N, 那么在此意义下可认为 $f\left(Q + Q^\dagger\right) + g\sigma_z$ 与 $\Delta\left(Q + Q^\dagger\right) - 2kN\sigma_z$ 成比例. N 的本征态矢是

$$\begin{pmatrix} |n\rangle \\ 0 \end{pmatrix} = (|\uparrow\rangle, |n\rangle), \quad \begin{pmatrix} 0 \\ |n+1\rangle \end{pmatrix} = (|\downarrow\rangle, |n+1\rangle), \tag{6.38}$$

它们是福克态与原子态 (用自旋矩阵表示) 的直积, 式中

$$|\uparrow\rangle = \begin{pmatrix} 1 \\ 0 \end{pmatrix}, \quad |\downarrow\rangle = \begin{pmatrix} 0 \\ 1 \end{pmatrix}. \tag{6.39}$$

N 的本征值是

$$\begin{aligned} N\begin{pmatrix} |n\rangle \\ 0 \end{pmatrix} &= \left(a^\dagger a + \frac{1}{2}\sigma_z + \frac{1}{2}\right)\begin{pmatrix} |n\rangle \\ 0 \end{pmatrix} = (n+1)\begin{pmatrix} |n\rangle \\ 0 \end{pmatrix}, \\ N\begin{pmatrix} 0 \\ |n+1\rangle \end{pmatrix} &= (n+1)\begin{pmatrix} 0 \\ |n+1\rangle \end{pmatrix}. \end{aligned} \tag{6.40}$$

把式 (6.37) 的两边作用到本征矢上, 得

$$\left(i\frac{d}{dt}\right)^2 O_e \begin{pmatrix} |n\rangle \\ 0 \end{pmatrix} = (f\Delta - 2kg)\left[\Delta(Q+Q^\dagger) - 2k(n+1)\sigma_z\right] \begin{pmatrix} |n\rangle \\ 0 \end{pmatrix},$$

$$\left(i\frac{d}{dt}\right)^2 O_e \begin{pmatrix} 0 \\ |n+1\rangle \end{pmatrix} = (f\Delta - 2kg)\left[\Delta(Q+Q^\dagger) - 2k(n+1)\sigma_z\right] \begin{pmatrix} 0 \\ |n+1\rangle \end{pmatrix}.$$
(6.41)

比较式 (6.35) 与 $\Delta(Q+Q^\dagger) - 2k(n+1)\sigma_z$, 得到比例关系

$$\frac{f}{g} = \frac{\Delta}{-2k(n+1)}, \tag{6.42}$$

即

$$f = -\frac{\Delta}{2k(n+1)}g. \tag{6.43}$$

代入式 (6.35), 得

$$O_e = -\frac{\Delta}{2k(n+1)}g(Q+Q^\dagger) + g\sigma_z. \tag{6.44}$$

把式 (6.41) 的右边与 $\left(i\dfrac{d}{dt}\right)^2 O_e = \lambda O_e$ 比较, 得

$$\left[\Delta^2 + 4k^2(n+1)\right]\left[-\frac{\Delta}{2k(n+1)}g(Q+Q^\dagger) + g\sigma_z\right] = \lambda O_e, \tag{6.45}$$

即

$$\Delta^2 + 4k^2(n+1) = \lambda. \tag{6.46}$$

令

$$\frac{2k}{\Delta} = \frac{1}{\sqrt{n+1}}\tanh\theta, \tag{6.47}$$

则能级差为

$$\sqrt{\lambda} = \frac{\Delta}{\cos\theta}. \tag{6.48}$$

注释 这里, O_e 的正确性是在 N 的本征空间理解的, 所以称之为 "赝不变本征算符".

6.2 习题

1. N 个耦合谐振子模型带有两体相互作用,其哈密顿量为

$$H = H_0 + kV_{ij}, \tag{6.49}$$

其中

$$H_0 = \sum_{i=1}^{N} \left(\frac{p_i^2}{2m} + \frac{1}{2} m\omega^2 x_i^2 \right), \quad V_{ij} = \sum_{i<j} \frac{1}{(x_i - x_j)^2}, \tag{6.50}$$

这里 k 为实参数. 求其能级间隔.

2. 描述奇异谐振子模型的哈密顿量为

$$H = \frac{p^2}{2m} + \frac{1}{2} m\omega^2 x^2 + \frac{g}{x^2}, \tag{6.51}$$

其中 g 为实参数. 利用不变本征算符法,求其能级间隔.

3. 用不变本征算符法求解 JC 模型

$$H = \frac{P_x^2}{2m} + \frac{\omega_0}{2} \sigma_z + \omega a^\dagger a + \Omega \left(a^2 \sigma_+ e^{ikx} + a^{\dagger 2} \sigma_- e^{-ikx} \right), \tag{6.52}$$

这里 $\sigma_+ = |+\rangle\langle-|, \sigma_- = |-\rangle\langle+|$ 为原子升降算符;σ_z 是原子反转算符;Ω 为实的原子光子耦合参数,且

$$|+\rangle = \begin{pmatrix} 1 \\ 0 \end{pmatrix}, \quad |-\rangle = \begin{pmatrix} 0 \\ 1 \end{pmatrix}, \quad \sigma_z = \begin{pmatrix} 1 & 0 \\ 0 & -1 \end{pmatrix}. \tag{6.53}$$

4. 设有由 N 个相同叶片组成的叶轮,每个叶片的半径为 r,质量为 m,并设连接叶轮与中轴的弹簧的弹性系数为 λ,连接相邻叶轮的弹簧弹性系数为 β. 在经典情况下,描述这个叶轮的哈密顿量为

$$h = \sum_{l=1}^{N} \left[\frac{mq_l^2}{2} + \frac{\beta}{2} (q_l - q_{l-1})^2 + \lambda q_l^2 \right], \tag{6.54}$$

相应的量子叶轮的哈密顿量为

$$H = \sum_{l=1}^{N} \left[\frac{1}{2m} P_l^2 + \frac{\beta}{2} (Q_l - Q_{l-1})^2 + \lambda Q_l^2 \right], \quad (6.55)$$

其中 P_l 是坐标为 Q_l 的叶片的动量, 满足对易关系 $[Q_l, P_{l'}] = i\hbar \delta_{ll'}$, 周期性边界条件为

$$P_{N+l} = P_l, \quad Q_{N+l} = Q_l. \quad (6.56)$$

试用不变本征算符法求解该模型的振动能谱.

5. 对于量子模型

$$H = \frac{1}{2} \sum_{i,j}^{n} M_{ij} P_i P_j + \frac{1}{2} \sum_{i,j}^{n} L_{ij} Q_i Q_j, \quad (6.57)$$

为了使之满足哈密顿量的厄米性, 要求 $M_{ij} = M_{ji}^*$, $L_{ij} = L_{ji}^*$. 试寻找此哈密顿量的不变本征算符.

6. 对于两个自旋为 1/2 的相互作用系统, 其哈密顿量为

$$H = A\boldsymbol{S}_1 \cdot \boldsymbol{S}_2, \quad (6.58)$$

式中 A 是耦合常数. 若 $\boldsymbol{S}_1 - \boldsymbol{S}_2$ 为此系统的不变本征算符, 求其能级间隔.

7. 对于广义参量放大器模型, 其哈密顿量为

$$H = \omega a^\dagger a + \lambda a^\dagger \sqrt{N+1} + \lambda^* \sqrt{N+1} a, \quad (6.59)$$

其中 $N = a^\dagger a$, $[a, a^\dagger] = 1$, $\sqrt{N+1}$ 描述光子场的强度. 试利用不变本征算符法求其能级间隔.

8. 在福克空间可以用玻色算符的函数组合出满足 su(1,1) 李代数的多光子产生算符和湮灭算符, 例如勃兰特 (Brandt) 和格林伯格 (Greenberg) 发现如下组合:

$$A_l \equiv a^l \left(\left[\frac{N}{l} \right] \frac{(N-l)!}{N!} \right)^{1/2}, \quad A_l^\dagger \equiv \left(\left[\frac{N}{l} \right] \frac{(N-l)!}{N!} \right)^{1/2} a^{\dagger l}, \quad (6.60)$$

其中 $[x]$ 表示不大于 x 的最大整数，$\left[A_l, A_l^\dagger\right]=1$. 现有一多光子系统，其哈密顿量为

$$H = \omega K_0 + \lambda K_- + \lambda^* K_+, \tag{6.61}$$

其中 K_0，K_- 和 K_+ 分别为

$$K_0 = A_l^\dagger A_l + \frac{1}{2}, \quad K_- = \sqrt{A_l A_l^\dagger} A_l, \quad K_+ = A_l^\dagger \sqrt{A_l A_l^\dagger}. \tag{6.62}$$

试用不变本征算符法求此系统的能级间隔.

9. 一广义 JC 模型的哈密顿量为

$$\begin{aligned} H =\ & \varpi(a^\dagger a - b^\dagger b) + \frac{1}{2}\sigma_z \Omega \\ & + \lambda\left(\sigma_+\sqrt{\frac{a-b^\dagger}{a^\dagger-b}}\sqrt{a^\dagger a - b^\dagger b} + \sqrt{a^\dagger a - b^\dagger b}\sqrt{\frac{a^\dagger-b}{a-b^\dagger}}\sigma_-\right), \end{aligned} \tag{6.63}$$

其中 ϖ 为光场频率，Ω 是原子跃迁频率，$\sigma_\pm$ 是泡利算符，$[\sigma_+, \sigma_-] = 2\sigma_z$，$\lambda$ 是耦合系数. 试讨论此模型的物理意义，并利用赝不变本征算符法求其能级间隔.

10. Λ 组态的三能级原子与光场相互作用，假设较低能级 $|1\rangle$ 和 $|2\rangle$ 靠得很近，近乎简并，而 m 个光子的跃迁只允许发生在高能级 $|3\rangle$ 与低能级 $|1\rangle$ 或 $|2\rangle$ 之间. 试证明此系统的哈密顿量形式也可看做 JC 模型.

6.3 思考练习

1. 设某一分子由不同质量的三个原子组成，其哈密顿量为

$$H = \sum_{i=1}^{3}\frac{1}{2m_i}p_i^2 + \frac{k}{2}\left[(x_2-x_1-d)^2 + (x_3-x_2-d)^2\right], \tag{6.64}$$

其中 d 表示两相邻原子间的距离，试用不变本征算符法求其能级间隔.

2. 在耗散的线性分子链模型中，若一个线性分子链与磁矩 $\varepsilon\sigma_z/2$ 相互作用，其中 σ_z 为泡利自旋算符，且 $\sigma_z^2 = 1$，则系统的哈密顿量为

$$H = \sum_{j=1} \left(\frac{1}{2m} P_j^2 + \frac{1}{2} m\omega_j^2 Q_i^2 \right) - \frac{1}{2} \epsilon \sigma_z - \frac{1}{2} \sum_j g_j Q_j^2 \sigma_z, \qquad (6.65)$$

其相互作用导致系统的耗散，试用不变本征算符法讨论此体系的能级差.

3. 相同耦合 d 维谐振子模型的哈密顿量为

$$H = \sum_{i=1}^{d} \left(\frac{1}{2m} P_j^2 + \frac{1}{2} m\omega_j^2 Q_i^2 \right) + \frac{k}{4} \sum_{i,j=1}^{d} (Q_i - Q_j)^2, \qquad (6.66)$$

试用不变本征算符法讨论此体系的能级差.

4. 设有外场的双原子分子模型哈密顿量为

$$H = \frac{1}{2m}\left(P_x^2 + P_y^2\right) + \frac{1}{8} m\Omega^2\left(Q_x^2 + Q_y^2\right) + \frac{\Omega'}{2}\left(Q_x P_y - Q_y P_x\right), \qquad (6.67)$$

试用不变本征算符法讨论此体系的本征能谱的能级间隔.

5. 用不变本征算符法，求解有奇异相互作用的参量放大器模型哈密顿量

$$H = \omega\left(a^\dagger a + b^\dagger b\right) + k\left(a^\dagger b^\dagger + ab\right) + \frac{g}{(Q_1 - Q_2)^2} \qquad (6.68)$$

的能级间隔.

6. 设叶轮由两种叶片交替组成，相邻两片叶轮与中轴的弹簧的弹性系数分别为 λ 和 λ'，相邻叶片间的连接弹簧的系数为 β 和 β'，这种双模式的叶轮的量子哈密顿量为

$$H = \sum_{n=1}^{N} \left[\frac{P_n^2}{2m} + \frac{P_n'^2}{2m'} + \frac{\beta}{2}(Q_n - Q_n')^2 + \frac{\beta'}{2}(Q_n' - Q_{n+1})^2 + \lambda Q_n^2 + \lambda' Q_n'^2 \right], \qquad (6.69)$$

相应的周期性边界条件为

$$W_{N+n} = W_n, \qquad (6.70)$$

其中 W_n 可以分别表示 P_n, P_n', Q_n 或 Q_n'，试利用不变本征算符法求解此模型的能级间隔.

7. 在分子物理中，描述两个各向同性的振动偶极子模型的哈密顿量为

$$H = T + V_1 + V_2, \tag{6.71}$$

其中

$$\begin{aligned}
T &= \frac{1}{2\mu} \left(P_{x_1}^2 + P_{x_2}^2 + P_{y_1}^2 + P_{y_2}^2 + P_{z_1}^2 + P_{z_2}^2 \right), \\
V_1 &= \frac{1}{2} k \left(x_1^2 + y_1^2 + z_1^2 + x_2^2 + y_2^2 + z_2^2 \right), \\
V_2 &= \frac{e^2}{R^3} \left(x_1 x_2 + y_1 y_2 - 2 z_1 z_2 \right),
\end{aligned} \tag{6.72}$$

试利用不变本征算符法求其能级间隔.

8. 利用不变本征算符法，求均匀磁场下各向同性量子点中电子的能级间隔，设其哈密顿量为

$$H = H_0 + \frac{1}{2} m \omega_0^2 \left(x^2 + y^2 \right), \tag{6.73}$$

式中

$$H_0 = \frac{1}{2m} \left(p_x^2 + p_y^2 \right) + \frac{\Omega}{2} (x p_y - y p_x) + \frac{1}{8} m \Omega^2 \left(x^2 + y^2 \right). \tag{6.74}$$

9. 对于一个复杂的晶体系统，忽略电子和晶格振动的相互作用及电子自旋，考虑紧束缚近似，在万尼尔 (Wannier) 表象中电子的哈密顿量为

$$H = E_1 \sum_l a_l^\dagger a_l + E_2 \sum_l c_l^\dagger c_l + W \sum_{l,\delta} \left(a_l^\dagger c_{l+\delta} + c_l^\dagger a_{l+\delta} \right), \tag{6.75}$$

试利用不变本征算符法求解其能带.

10. 利用赝不变本征算符法，求解如下一个 JC 模型的本征能谱的能级间隔：

$$\begin{aligned}
H = {} & \omega \left(a_1^\dagger a_1 - a_2^\dagger a_2 \right) + \frac{\omega_0}{2} \sigma_z \\
& + \Theta \left[\sigma_+ \left(\sqrt{\frac{a_1 - a_2^\dagger}{a_1^\dagger - a_2}} \sqrt{a_1^\dagger a_1 - a_2^\dagger a_2} \right)^2 + \left(\sqrt{a_1^\dagger a_1 - a_2^\dagger a_2} \sqrt{\frac{a_1^\dagger - a_2}{a_1 - a_2^\dagger}} \right)^2 \sigma_- \right].
\end{aligned} \tag{6.76}$$

11. 利用不变本征算符法, 求无限长晶格链的振动模.

12. 已知量子点中的电子在均匀磁场中运动的哈密顿量, 如果有一个外加的非对称谐振子势 (一个量子点), 则相应的系统的哈密顿量为

$$H = \frac{1}{2m}\left(\Pi_x^2 + \Pi_y^2\right) + \frac{1}{2}m\omega_1^2 x^2 + \frac{1}{2}m\omega_2^2 y^2, \tag{6.77}$$

试利用不变本征算符求其能级间隔.

6.4 习题解答

1. 利用产生算符与湮灭算符的形式:

$$a_i = \frac{1}{\sqrt{2}}\left(\sqrt{m\omega}\,x_i + \mathrm{i}\frac{p_i}{\sqrt{m\omega}}\right), \quad a_i^\dagger = \frac{1}{\sqrt{2}}\left(\sqrt{m\omega}\,x_i - \mathrm{i}\frac{p_i}{\sqrt{m\omega}}\right), \tag{6.78}$$

将题目中的哈密顿量改写为

$$H = \omega \sum_{i=1}^{N} a_i^\dagger a_i + k V_{ij} + \frac{\omega}{2}, \tag{6.79}$$

并引入不变本征算符

$$O_\mathrm{e} = \sum_{i=1}^{N} a_i^2 - \frac{k}{\omega} V_{ij}. \tag{6.80}$$

由如下对易关系:

$$\begin{aligned}
\left[\frac{1}{2}\sum_{i=1}^{N} a_i^2, V_{ij}\right] &= -\frac{1}{4m\omega}\left[\sum_{i=1}^{N} p_i^2, V_{ij}\right] + \frac{\mathrm{i}}{4}\left[\sum_{i=1}^{N}(x_i p_i + p_i x_i), V_{ij}\right] \\
&= -\frac{\mathrm{i}}{m\omega}\sum_{i<j}\left[(p_i - p_j)\frac{1}{(x_i - x_j)^3} + \frac{1}{(x_i - x_j)^3}(p_i - p_j)\right] - 2V_{ij},
\end{aligned} \tag{6.81}$$

$$\left[\sum_{i=1}^{N} a_i^\dagger a_i, V_{ij}\right] = \frac{1}{2m\omega}\left[\sum_{i=1}^{N} p_i^2, V_{ij}\right]$$

$$= \frac{\mathrm{i}}{m\omega} \sum_{i<j} \left[(p_i - p_j) \frac{1}{(x_i - x_j)^3} + \frac{1}{(x_i - x_j)^3} (p_i - p_j) \right], \quad (6.82)$$

可得

$$[O_\mathrm{e}, H] = \omega \sum_{i=1}^{N} \left[a_i^2, a_i^\dagger a_i \right] + k \left[\sum_{i=1}^{N} a_i^2, V_{ij} \right] + k \left[\sum_{i=1}^{N} a_i^\dagger a_i, V_{ij} \right] = 2\omega O_\mathrm{e}, \quad (6.83)$$

因此能级间隔为 $\Delta E = 2\omega$.

注释 本题也可选取 $O_\mathrm{e}^\dagger = \sum_{i=1}^{N} a_i^{\dagger 2} - \frac{k}{\omega} V_{ij}$ 为不变本征算符, 则 $[O_\mathrm{e}^\dagger, H] = 2\omega O_\mathrm{e}^\dagger$, 所得结果也不变.

2. 为了便于利用不变本征算符法求解, 先通过

$$a = \frac{1}{\sqrt{2}} \left(\sqrt{m\omega} x + \mathrm{i} \frac{p}{\sqrt{m\omega}} \right), \quad a^\dagger = \frac{1}{\sqrt{2}} \left(\sqrt{m\omega} x - \mathrm{i} \frac{p}{\sqrt{m\omega}} \right), \quad (6.84)$$

将式 (6.51) 变为

$$H = \omega a^\dagger a + \frac{g}{x^2} + \frac{\omega}{2}, \quad (6.85)$$

再进行如下试探性运算:

$$\begin{aligned} \left[a^2, \frac{g}{x^2} \right] &= -\frac{g}{2m\omega} \left[p^2, \frac{1}{x^2} \right] + \mathrm{i} g x \left[p, \frac{1}{x^2} \right] \\ &= \frac{\mathrm{i}g}{m\omega} \left(p \frac{1}{x^3} + \frac{1}{x^3} p \right) - 2g \frac{1}{x^2}, \end{aligned} \quad (6.86)$$

且

$$\left[a^\dagger a, \frac{g}{x^2} \right] = -\frac{\mathrm{i}g}{m\omega} \left(p \frac{1}{x^3} + \frac{1}{x^3} p \right). \quad (6.87)$$

令

$$O_\mathrm{e} = a^2 - \frac{g}{\omega x^2} \quad (6.88)$$

为不变本征算符, 则

$$[O_\mathrm{e}, H] = \left[a^2 - \frac{g}{\omega x^2}, \omega a^\dagger a + \frac{g}{x^2} + \frac{\omega}{2} \right] = 2\omega O_\mathrm{e}, \quad (6.89)$$

所以奇异谐振子模型的哈密顿量的能级间隔为 $\Delta E = 2\omega$.

第 6 章 用不变本征算符法求解量子动力学系统的能隙

3. 定义该模型的超对称算符

$$Q = \begin{pmatrix} 0 & 0 \\ a^{\dagger 2}\mathrm{e}^{-\mathrm{i}kx} & 0 \end{pmatrix}, \quad Q^{\dagger} = \begin{pmatrix} 0 & a^2\mathrm{e}^{\mathrm{i}kx} \\ 0 & 0 \end{pmatrix}, \quad N' = \begin{pmatrix} a^2 a^{\dagger 2} & 0 \\ 0 & a^{\dagger 2} a^2 \end{pmatrix}. \tag{6.90}$$

它们遵从基本的超对称代数关系：

$$\begin{aligned} & Q^2 = Q^{\dagger 2} = 0, \quad N' = \{Q, Q^{\dagger}\}, \quad [Q^{\dagger}, Q] = N'\sigma_z, \\ & \{Q, \sigma_z\} = \{Q^{\dagger}, \sigma_z\} = 0, \quad [N', Q] = [N', Q^{\dagger}] = 0, \quad [N', \sigma_z] = 0, \end{aligned} \tag{6.91}$$

于是称 $Q^{\dagger}, Q, N'$ 为超对称生成元. 该 JC 模型还有两个守恒量：

$$P_t = P_x + \frac{k}{2}a^{\dagger}a, \quad N = a^{\dagger}a + \sigma_z, \tag{6.92}$$

这是因为

$$\begin{aligned} & [P_t, Q] = [P_t, Q^{\dagger}] = 0, \\ & [N, Q] = \begin{pmatrix} aa^{\dagger} & 0 \\ 0 & a^{\dagger}a - 1 \end{pmatrix}, \begin{pmatrix} 0 & 0 \\ a^{\dagger 2}\mathrm{e}^{-\mathrm{i}kx} & 0 \end{pmatrix} = 0, \\ & [N, Q^{\dagger}] = \begin{pmatrix} aa^{\dagger} & 0 \\ 0 & a^{\dagger}a - 1 \end{pmatrix}, \begin{pmatrix} 0 & a^2\mathrm{e}^{\mathrm{i}kx} \\ 0 & 0 \end{pmatrix} = 0. \end{aligned} \tag{6.93}$$

利用守恒量和超对称生成元，可将哈密顿量改写为

$$\begin{aligned} H = & \frac{P^2}{2m} + \frac{k^2}{8m} + \left(\omega - \frac{k}{2m}P_t\right)N + \frac{k^2}{8m}N^2 + \left(\frac{\Delta}{2} + \frac{k}{2m}P_t - \frac{k^2}{4m}N\right)\sigma_z \\ & + \Omega\left(Q + Q^{\dagger}\right), \end{aligned} \tag{6.94}$$

其中 $\Delta = \omega_0 - 2\omega$ 代表该模型的频率失谐. 根据 IEO, 假定 H 拥有不变本征算符

$$O_e = f(Q + Q^{\dagger}) + g\sigma_z, \tag{6.95}$$

这里 f, g 是两个待定常数. 利用海森伯方程，得

$$\mathrm{i}\frac{\mathrm{d}}{\mathrm{d}t}O_e = [O_e, H] = A(Q - Q^{\dagger}), \tag{6.96}$$

其中
$$A \equiv f\left(\Delta + \frac{k}{m}P_t - \frac{k^2}{2m}N\right) - 2g\Omega. \tag{6.97}$$

再作一次对易子计算, 得
$$\left(\mathrm{i}\frac{\mathrm{d}}{\mathrm{d}t}\right)^2 O_\mathrm{e} = [A(Q - Q^\dagger), H_1]$$
$$= A\left[\left(\Delta + \frac{k}{m}P_t - \frac{k^2}{2m}N\right)(Q + Q^\dagger) - 2\Omega N'\sigma_z\right]. \tag{6.98}$$

由于 P_t 和 N 为两个守恒量, 考虑哈密顿量的两个本征方程
$$\begin{aligned}\varphi_1 &\equiv |p_x + k, n, +\rangle = |p_x + k\rangle \otimes |n\rangle \otimes |+\rangle, \\ \varphi_2 &\equiv |p_x, n+2, -\rangle = |p_x\rangle \otimes |n+2\rangle \otimes |-\rangle,\end{aligned} \tag{6.99}$$

这里 $\varphi_1(\varphi_2)$ 是动量本征态 $|p_x + k\rangle(|p_x\rangle)$ 与福克态 $|n\rangle(|n+2\rangle)$ 的直积态, 原子的激发态为 $|+\rangle$, 所以有
$$\begin{aligned}P_t\varphi_i &= \left[p_x + \frac{k}{2}(n+2)\right]\varphi_i, \quad N\varphi_i = (n+1)\varphi_i, \\ N'\varphi_i &= (n+1)(n+2)\varphi_i \quad (i = 1, 2).\end{aligned} \tag{6.100}$$

如果将式 (6.98) 作用到式 (6.99) 中两个本征态中的任意一个, 那么由式 (6.91), 可知
$$\begin{aligned}\left(\mathrm{i}\frac{\mathrm{d}}{\mathrm{d}t}\right)^2 O_\mathrm{e}\varphi_i &= A\left[\left(\Delta + \frac{k}{m}P_t - \frac{k^2}{2m}N\right)(Q + Q^\dagger) - 2\Omega N'\sigma_z\right]\varphi_i \\ &= A\left[K(Q + Q^\dagger) - 2\Omega(n+1)(n+2)\sigma_z\right]\varphi_i \\ &= \lambda O_\mathrm{e}\varphi_i,\end{aligned} \tag{6.101}$$

其中
$$K \equiv \Delta + \frac{k}{m}\left[p_x + \frac{k}{2}(n+2)\right] - \frac{k^2}{2m}(n+1), \tag{6.102}$$

且由 $A\varphi_i = a\varphi_i$, 得
$$a = fK - 2g\Omega. \tag{6.103}$$

比较式 (6.101) 和 (6.95), 得

$$f = -\frac{K}{2\Omega(n+1)(n+2)}g. \tag{6.104}$$

于是在由 φ_i 张成的希尔伯特空间中, 该模型的赝不变本征算符为

$$O_e = -\frac{K}{2\Omega(n+1)(n+2)}g(Q+Q^\dagger) + g\sigma_z. \tag{6.105}$$

将式 (6.103) 和 (6.105) 代入式 (6.101) 的右边, 得

$$[K^2 + 4\Omega^2(n+1)(n+2)]O_e = \lambda O_e, \tag{6.106}$$

所以该模型的能级差为

$$\sqrt{\lambda} = \sqrt{K^2 + 4\Omega^2(n+1)(n+2)}. \tag{6.107}$$

4. 由式 (6.55), 可计算如下对易关系:

$$\begin{aligned} [Q_l, H] &= \mathrm{i}P_l, \\ [\mathrm{i}P_l, H] &= \beta(2Q_l - Q_{l-1} - Q_{l+1}) + 2\lambda Q_l. \end{aligned} \tag{6.108}$$

此处, 令 $m = 1$, 则

$$[[Q_l, H], H] = \beta(2Q_l - Q_{l-1} - Q_{l+1}) + 2\lambda Q_l. \tag{6.109}$$

假设哈密顿量 H 的不变本征算符为

$$F_j = \sum_{l=1}^{N} Q_l \cos\phi_l, \tag{6.110}$$

这里 ϕ_l 由周期性边界条件决定, 则

$$[[F_j, H], H] = \sum_{l=1}^{N}[\beta(2\cos\phi_l - \cos\phi_{l-1} - \cos\phi_{l+1}) + 2\lambda\cos\phi_l]Q_l. \tag{6.111}$$

取

$$\phi_l = l\theta_j, \quad \theta_j = \frac{j-1}{N}\pi \quad (j = 1, 2, \cdots, N), \tag{6.112}$$

则式 (6.111) 变为

$$[[F_j, H], H] = \sum_{l=1}^{N} [2\beta(1-\cos\theta_j) + 2\lambda] Q_l \cos l\theta_j$$

$$= (2\beta + 2\lambda - 2\beta\cos\theta_j) F_j. \tag{6.113}$$

于是该振动模型的振动能谱为

$$\varpi_j = \sqrt{2\beta(1-\cos\theta_j) + 2\lambda}. \tag{6.114}$$

5. 哈密顿量中的算符 Q_i, P_i 满足对易关系

$$[Q_i, P_j] = \mathrm{i}\delta_{ij}, \quad [Q_i, Q_j] = [P_i, P_j] = 0. \tag{6.115}$$

于是

$$[Q_i, H] = \mathrm{i}\sum_j M_{ji} P_j, \quad [P_i, H] = -\mathrm{i}\sum_j L_{ji} Q_j. \tag{6.116}$$

将式 (6.116) 改写为矩阵形式, 即

$$[(Q, P), H] = (Q, P) K, \tag{6.117}$$

其中

$$(Q, P) \equiv (Q_1, \cdots, Q_n, P_1, \cdots, P_n), \tag{6.118}$$

K 是 $2n \times 2n$ 矩阵:

$$K = \mathrm{i} \begin{pmatrix} 0 & -L \\ M & 0 \end{pmatrix}. \tag{6.119}$$

不失一般性, 取不变本征算符

$$O_\mathrm{e} = (Q, P) V, \tag{6.120}$$

其中 V 由下式确定:

$$\mathrm{i}\frac{\partial}{\partial t}[(Q, P) V] = [(Q, P) V, H] = (Q, P) KV = \lambda (Q, P) V. \tag{6.121}$$

于是得到本征方程
$$KV = \lambda V. \tag{6.122}$$

进一步，可以确定如下对易关系:
$$[[(Q,P),H],H] = [(Q,P)K,H] = (Q,P)K^2 = (Q,P)\begin{pmatrix} LM & 0 \\ 0 & ML \end{pmatrix}, \tag{6.123}$$

上式可以改写为
$$[[Q,H],H] = QLM, \quad [[P,H],H] = PML. \tag{6.124}$$

利用 $\left(\mathrm{i}\dfrac{\mathrm{d}}{\mathrm{d}t}\right)^2 \hat{O}_\mathrm{e} = \left[\left[\hat{O}_\mathrm{e},H\right],H\right] = \lambda \hat{O}_\mathrm{e}$ 来计算，其中 $O_\mathrm{e} = QV_q$ 或 $O_\mathrm{e} = PV_p$，得
$$[[QV_q,H],H] = \lambda QV_q, \quad [[PV_q,H],H] = \lambda PV_q, \tag{6.125}$$

式中 V_q 和 V_p 分别满足本征方程
$$LMV_q = \lambda_q V_q, \tag{6.126}$$
$$MLV_p = \lambda_p V_p. \tag{6.127}$$

可将 $LMV_q = \lambda_q V_q$ 改写为
$$\left(M^{1/2}LM^{1/2}\right)\left(M^{1/2}V_q\right) = \lambda_q \left(M^{1/2}V_q\right). \tag{6.128}$$

由于 $M^{1/2}LM^{1/2}$ 是对称的，可取对角化矩阵 R，使得下式成立:
$$R^\mathrm{T}\left(M^{1/2}LM^{1/2}\right)R = \mathrm{diag}(\lambda_q). \tag{6.129}$$

于是引入新的坐标算符
$$Q' = QM^{-1/2}R, \quad P' = PM^{1/2}R, \tag{6.130}$$

满足
$$[Q'_i, P'_j] = \mathrm{i}\delta_{ij}, \tag{6.131}$$

因此

$$H = \frac{1}{2}PMP^{\mathrm{T}} + \frac{1}{2}QLQ^{\mathrm{T}}$$
$$= \frac{1}{2}P'R^{\mathrm{T}}M^{-1/2}MM^{-1/2}RP'^{\mathrm{T}} + \frac{1}{2}Q'R^{\mathrm{T}}M^{1/2}LM^{1/2}RQ'^{\mathrm{T}}$$
$$= \frac{1}{2}P'P'^{\mathrm{T}} + \frac{1}{2}Q'\mathrm{diag}(\lambda_q)Q'^{\mathrm{T}}. \tag{6.132}$$

为进一步验证, 可作如下运算:

$$[[Q',H],H] = [[Q,H],H]M^{-1/2}R = QLMM^{-1/2}R$$
$$= Q'R^{\mathrm{T}}M^{1/2}LM^{1/2}R = Q'\mathrm{diag}(\lambda_q), \tag{6.133}$$
$$[[P',H],H] = [[P,H],H]M^{1/2}R = PMLM^{1/2}R$$
$$= P'R^{\mathrm{T}}M^{1/2}LM^{1/2}R = P'\mathrm{diag}(\lambda_q), \tag{6.134}$$

即

$$[[Q',H],H] = \lambda_{q_i}q'_i, \quad [[P',H],H] = \lambda_{q_i}p'_i, \tag{6.135}$$

可见 Q' 和 P' 就是我们所要找的二阶不变本征算符.

6. 由

$$[\boldsymbol{S}_1,H] = -\mathrm{i}A\boldsymbol{S}_1 \times \boldsymbol{S}_2, \quad [\boldsymbol{S}_2,H] = \mathrm{i}A\boldsymbol{S}_1 \times \boldsymbol{S}_2, \tag{6.136}$$

得到

$$[\boldsymbol{S}_2 - \boldsymbol{S}_1, H] = -2\mathrm{i}A\boldsymbol{S}_1 \times \boldsymbol{S}_2, \tag{6.137}$$

于是

$$\left(\mathrm{i}\frac{\mathrm{d}}{\mathrm{d}t}\right)^2 (\boldsymbol{S}_2 - \boldsymbol{S}_1) = A^2(\boldsymbol{S}_2 - \boldsymbol{S}_1), \tag{6.138}$$

故此系统的能级间隔为 A.

7. 我们假定不变本征算符为

$$O_{\mathrm{e}} = \omega\sqrt{N+1}a + \lambda(2N+1). \tag{6.139}$$

由

$$[N,a] = -a, \quad \left[\sqrt{N+1}a, a^\dagger\sqrt{N+1}\right] = 2N+1,$$
$$\left[\sqrt{N+1}a, 2N+1\right] = 2\sqrt{N+1}a, \tag{6.140}$$

可得

$$[O_e, H] = (\omega^2 - 2|\lambda|^2)\sqrt{N+1}a + \omega\lambda(2N+1) + 2\lambda^2 a^\dagger\sqrt{N+1}. \tag{6.141}$$

进一步，有

$$[[O_e, H], H] = (\omega^2 - 4|\lambda|^2)\left[\omega\sqrt{N+1}a + \lambda(2N+1)\right], \tag{6.142}$$

于是

$$\left(i\frac{d}{dt}\right)^2 O_e = [[O_e, H], H] = (\omega^2 - 4|\lambda|^2) O_e, \tag{6.143}$$

所以系统的能级间隔为 $\Delta E = \sqrt{\omega^2 - 4|\lambda|^2}$.

8. 初步可认定此系统的不变本征算符为

$$O_e = -\omega K_+ - 2\lambda K_0. \tag{6.144}$$

由算符关系

$$[K_0, H] = -\lambda K_- + \lambda^* K_+,$$
$$[K_+, H] = -\omega K_+ - 2\lambda K_0, \tag{6.145}$$
$$[K_-, H] = \omega K_- + 2\lambda^* K_0,$$

可知

$$[O_e, H] = (\omega^2 - 2|\lambda|^2) K_+ + 2\omega\lambda K_0 + 2\lambda^2 K_-. \tag{6.146}$$

作两次运算，可得

$$[[O_e, H], H] = (\omega^2 - 4|\lambda|^2) O_e, \tag{6.147}$$

即
$$\left(i\frac{d}{dt}\right)^2 O_e = (\omega^2 - 4|\lambda|^2)O_e, \tag{6.148}$$

因此系统的能级间隔为 $\sqrt{\omega^2 - 4|\lambda|^2}$.

9. 为解释此模型的物理意义,可引入下面的量子态:

$$\left(\sqrt{\frac{a^\dagger - b}{a - b^\dagger}}\right)^r |m,m\rangle \equiv \|r,m\rangle, \tag{6.149}$$

其中 $|m,m\rangle$ 为双模孪生粒子数态,$\|r,m\rangle$ 是双模粒子数差算符的本征态,即

$$(a^\dagger a - b^\dagger b)\|r,m\rangle = r\|r,m\rangle. \tag{6.150}$$

下面给出题目中哈密顿量的物理意义: $\sigma_+ \sqrt{\frac{a-b^\dagger}{a^\dagger-b}} \sqrt{a^\dagger a - b^\dagger b}$ 项表示原子由低能级向高能级的跃迁,由双模光子场粒子数差所激发;而 $\sqrt{a^\dagger a - b^\dagger b}\sqrt{\frac{a^\dagger-b}{a-b^\dagger}}\sigma_-$ 表示相反的过程. 这种相互作用一般发生在介质中的双粒子非线性增益和非线性吸收相互排斥的过程.

为求其能级间隔,我们引入超算符:

$$Q = \sqrt{a^\dagger a - b^\dagger b}\sqrt{\frac{a^\dagger - b}{a - b^\dagger}}\sigma_-, \quad Q^\dagger = \sigma_+\sqrt{\frac{a-b^\dagger}{a^\dagger-b}}\sqrt{a^\dagger a - b^\dagger b},$$
$$N = a^\dagger a - b^\dagger b + \frac{1}{2}\sigma_z + \frac{1}{2} = \begin{pmatrix} aa^\dagger - b^\dagger b & 0 \\ 0 & a^\dagger a - b^\dagger b \end{pmatrix}. \tag{6.151}$$

对易关系和反对易关系如下:

$$Q^2 = 0 = Q^{\dagger 2}, \quad [Q^\dagger, Q] = N\sigma_z, \quad \{Q, \sigma_z\} = \{Q^\dagger, \sigma_z\} = 0,$$
$$N = \{Q, Q^\dagger\}, \quad [N, Q] = [N, Q^\dagger] = 0, \quad (Q^\dagger - Q)^2 = -N, \tag{6.152}$$
$$(Q^\dagger - Q)\sigma_z = -\sigma_z(Q^\dagger - Q) = -(Q + Q^\dagger).$$

利用 $(N, Q, Q^\dagger)$ 可将原哈密顿量改写为

$$H = \varpi N + \frac{1}{2}(\Omega - \varpi)\sigma_z - \frac{1}{2}\varpi + \lambda(Q + Q^+). \tag{6.153}$$

取贗不变本征算符为

$$Q_e = (Q+Q^\dagger) + f\sigma_z, \tag{6.154}$$

其中 f 为待定系数. 由式 (6.152), 可得

$$[Q_e, H] = (\varpi - \Omega + 2f\lambda)(Q^\dagger - Q). \tag{6.155}$$

进一步, 可知

$$[[Q_e, H], H] = (\varpi - \Omega + 2f\lambda)(\varpi - \Omega)\left[(Q+Q^\dagger) + \frac{2\lambda}{\varpi - \Omega}N\sigma_z\right]. \tag{6.156}$$

由于算符 N 的存在, 式 (6.156) 的右边很难与式 (6.154) 成比例, 而若将算符 N 作用于其本征态上, 则可以将其转化为本征值, 在这种条件下, 可以认为它们成比例.

由式 (6.38)～(6.40), 可得

$$\begin{aligned}(\varpi - \Omega + 2f\lambda)(\varpi - \Omega)\left[(Q+Q^\dagger) + \frac{2\lambda(n+1)}{\varpi - \Omega}\sigma_z\right]\begin{pmatrix}|n\rangle \\ 0\end{pmatrix}, \\ (\varpi - \Omega + 2f\lambda)(\varpi - \Omega)\left[(Q+Q^\dagger) + \frac{2\lambda(n+1)}{\varpi - \Omega}\sigma_z\right]\begin{pmatrix}0 \\ |n+1\rangle\end{pmatrix},\end{aligned} \tag{6.157}$$

相应地, 可知

$$\begin{aligned}\left(\mathrm{i}\frac{\mathrm{d}}{\mathrm{d}t}\right)^2 Q_e\begin{pmatrix}|n\rangle \\ 0\end{pmatrix} &= (\varpi - \Omega + 2f\lambda)(\varpi - \Omega)\left[(Q+Q^\dagger) + \frac{2\lambda(n+1)}{\varpi - \Omega}\sigma_z\right]\begin{pmatrix}|n\rangle \\ 0\end{pmatrix}, \\ \left(\mathrm{i}\frac{\mathrm{d}}{\mathrm{d}t}\right)^2 Q_e\begin{pmatrix}0 \\ |n+1\rangle\end{pmatrix} &= (\varpi - \Omega + 2f\lambda)(\varpi - \Omega)\left[(Q+Q^\dagger) + \frac{2\lambda(n+1)}{\varpi - \Omega}\sigma_z\right]\begin{pmatrix}0 \\ |n+1\rangle\end{pmatrix}.\end{aligned} \tag{6.158}$$

于是式 (6.154) 中的参数可确定为

$$f = \frac{2\lambda(n+1)}{\varpi - \Omega}. \tag{6.159}$$

将式 (6.159) 代入式 (6.158), 得

$$\begin{aligned}\left(\mathrm{i}\frac{\mathrm{d}}{\mathrm{d}t}\right)^2 Q_e\begin{pmatrix}|n\rangle \\ 0\end{pmatrix} &= k^2 Q_e\begin{pmatrix}|n\rangle \\ 0\end{pmatrix}, \\ \left(\mathrm{i}\frac{\mathrm{d}}{\mathrm{d}t}\right)^2 Q_e\begin{pmatrix}0 \\ |n+1\rangle\end{pmatrix} &= k^2 Q_e\begin{pmatrix}0 \\ |n+1\rangle\end{pmatrix},\end{aligned} \tag{6.160}$$

其中

$$k^2 = (\varpi - \Omega + 2f\lambda)(\varpi - \Omega) = (\varpi - \Omega)^2 + 4\lambda^2(n+1), \tag{6.161}$$

因此系统的能级间隔为 $\sqrt{(\varpi - \Omega)^2 + 4\lambda^2(n+1)}$。

10. 根据题意，可将哈密顿量形式地写为

$$H = H_f + H_a + H_I, \tag{6.162}$$

其中 H_f 代表辐射场，H_a 是原子对应的哈密顿量：

$$H_a = \sum_{i=1}^{3} \omega_i |i\rangle\langle i|, \tag{6.163}$$

而 H_I 为原子与辐射场相互作用的哈密顿量：

$$H_I = g\left[A_m |3\rangle(\langle 1| + \langle 2|) + A_m^\dagger(|1\rangle + |2\rangle)\langle 3|\right], \tag{6.164}$$

这里 $a_i^\dagger$ 是光场的产生算符，ω_i 为原子态的能量，$A_m^\dagger$ 是 m 个光子跃迁算符，$A_m^\dagger = \prod_{j=1}^{m} a_j^\dagger$。

为使用 JC 模型来描述此系统，我们引入以下三个 ket-bra 型算符：

$$\begin{aligned}
S_+ &= \frac{1}{\sqrt{2}} |3\rangle(\langle 1| + \langle 2|), \quad S_- = \frac{1}{\sqrt{2}} (|1\rangle + |2\rangle)\langle 3|, \\
S_z &= \frac{1}{2}\left[|3\rangle\langle 3| - \frac{1}{2}(|1\rangle + |2\rangle)(\langle 1| + \langle 2|)\right],
\end{aligned} \tag{6.165}$$

它们满足角动量的代数关系：

$$[S_+, S_-] = 2S_z, \quad [S_z, S_\pm] = \pm S_\pm. \tag{6.166}$$

取零势能位置在高能级 $|3\rangle$ 下的 $\omega_0/2$ 处，$|2\rangle$ 和 $|1\rangle$ 能级差的中间位置在 $-\omega_0/2$ 处，可将式 (6.163) 改写为

$$H_a = \frac{\omega_0}{2}|3\rangle\langle 3| + \left(-\frac{\omega_0}{2} + \frac{\delta}{2}\right)|2\rangle\langle 2| + \left(-\frac{\omega_0}{2} - \frac{\delta}{2}\right)|1\rangle\langle 1|, \tag{6.167}$$

其中 δ 为低能级 $|2\rangle$ 和 $|1\rangle$ 的能级差。

利用式 (6.165) 就能将 H 改写为

$$H = H_0 + H_{\mathrm{I}} + H' + H'',$$

式中

$$\begin{aligned}
H_0 &= H_{\mathrm{f}} + \omega_0 S_z, \\
H_{\mathrm{I}} &= \sqrt{2}g\left(A_m S_+ + A_m^\dagger S_-\right), \\
H' &= \frac{1}{4}\omega_0 \left(|1\rangle - |2\rangle\right)\left(\langle 2| - \langle 1|\right), \\
H'' &= \frac{1}{2}\delta\left(|2\rangle\langle 2| - |1\rangle\langle 1|\right).
\end{aligned} \tag{6.168}$$

因为低能级 $|2\rangle$ 和 $|1\rangle$ 靠得很近, 是近简并的, 所以可认为 $|1\rangle$ 和 $|2\rangle$ 上的布居数近似相等, 所以 H'' 与 H 中的其他几项相比较可以被忽略掉.

根据

$$[H', S_+] = 0, \quad [H', S_-] = 0, \quad [H', S_z] = 0, \tag{6.169}$$

可用幺正变换 $T = \exp(\mathrm{i}H't)$ 把薛定谔方程 $\mathrm{i}\dfrac{\partial \Psi}{\partial t} = H\Psi$ 变换成

$$T\Psi = \Psi', \quad \mathrm{i}\frac{\partial \Psi'}{\partial t} = \bar{H}\Psi', \tag{6.170}$$

其中

$$\bar{H} = H_{\mathrm{f}} + \omega_0 S_z + \sqrt{2}g\left(A_m S_+ + A_m^\dagger S_-\right). \tag{6.171}$$

显然, $\bar{H}$ 的形式就相当于标准的 JC 模型.

第 7 章 外尔编序算符内的积分技术

7.1 新增基础知识与例题

量子力学中,由于坐标算符与动量算符不对易,故经典函数 $h(p,q)$ 过渡到量子力学算符的对应是不确定的. 人们必须给出一个对应规则,而这个规则正确与否要接受实验的检验. 注意到

$$\langle q|P|q'\rangle = -\mathrm{i}\frac{\partial}{\partial q}\delta(q-q') = \int_{-\infty}^{+\infty}\frac{\mathrm{d}p}{2\pi}\mathrm{e}^{\mathrm{i}p(q-q')}p, \tag{7.1}$$

$$\langle q|Q|q'\rangle = \frac{q+q'}{2}\delta(q-q') = \int_{-\infty}^{+\infty}\frac{\mathrm{d}p}{2\pi}\mathrm{e}^{\mathrm{i}p(q-q')}\frac{q+q'}{2}, \tag{7.2}$$

外尔给出一种对应规则 (在路径积分中有广泛的应用)

$$\langle q|H(P,Q)|q'\rangle = \int_{-\infty}^{+\infty}\frac{\mathrm{d}p}{2\pi}\mathrm{e}^{\mathrm{i}p(q-q')}h\left(p,\frac{q+q'}{2}\right). \tag{7.3}$$

为了找出 $H(P,Q)$ 与 $h\left(p,\dfrac{q+q'}{2}\right)$ 的明显关系,利用坐标表象的完备性,可得

$$\begin{aligned}H(P,Q) &= \int_{-\infty}^{+\infty}\mathrm{d}q'\int_{-\infty}^{+\infty}\mathrm{d}q|q\rangle\langle q'|\int_{-\infty}^{+\infty}\frac{\mathrm{d}p}{2\pi}\mathrm{e}^{\mathrm{i}p(q-q')}h\left(p,\frac{q+q'}{2}\right)\\ &= \frac{1}{2\pi}\iiint_{-\infty}^{+\infty}\mathrm{d}p\mathrm{d}q\mathrm{d}u\,h(p,q)\mathrm{e}^{\mathrm{i}pu}\left|q+\frac{u}{2}\right\rangle\left\langle q-\frac{u}{2}\right|.\end{aligned} \tag{7.4}$$

设

$$\int_{-\infty}^{+\infty}\frac{\mathrm{d}u}{2\pi}\mathrm{e}^{\mathrm{i}pu}\left|q+\frac{u}{2}\right\rangle\left\langle q-\frac{u}{2}\right| = \Delta(p,q) = \Delta^{\dagger}(p,q) \tag{7.5}$$

为威格纳算符, 则外尔对应可简写为

$$H(P,Q) = \iint_{-\infty}^{+\infty} \mathrm{d}p\mathrm{d}q\, h(p,q)\Delta(p,q). \tag{7.6}$$

它表明 $h(p,q)$ 与 $H(P,Q)$ 可以通过积分核 (威格纳算符) 相联系.

外尔对应规则可以说是暗示了算符的一种编序, 称为外尔编序. 经典函数 $q^m p^n$ 的外尔对应算符是

$$q^m p^n \mapsto \left(\frac{1}{2}\right)^m \sum_{l=0}^{m} \binom{m}{l} Q^{m-l} P^n Q^l, \tag{7.7}$$

右边即外尔编序, 它区别于其他编序, 例如 $q^m p^n \mapsto Q^m P^n, q^m p^n \mapsto P^n Q^m$. 下面我们研究密度算符 ρ 的外尔编序展开. 记 $\genfrac{}{}{0pt}{}{\vdots}{\vdots}$ 为外尔编序乘积, 则可以把式 (7.6) 重写为

$$\genfrac{}{}{0pt}{}{\vdots}{\vdots} h(P,Q) \genfrac{}{}{0pt}{}{\vdots}{\vdots} = \iint_{-\infty}^{+\infty} \mathrm{d}p\mathrm{d}q\, h(p,q)\Delta(p,q), \tag{7.8}$$

它表明一个外尔编序算符 $\genfrac{}{}{0pt}{}{\vdots}{\vdots} h(P,Q) \genfrac{}{}{0pt}{}{\vdots}{\vdots}$ 的经典对应能够直接地由代换 $Q \mapsto q, P \mapsto p$ 得到. 例如, 式 (7.7) 代表如下的外尔对应:

$$\left(\frac{1}{2}\right)^m \sum_{l=0}^{m} \binom{m}{l} Q^{m-l} P^n Q^l = \genfrac{}{}{0pt}{}{\vdots}{\vdots} \left(\frac{1}{2}\right)^m \sum_{l=0}^{m} \binom{m}{l} Q^{m-l} P^n Q^l \genfrac{}{}{0pt}{}{\vdots}{\vdots}$$

$$= \iint_{-\infty}^{+\infty} \mathrm{d}p\mathrm{d}q \left(\frac{1}{2}\right)^m \sum_{l=0}^{m} \frac{m!}{l!(m-l)!} q^m p^n \Delta(q,p)$$

$$= \iint_{-\infty}^{+\infty} \mathrm{d}p\mathrm{d}q\, q^m p^n \Delta(q,p). \tag{7.9}$$

另外, 利用 $Q = (a+a^\dagger)/\sqrt{2}, P = (a-a^\dagger)/(\mathrm{i}\sqrt{2})$, 可以将式 (7.8) 改写为

$$\genfrac{}{}{0pt}{}{\vdots}{\vdots} G(a,a^\dagger) \genfrac{}{}{0pt}{}{\vdots}{\vdots} = 2\int \mathrm{d}^2\alpha\, G(\alpha,\alpha^*)\Delta(\alpha,\alpha^*), \tag{7.10}$$

其中

$$\begin{aligned}\alpha &= \frac{1}{\sqrt{2}}(q+\mathrm{i}p), \quad G(\alpha,\alpha^*) = f(p,q), \\ \Delta(\alpha,\alpha^*) &= \frac{1}{\pi} \genfrac{}{}{0pt}{}{\vdots}{\vdots} \exp\left[-2(a^\dagger-\alpha)(a-\alpha)\right] \genfrac{}{}{0pt}{}{\vdots}{\vdots}.\end{aligned} \tag{7.11}$$

现在列出外尔编序算符内的积分技术 (称为 IWWP 技术) 的若干性质:

(1) 玻色算符在 $:\ :$ 内对易;

(2) c 数可以任意移入或移出 $:\ :$ 记号;

(3) $:\ :$ 记号内的 $:\ :$ 记号可以取消;

(4) 可以对 $:\ :$ 内的 c 数积分, 只要该积分收敛.

根据以上性质, 可以概括出威格纳算符的外尔编序形式为 (称为范氏公式)

$$\Delta(q,p) = \;\vdots\; \delta(p-P)\delta(q-Q) \;\vdots\;, \tag{7.12}$$

或者

$$\Delta(\alpha,\alpha^*) = \frac{1}{2} \;\vdots\; \delta(\alpha-a)\delta(\alpha-a^\dagger) \;\vdots\;. \tag{7.13}$$

于是, 式 (7.8) 和 (7.10) 可以分别改写为

$$\;\vdots\; h(P,Q) \;\vdots\; = \;\vdots\; \iint_{-\infty}^{+\infty} \mathrm{d}p\mathrm{d}q\, h(p,q)\delta(p-P)\delta(q-Q) \;\vdots\;, \tag{7.14}$$

$$\;\vdots\; G(a,a^\dagger) \;\vdots\; = \int \mathrm{d}^2\alpha\, G(\alpha,\alpha^*)\delta(\alpha-a)\delta(\alpha-a^\dagger) \;\vdots\;. \tag{7.15}$$

例如

$$\iint_{-\infty}^{+\infty} \mathrm{d}p\mathrm{d}q\, q^m p^n \;\vdots\; \delta(p-P)\delta(q-Q) \;\vdots\; = \;\vdots\; Q^m P^n \;\vdots\;. \tag{7.16}$$

注意, 欲将 $\;\vdots\; Q^m P^n \;\vdots\;$ 中的 $:\ :$ 移去, 必须先将其重排为

$$\;\vdots\; \left(\frac{1}{2}\right)^m \sum_{l=0}^{m} \binom{m}{l} Q^{m-l} P^n Q^l \;\vdots\;, \tag{7.17}$$

而后才可以移去 $:\ :$.

狄拉克 δ 函数的简洁表示是十分有用的, 它可以非常清晰地将威格纳算符的边缘分布表现出来. 由

$$|q\rangle\langle q| = \delta(q-Q) = \;\vdots\; \delta(q-Q) \;\vdots\;, \tag{7.18}$$

$$|p\rangle\langle p| = \delta(p-P) = \;\vdots\; \delta(p-P) \;\vdots\;, \tag{7.19}$$

第 7 章 外尔编序算符内的积分技术

我们立即得到下面的积分:

$$\int_{-\infty}^{+\infty} dq \Delta(q,p) = \int_{-\infty}^{+\infty} dq \, \vdots \, \delta(q-Q)\delta(p-P) \, \vdots$$
$$= \, \vdots \, \delta(p-P) \, \vdots \, = |p\rangle\langle p|, \tag{7.20}$$

同样

$$\int_{-\infty}^{+\infty} dp \Delta(q,p) = \, \vdots \, \delta(q-Q) \, \vdots \, = |q\rangle\langle q|. \tag{7.21}$$

$\Delta(q,p)$ 的完备性关系式为

$$\iint dq dp \Delta(q,p) = 1. \tag{7.22}$$

因此, 式 (7.6) 中 $H(P,Q)$ 的外尔对应也可视为 H 按 $\Delta(q,p)$ 的完备集展开的表达式.

【例 7.1】 利用 IWOP 技术, 给出威格纳算符 $\Delta(p,q)$ 的正规乘积形式.

解 利用

$$|q\rangle = \pi^{-1/4} \exp\left(-\frac{q^2}{2} + \sqrt{2}qa^\dagger - \frac{a^{\dagger 2}}{2}\right)|0\rangle, \tag{7.23}$$

以及 $|0\rangle\langle 0| =: \exp(-a^\dagger a):$, 再由式 (7.5), 得

$$\Delta(p,q) = \int_{-\infty}^{+\infty} \frac{du}{2\pi^{3/2}} \exp\left[-\frac{1}{2}\left(q+\frac{u}{2}\right)^2 + \sqrt{2}\left(q+\frac{u}{2}\right)a^\dagger - \frac{1}{2}a^{\dagger 2}\right]$$
$$\times |0\rangle\langle 0| \exp\left[-\frac{1}{2}\left(q-\frac{u}{2}\right)^2 + \sqrt{2}\left(q-\frac{u}{2}\right)a - \frac{1}{2}a^2\right]$$
$$= \frac{1}{2\pi^{3/2}} \int_{-\infty}^{+\infty} du :\exp\left[-\frac{u^2}{4} + \frac{u}{\sqrt{2}}(a^\dagger - a) - q^2 + \sqrt{2}q(a^\dagger + a) - \frac{(a^\dagger+a)^2}{2}\right]:$$
$$= \pi^{-1} :\exp\left[-(q-Q)^2 - (p-P)^2\right]:. \tag{7.24}$$

点评 以往文献中只是把 $\Delta(p,q)$ 写在坐标表象中, 即只给出积分形式

$$\Delta(p,q) = \int_{-\infty}^{+\infty} \frac{du}{2\pi} |q+u\rangle\langle q-u| e^{ipu}. \tag{7.25}$$

【例 7.2】 证明: 在压缩算符 $S^\dagger(\mu)|q\rangle = \sqrt{\mu}|\mu q\rangle$ 的作用下, 威格纳算符 $\Delta(p,q)$ 变换成 $\Delta(p/\mu, \mu q)$.

证明 利用威格纳算符在坐标表象的形式 (7.5), 可得

$$S^\dagger(\mu)\Delta(p,q)S(\mu) = \int_{-\infty}^{+\infty} \frac{\mathrm{d}v}{2\pi} \mathrm{e}^{\mathrm{i}pv} S^\dagger(\mu)\left|q+\frac{v}{2}\right\rangle\left\langle q-\frac{v}{2}\right|S(\mu). \tag{7.26}$$

根据压缩算符 $S^\dagger(\mu)|q\rangle = \sqrt{\mu}|\mu q\rangle$ 的性质, 可知

$$S^\dagger(\mu)\Delta(p,q)S(\mu) = \int_{-\infty}^{+\infty} \frac{\mathrm{d}v}{2\pi} \mathrm{e}^{\mathrm{i}pv}\mu\left|\mu\left(q+\frac{v}{2}\right)\right\rangle\left\langle\mu\left(q-\frac{v}{2}\right)\right| = \Delta\left(\frac{p}{\mu},\mu q\right), \tag{7.27}$$

其中最后一步利用了积分变量代换. 本题也可用式 (7.12) 证明.

7.2 习题

1. 威格纳算符在相干态表象中是

$$\Delta(p,q) \mapsto \Delta(\alpha,\alpha^*) = \int \frac{\mathrm{d}^2 z}{\pi^2} |\alpha+z\rangle\langle\alpha-z|\mathrm{e}^{\alpha z^*-z\alpha^*}, \tag{7.28}$$

其中 $\alpha = (q+\mathrm{i}p)/\sqrt{2}$. 利用 IWOP 技术, 证明

$$\Delta(\alpha,\alpha^*) = \frac{1}{\pi} : \exp\left[-2\left(a^\dagger-\alpha^*\right)(a-\alpha)\right] : = \frac{1}{\pi}D(2\alpha)(-1)^N, \tag{7.29}$$

其中 $D(\alpha) = \mathrm{e}^{\alpha a^\dagger - \alpha^* a}$ 是平移算符, $(-1)^N = (-1)^{a^\dagger a}$ 是宇称算符.

2. 利用密度算符 ρ 的外尔编序展开式

$$\rho = 2 \genfrac{}{}{0pt}{}{\vdots}{\vdots} \int \frac{\mathrm{d}^2\beta}{\pi} \langle-\beta|\rho|\beta\rangle \exp[2\left(\beta^* a - a^\dagger \beta + a^\dagger a\right)] \genfrac{}{}{0pt}{}{\vdots}{\vdots}, \tag{7.30}$$

其中 $|\beta\rangle$ 为相干态, 求相干态密度算符 $|z\rangle\langle z|$ 的外尔对应.

3. 利用式 (7.30), 求算符 $|z\rangle\langle -z|$ ($|z\rangle$ 表示相干态) 的外尔对应.

4. 利用平移算符 $D(\alpha)$ 的性质, 讨论威格纳算符在相干态中的表示.

5. 求解外尔编序的高斯形式 $\genfrac{}{}{0pt}{}{\vdots}{\vdots}\exp\left[-(p-P)^2-(q-Q)^2\right]\genfrac{}{}{0pt}{}{\vdots}{\vdots}$ 的具体形式.

6. 对于混沌场密度算符

$$\rho_\mathrm{c} = \left(1-\mathrm{e}^\lambda\right)\mathrm{e}^{\lambda a^\dagger a}, \tag{7.31}$$

其中 $\lambda = -\omega\hbar/(k_B T)$ (k_B 是玻尔兹曼常数, ω 为频率, T 是混沌场热力学温度), 利用外尔编序的性质, 求 ρ_c 经菲涅耳变换后的经典外尔对应函数.

7. 对于压缩混沌场, 其密度算符为

$$\rho_s = S(\gamma)\rho_c S^\dagger(\gamma), \tag{7.32}$$

其中 $S(\gamma) = \exp[i\gamma(QP+PQ)/2]$ 为单模压缩算符, $[X, P] = i$, $\hbar = 1$, γ 是压缩参数, 求 ρ_s 经菲涅耳变换后的经典外尔对应函数.

8. 求正规乘积 $\dfrac{1}{\sigma_1 \sigma_2} : \exp\left[-\dfrac{(q-Q)^2}{2\sigma_1^2} - \dfrac{(p-P)^2}{2\sigma_2^2}\right] :$ 对应的密度算符.

9. 求在纠缠态表象中的双模威格纳算符的形式.

10. 为了避免威格纳函数的不正定性, 赫思密 (Husimi) 引入高斯光滑函数

$$\exp\left[-k(q'-q)^2 - \frac{(p'-p)^2}{k}\right] \tag{7.33}$$

来光滑威格纳函数 $F_W(q,p)$, 并定义威格纳分布函数与赫思密分布函数的关系为

$$F_H(p,q;k) = 2\iint_{-\infty}^{+\infty} dq'dp' F_W(q',p') \exp\left[-k(q'-q)^2 - \frac{(p'-p)^2}{k}\right], \tag{7.34}$$

其中 k 为高斯展宽参数, 它决定了相空间中 q 值与 p 值的相对分辨率.

由赫思密函数, 我们可以引入一个新算符, 它与威格纳算符的关系为

$$\Delta_H(p,q;k) = 2\iint_{-\infty}^{+\infty} dq'dp' \Delta(q',p') \exp\left[-k(q'-q)^2 - \frac{(p'-p)^2}{k}\right]. \tag{7.35}$$

将它写为纯态密度矩阵, 即

$$\Delta_H(p,q;k) = |p,q;k\rangle\langle p,q;k|. \tag{7.36}$$

我们称之为赫思密算符. 根据式 (7.36), 求 $|p,q;k\rangle$ 的显式, 并据此分别求出算符 $\Delta_H(p,q;k)$ 的正规乘积形式和外尔编序形式.

7.3 思考练习

1. 求威格纳算符的拉东 (Radon) 变换,并给出其物理解释.
2. 试对赫思密分布函数引入相应的算符,并给出其应用.
3. 证明相似变换下的外尔编序算符的序不变性.

7.4 习题解答

1. 可直接利用 IWOP 技术对式 (7.28) 积分,得

$$\Delta(\alpha,\alpha^*) = \int \frac{d^2 z}{\pi^2} : \exp\left[-|z|^2 + (\alpha+z)a^\dagger + (\alpha^*-z^*)a - a^\dagger a \right.$$
$$\left. + \alpha z^* - z\alpha^* - |\alpha|^2 \right] :$$
$$= \frac{1}{\pi} : \exp\left[-2\left(a^\dagger - \alpha^*\right)(a-\alpha)\right] : , \tag{7.37}$$

特别地,当 $\alpha = \alpha^* = 0$ 时,

$$\Delta(0,0) = \frac{1}{\pi} : e^{-2a^\dagger a} : = \frac{1}{\pi}(-1)^N, \tag{7.38}$$

其中 $N = a^\dagger a$. 根据平移算符定义 $D(\alpha) = e^{\alpha a^\dagger - \alpha^* a}$,可知 $\Delta(\alpha,\alpha^*)$ 的显式表达为

$$\Delta(\alpha,\alpha^*) = \frac{1}{\pi}D(\alpha)(-1)^N D^\dagger(\alpha) = \frac{1}{\pi}e^{2\alpha a^\dagger}(-1)^N e^{2\alpha^* a - 2|\alpha|^2}$$
$$= \frac{1}{\pi}D(2\alpha)(-1)^N. \tag{7.39}$$

点评 式 (7.39) 中,$(-1)^N$ 为宇称算符,正是它的存在,才使得威格纳函数不正定,所以不能将威格纳函数完全解释为概率分布函数,而称之为准概率分布函数.

2. 根据

$$\rho = 2 \int \frac{\mathrm{d}^2\beta}{\pi} \langle -\beta | \rho | \beta \rangle \exp\left[2\left(\beta^* a - a^\dagger \beta + a^\dagger a\right)\right]\vdots, \tag{7.40}$$

其中 $|\beta\rangle$ 为相干态, 再由

$$\langle z | \beta \rangle = \exp\left[-\frac{1}{2}\left(|z|^2 + |\beta|^2\right) + z^*\beta\right], \tag{7.41}$$

可知

$$\begin{aligned}
|z\rangle\langle z| &= 2\vdots \int \frac{\mathrm{d}^2\beta}{\pi} \langle -\beta | z \rangle \langle z | \beta \rangle \exp\left[2\left(\beta^* a - a^\dagger \beta + a^\dagger a\right)\right]\vdots \\
&= 2\vdots \exp\left[-2(z-a)(z^* - a^\dagger)\right]\vdots \\
&= 2\vdots \exp\left[-(p-P)^2 - (q-Q)^2\right]\vdots,
\end{aligned} \tag{7.42}$$

其中 $z = (q+\mathrm{i}p)/\sqrt{2}$, $P = a - a^\dagger/(\mathrm{i}\sqrt{2})$, $Q = a + a^\dagger/\sqrt{2}$.

由式 (7.42), 可得

$$\int_{-\infty}^{+\infty} \mathrm{d}p\, |z\rangle\langle z| = 2\sqrt{\pi}\vdots \exp\left[-(q-Q)^2\right]\vdots = 2\sqrt{\pi} \exp\left[-(q-Q)^2\right], \tag{7.43}$$

$$\int_{-\infty}^{+\infty} \mathrm{d}q\, |z\rangle\langle z| = 2\sqrt{\pi}\vdots \exp\left[-(p-P)^2\right]\vdots = 2\sqrt{\pi} \exp\left[-(p-P)^2\right]. \tag{7.44}$$

3. 由式 (7.24), 可得 $|z\rangle\langle -z|$ 的外尔编序为

$$\begin{aligned}
|z\rangle\langle -z| &= 2\vdots \int \frac{\mathrm{d}^2\beta}{\pi} |\langle -z | \beta \rangle|^2 \exp\left[2\left(\beta^* a - a^\dagger \beta + a^\dagger a\right)\right]\vdots \\
&= 2\vdots \int \frac{\mathrm{d}^2\beta}{\pi} \exp\left\{-|\beta|^2 - |z|^2 - z^*\beta - z\beta^* + 2\left(\beta^* a - a^\dagger \beta + a^\dagger a\right)\right\}\vdots \\
&= 2\vdots \exp(2a^\dagger z - 2z^* a - 2a^\dagger a)\vdots.
\end{aligned} \tag{7.45}$$

4. 根据外尔编序的相似变换不变性和平移算符的特性:

$$D(\alpha) a D^{-1}(\alpha) = a - \alpha, \quad D(\alpha) a^\dagger D^{-1}(\alpha) = a^\dagger - \alpha^*, \tag{7.46}$$

可得

$$D(\alpha) |z\rangle\langle -z| D^\dagger(\alpha)$$

$$= 2D(\alpha) \colon \exp\left(2a^\dagger z - 2z^* a - 2a^\dagger a\right) \colon D^\dagger(\alpha)$$
$$= 2 \colon \exp\left[-2z^*(a-\alpha) + 2\left(a^\dagger - \alpha^*\right)z - 2\left(a^\dagger - \alpha^*\right)(a-\alpha)\right] \colon. \tag{7.47}$$

另外, 由

$$D(\alpha)D(z)|0\rangle = D(\alpha+z)\exp\left[\frac{1}{2}(\alpha z^* - \alpha^* z)\right]|0\rangle, \tag{7.48}$$

$$\langle -z| D^\dagger(\alpha) = \langle 0| D^\dagger(-z) D^\dagger(\alpha) = \langle 0| [D(\alpha)D(-z)]^\dagger$$
$$= \langle 0| D(z-\alpha) \exp\left[\frac{1}{2}(\alpha z^* - \alpha^* z)\right], \tag{7.49}$$

得

$$D(\alpha)|z\rangle\langle -z| D^\dagger(\alpha) = D(\alpha+z)|0\rangle\langle 0| D(z-\alpha) \exp(\alpha z^* - \alpha^* z)$$
$$= |\alpha+z\rangle\langle \alpha-z| \exp(\alpha z^* - \alpha^* z). \tag{7.50}$$

对比式 (7.50) 和 (7.47), 可得

$$\int \frac{\mathrm{d}^2 z}{\pi^2} |\alpha+z\rangle\langle \alpha-z| e^{\alpha z^* - \alpha^* z}$$
$$= 2\int \frac{\mathrm{d}^2 z}{\pi^2} \colon \exp\left[-2z^*(a-\alpha) + 2\left(a^\dagger - \alpha^*\right)z - 2\left(a^\dagger - \alpha^*\right)(a-\alpha)\right] \colon$$
$$= \frac{1}{2} \colon \delta\left(a^\dagger - \alpha^*\right)\delta(a-\alpha) \colon = \colon \delta(q-Q)\delta(p-P) \colon = \Delta(q,p). \tag{7.51}$$

5. 令 $\alpha = \left(\sqrt{\kappa} q + \mathrm{i}\dfrac{p}{\sqrt{\kappa}}\right)/\sqrt{2}$, 利用

$$D(\alpha)QD^{-1}(\alpha) = Q - \sqrt{\kappa}q, \quad D(\alpha)PD^{-1}(\alpha) = P - \frac{p}{\sqrt{\kappa}}, \tag{7.52}$$

以及外尔编序在相似变换下的不变性, 可得

$$D(\alpha)|0\rangle\langle 0| D^{-1}(\alpha) = 2D(\alpha) \colon \exp\left(-P^2 - Q^2\right) \colon D^{-1}(\alpha)$$
$$= 2 \colon \exp\left[-\left(P - \frac{p}{\sqrt{\kappa}}\right)^2 - \left(Q - \sqrt{\kappa}q\right)^2\right] \colon. \tag{7.53}$$

取压缩算符

$$S(\sqrt{\kappa}) = \exp\left[\frac{1}{2}\left(a^{\dagger 2} - a^2\right)\ln\sqrt{\kappa}\right], \tag{7.54}$$

得

$$\begin{aligned}
2 &\colon \exp\left[-\frac{1}{\kappa}(p-P)^2 - \kappa(q-Q)^2\right]\colon \\
&= 2S\left(\sqrt{\kappa}\right)\colon \exp\left[-\left(P - \frac{p}{\sqrt{\kappa}}\right)^2 - \left(Q - \sqrt{\kappa}q\right)^2\right]\colon S^{-1}\left(\sqrt{\kappa}\right) \\
&= 2S\left(\sqrt{\kappa}\right)D(\alpha)\colon \exp\left(-P^2 - Q^2\right)\colon D^{-1}(\alpha)S^{-1}\left(\sqrt{\kappa}\right) \\
&= S\left(\sqrt{\kappa}\right)D(\alpha)|0\rangle\langle 0|D^{-1}(\alpha)S^{-1}\left(\sqrt{\kappa}\right) \\
&\equiv |\gamma\rangle\langle\gamma|,
\end{aligned} \tag{7.55}$$

其中

$$|\gamma\rangle = S(\sqrt{\kappa})D\left[\frac{1}{\sqrt{2}}\left(\sqrt{\kappa}q + \mathrm{i}\frac{p}{\sqrt{\kappa}}\right)\right]|0\rangle \tag{7.56}$$

是广义压缩态, 其完备性关系式为

$$\iint \mathrm{d}q\mathrm{d}p\,|\gamma\rangle\langle\gamma| = 1. \tag{7.57}$$

6. 首先验证 ρ_c 是否可以作为密度算符, 即是否满足 $\mathrm{tr}\,\rho_c = 1$. 在相干态中可以如下证明:

$$\begin{aligned}
\mathrm{tr}\,\rho_c &= \mathrm{tr}\left[\rho_c \int \frac{\mathrm{d}^2 z}{\pi}|z\rangle\langle z|\right] \\
&= (1-\mathrm{e}^\lambda)\int \frac{\mathrm{d}^2 z}{\pi}\langle z|:\mathrm{e}^{(\mathrm{e}^\lambda - 1)a^\dagger a}:|z\rangle \\
&= (1-\mathrm{e}^\lambda)\int \frac{\mathrm{d}^2 z}{\pi}\mathrm{e}^{(\mathrm{e}^\lambda - 1)|z|^2} = 1.
\end{aligned} \tag{7.58}$$

为了求得 $F^\dagger \rho_c F$ 的经典外尔对应 $h_c(p, x)$, 我们首先计算 $(1-\mathrm{e}^\lambda)\mathrm{e}^{\lambda a^\dagger a}$ 的外尔编序形式

$$(1-\mathrm{e}^\lambda)\mathrm{e}^{\lambda a^\dagger a} = \frac{2(1-\mathrm{e}^\lambda)}{\mathrm{e}^\lambda + 1}\genfrac{:}{:}{0pt}{}{}{}\exp\left[\frac{2(\mathrm{e}^\lambda - 1)}{\mathrm{e}^\lambda + 1}a^\dagger a\right]\genfrac{:}{:}{0pt}{}{}{}. \tag{7.59}$$

利用相似变换下算符外尔编序的序不变性和菲涅耳变换的性质:

$$F^\dagger a^\dagger F = sa - ra^\dagger, \quad F^\dagger a F = -r^* a + s^* a^\dagger, \tag{7.60}$$

同时取

$$\beta \equiv \frac{1-\mathrm{e}^\lambda}{\mathrm{e}^\lambda + 1}, \tag{7.61}$$

将 $F^\dagger \rho_c F$ 转变为外尔编序形式:

$$\begin{aligned} F^\dagger \rho_c F &= 2\beta F^\dagger \colon\!\!\exp\left(-2\beta a^\dagger a\right)\!\!\colon F \\ &= 2\beta \colon\!\! F^\dagger \exp\left(-2\beta a^\dagger a\right) F \colon \\ &= 2\beta \colon\!\! \exp\left[-2\beta\left(s^* a^\dagger - r^* a\right)\left(sa - ra^\dagger\right)\right] \colon. \end{aligned} \tag{7.62}$$

由于

$$a = \frac{Q+\mathrm{i}P}{\sqrt{2}}, \quad a^\dagger = \frac{Q-\mathrm{i}P}{\sqrt{2}}, \tag{7.63}$$

所以式 (7.62) 变为

$$\begin{aligned} F^\dagger \rho_c F = 2\beta \colon\!\!\exp\Big\{-2\beta\Big[&\left(P^2 - Q^2\right)\mathrm{Re}\left(r^* s\right) \\ &+ 2\mathrm{Im}\left(r^* s\right) QP + \left(r^* r + s^* s\right)\frac{Q^2 + P^2}{2}\Big]\Big\} \colon. \end{aligned} \tag{7.64}$$

根据式 (7.64), 可以求得 $F^\dagger \rho_c F$ 的经典外尔对应如下:

$$2\beta \exp\left\{-2\beta\left[\left(p^2 - x^2\right)\mathrm{Re}\left(r^* s\right) + 2xp\,\mathrm{Im}\left(r^* s\right) + \left(r^* r + s^* s\right)\frac{x^2 + p^2}{2}\right]\right\}. \tag{7.65}$$

7. 根据单模压缩算符 $S(\gamma)$ 的特性:

$$SPS^{-1} = \mathrm{e}^\gamma P, \quad SXS^{-1} = \mathrm{e}^{-\gamma} X, \tag{7.66}$$

可得

$$\begin{aligned} \rho_s &= \left(1 - \mathrm{e}^\lambda\right) S(\gamma) \mathrm{e}^{\lambda a^\dagger a} S(\gamma)^{-1} \\ &= \frac{2\left(1 - \mathrm{e}^\lambda\right)}{\mathrm{e}^\lambda + 1} \colon\!\! \exp\left[\frac{\mathrm{e}^\lambda - 1}{\mathrm{e}^\lambda + 1}\left(\mathrm{e}^{2\gamma} P^2 + \mathrm{e}^{-2\gamma} X^2\right)\right] \colon. \end{aligned} \tag{7.67}$$

可验证 ρ_s 确为密度算符:

$$\operatorname{tr}\rho_{\mathrm{s}} = \operatorname{tr}\left(\rho_{\mathrm{s}}\int\frac{\mathrm{d}^2 z}{\pi}|z\rangle\langle z|\right) = 1. \tag{7.68}$$

类似于上题的方法, 可得

$$\begin{aligned}F^\dagger \rho_{\mathrm{s}} F &= \ \vdots\ h_{\mathrm{s}}(P,X)\ \vdots\ \\ &= 2\beta\ \vdots\ \exp\left\{-2\beta\left[\mathrm{e}^{2r}(DP+CX)^2 + \mathrm{e}^{-2r}(BP+AX)^2\right]\right\}\ \vdots\ ,\end{aligned} \tag{7.69}$$

以及 $F^\dagger \rho_{\mathrm{c}} F$ 的经典外尔对应 $h_{\mathrm{c}}(p,x)$ 为

$$h_{\mathrm{s}}(p,x) = 2\beta\exp\left\{-2\beta\left[\mathrm{e}^{2r}(Dp+Cx)^2 + \mathrm{e}^{-2r}(Bp+Ax)^2\right]\right\}, \tag{7.70}$$

其中

$$\begin{aligned}A &= \frac{1}{2}(s^* - r^* + s - r), & B &= \frac{1}{2\mathrm{i}}(s^* - s + r^* - r), \\ C &= \frac{1}{2\mathrm{i}}(s - r - s^* + r^*), & D &= \frac{1}{2}(s + s^* + r + r^*).\end{aligned} \tag{7.71}$$

8. 根据式 (7.30), 可知

$$\mathrm{e}^{\lambda a^\dagger a} = \frac{2}{\mathrm{e}^\lambda + 1}\ \vdots\ \exp\left[\frac{\mathrm{e}^\lambda - 1}{\mathrm{e}^\lambda + 1}(P^2 + Q^2)\right]\ \vdots\ . \tag{7.72}$$

由于

$$\begin{aligned}\operatorname{tr}\left[(1-\mathrm{e}^\lambda)\mathrm{e}^{\lambda a^\dagger a}\right] &= (1-\mathrm{e}^\lambda)\int\frac{\mathrm{d}^2 z}{\pi}\langle z|:\mathrm{e}^{(\mathrm{e}^\lambda-1)a^\dagger a}:|z\rangle \\ &= (1-\mathrm{e}^\lambda)\int\frac{\mathrm{d}^2 z}{\pi}\mathrm{e}^{(\mathrm{e}^\lambda-1)|z|^2} = 1,\end{aligned} \tag{7.73}$$

所以 $(1-\mathrm{e}^\lambda)\mathrm{e}^{\lambda a^\dagger a}$ 可视为密度算符. 对于哈密顿量为 $H = \omega\hbar a^\dagger a$ 的光场, 其密度算符为 $\mathrm{e}^{-\beta H}$, $\beta = 1/(k_{\mathrm{B}}T)$. 在式 (7.73) 中, 取 $\lambda = -\omega\hbar/(k_{\mathrm{B}}T)$, 根据玻色统计, 可得粒子数 n 的平均值为

$$\left(\mathrm{e}^{-\lambda}-1\right)^{-1} = \left(\mathrm{e}^{\frac{\omega\hbar}{k_{\mathrm{B}}T}}-1\right)^{-1} = n, \quad \frac{\mathrm{e}^\lambda - 1}{\mathrm{e}^\lambda + 1} = -\frac{1}{2n+1}. \tag{7.74}$$

将平移算符
$$D(\alpha) = \exp(\alpha a^\dagger - \alpha^* a) \quad \left(\alpha = \frac{q+\mathrm{i}p}{\sqrt{2}}\right), \tag{7.75}$$

和压缩算符
$$S = \exp\left[-\frac{\mathrm{i}}{2}(QP+PQ)\ln r\right] \tag{7.76}$$

作用于式 (7.72), 再利用相似变换下外尔编序的不变性, 得

$$\begin{aligned}\rho_s &\equiv (1-\mathrm{e}^\lambda) D(\alpha) S \mathrm{e}^{\lambda a^\dagger a} S^{-1} D^{-1}(\alpha) \\ &= \frac{2(1-\mathrm{e}^\lambda)}{\mathrm{e}^\lambda+1} \genfrac{}{}{0pt}{}{:}{:}\exp\left\{\frac{\mathrm{e}^\lambda-1}{\mathrm{e}^\lambda+1}\left[\mathrm{e}^{2r}(P-p)^2+\mathrm{e}^{-2r}(Q-q)^2\right]\right\}\genfrac{}{}{0pt}{}{:}{:},\end{aligned} \tag{7.77}$$

所以 ρ_s 仍保持外尔编序形式. 根据外尔编序的性质, 可知 ρ_s 的经典外尔函数 (对应于 $\Delta(q',p')$) 为

$$\frac{2(1-\mathrm{e}^\lambda)}{\mathrm{e}^\lambda+1}\exp\left\{\frac{\mathrm{e}^\lambda-1}{\mathrm{e}^\lambda+1}\left[\mathrm{e}^{2r}(p-p')^2+\mathrm{e}^{-2r}(q-q')^2\right]\right\}. \tag{7.78}$$

根据威格纳算符的正规乘积排序, 可知

$$\begin{aligned}\rho_s &= \frac{2}{2n+1}\iint_{-\infty}^{+\infty}\mathrm{d}p'\mathrm{d}q'\exp\left\{-\frac{1}{2n+1}\left[\mathrm{e}^{2r}(p-p')^2+\mathrm{e}^{-2r}(q-q')^2\right]\right\}\Delta(q',p') \\ &= \frac{2}{2n+1}\iint_{-\infty}^{+\infty}\mathrm{d}p'\mathrm{d}q'\exp\left\{-\frac{1}{2n+1}\left[\mathrm{e}^{2r}(p-p')^2+\mathrm{e}^{-2r}(q-q')^2\right]\right\} \\ &\quad \times \frac{1}{\pi}:\mathrm{e}^{-(q'-Q)^2-(p'-P)^2}: \\ &= \sqrt{\frac{4}{(2n+1+\mathrm{e}^{-2r})(2n+1+\mathrm{e}^{2r})}}:\exp\left[-\frac{(q-Q)^2}{(2n+1)\mathrm{e}^{2r}+1}-\frac{(p-P)^2}{(2n+1)\mathrm{e}^{-2r}+1}\right]: \\ &= \frac{1}{\sigma_1\sigma_2}:\exp\left[-\frac{(q-Q)^2}{2\sigma_1^2}-\frac{(p-P)^2}{2\sigma_2^2}\right]:,\end{aligned} \tag{7.79}$$

其中
$$2\sigma_1^2 \equiv (2n+1)\mathrm{e}^{2r}+1, \quad 2\sigma_2^2 \equiv (2n+1)\mathrm{e}^{-2r}+1. \tag{7.80}$$

因此题目中正规排序的正态分布表示压缩–平移混沌场 (混态) 的密度算符 ρ_s.

9. 两个互为共轭的纠缠态表象 $\langle\eta|$ 和 $\langle\xi|$ 的完备性关系式分别为

$$\int \frac{\mathrm{d}^2\eta}{\pi} |\eta\rangle\langle\eta| = \int \frac{\mathrm{d}^2\eta}{\pi} : \exp\left[-\left(\eta_1 - \frac{X_1 - X_2}{\sqrt{2}}\right)^2 - \left(\eta_2 - \frac{P_1 + P_2}{\sqrt{2}}\right)^2\right] :, \quad (7.81)$$

$$\int \frac{\mathrm{d}^2\xi}{\pi} |\xi\rangle\langle\xi| = \int \frac{\mathrm{d}^2\xi}{\pi} : \exp\left[-\left(\xi_1 - \frac{X_1 + X_2}{\sqrt{2}}\right)^2 - \left(\xi_2 - \frac{P_1 - P_2}{\sqrt{2}}\right)^2\right] :. \quad (7.82)$$

受此启发, 可建立双模威格纳算符在纠缠态中的表示

$$\Delta(\eta,\xi) \equiv \frac{1}{\pi^2} : \exp\left[-\left(\eta_1 - \frac{X_1 - X_2}{\sqrt{2}}\right)^2 - \left(\eta_2 - \frac{P_1 + P_2}{\sqrt{2}}\right)^2 \right.$$

$$\left. - \left(\xi_1 - \frac{X_1 + X_2}{\sqrt{2}}\right)^2 - \left(\xi_2 - \frac{P_1 - P_2}{\sqrt{2}}\right)^2\right] :, \quad (7.83)$$

由此导出边缘分布对应于纠缠量的测量 $(X_1 - X_2, P_1 + P_2)$ 和 $(X_1 + X_2, P_1 - P_2)$.

式 (7.83) 的另一种形式为

$$\Delta(\eta,\xi) = \frac{1}{\pi^2} : \exp\left[-\left(\eta - a_1 + a_2^\dagger\right)\left(\eta - a_1^\dagger + a_2\right)\right.$$

$$\left. - \left(\xi - a_1 - a_2^\dagger\right)\left(\xi - a_1^\dagger - a_2\right)\right] :. \quad (7.84)$$

10. 首先, 根据

$$h(q,p) = 2\pi \mathrm{tr}\left[H(Q,P)\Delta(q,p)\right], \quad (7.85)$$

可以得到高斯光滑函数 $\exp\left[-k(q'-q)^2 - \frac{(p'-p)^2}{k}\right]$ 与赫思密算符 $\Delta_\mathrm{H}(p,q;k)$ 的经典外尔对应关系, 即

$$\frac{1}{\pi}\exp\left[-k(q'-q)^2 - \frac{(p'-p)^2}{k}\right] = \mathrm{tr}\left[\Delta(q,p)|p',q';k\rangle\langle p',q';k|\right]$$

$$= \langle p',q';k|\Delta(q,p)|p',q';k\rangle$$

$$= \langle p,q;k|\Delta(q',p')|p,q;k\rangle. \quad (7.86)$$

上式说明高斯光滑函数即是 $|p,q;k\rangle$ 的威格纳函数. 为求出 $|p,q;k\rangle$ 的显式, 需借助相干态的威格纳函数, 即

$$\langle\beta|\Delta(q,p)|\beta\rangle = \frac{1}{\pi}\exp\left[-(q'-q)^2 - (p'-p)^2\right], \quad (7.87)$$

式中
$$|\beta\rangle = \exp(\beta a^\dagger - \beta^* a)|0\rangle, \quad \beta = \frac{1}{\sqrt{2}}(q' + \mathrm{i}p'). \tag{7.88}$$

利用式 (7.27), 可得
$$S\Delta(q,p)S^{-1} = \Delta\left(\sqrt{k}q, \frac{1}{\sqrt{k}}p\right), \tag{7.89}$$

其中 S 为单模压缩算符:
$$S = \exp\left[\frac{1}{2}\left(a^{\dagger 2} - a^2\right)\ln\sqrt{k}\right]. \tag{7.90}$$

令 $\alpha = \left(\sqrt{k}q + \mathrm{i}p\right)/\sqrt{2}, D(\alpha) = \exp(\alpha a^\dagger - \alpha^* a)$, 合并式 (7.87) 和 (7.89), 得

$$\langle 0|D^{-1}(\alpha)S\Delta(q',p')S^{-1}D(\alpha)|0\rangle = \langle\alpha|\Delta\left(\sqrt{k}q', \frac{1}{\sqrt{k}}p'\right)|\alpha\rangle$$
$$= \frac{1}{\pi}\exp\left[-k(q'-q)^2 - \frac{(p'-p)^2}{k}\right]. \tag{7.91}$$

与式 (7.86) 对比, 可见 $|p,q;k\rangle$ 是一个单模压缩相干态:
$$|p,q;k\rangle = S^{-1}\left(\sqrt{k}\right)D(\alpha)|0\rangle. \tag{7.92}$$

将式 (7.92) 代入式 (7.36), 并利用 IWOP 技术, 可以计算出赫思密算符的正规乘积形式, 即

$$|p,q;k\rangle\langle p,q;k| = \frac{\sqrt{k}}{1+k}:\exp\left\{-\frac{1}{1+k}\left[k(q-Q)^2 + (p-P)^2\right]\right\}:. \tag{7.93}$$

根据一般算符 A 的外尔编序展开公式

$$A = 2\int\frac{\mathrm{d}^2\beta}{\pi}\genfrac{}{}{0pt}{}{:}{:}\langle-\beta|A|\beta\rangle\exp\left[2\left(\beta^* a - \beta a^\dagger + a^\dagger a\right)\right]\genfrac{}{}{0pt}{}{:}{:}, \tag{7.94}$$

可得
$$|p,q;k\rangle\langle p,q;k|$$
$$= \frac{2\sqrt{k}}{1+k}\int\frac{\mathrm{d}^2\beta}{\pi}\langle-\beta|:\exp\left\{-\frac{1}{1+k}\left[k(q-Q)^2 + (p-P)^2\right]\right\}:|\beta\rangle$$

第 7 章 外尔编序算符内的积分技术

$$\times \colon \exp\left[2\left(\beta^* a - \beta a^\dagger + a^\dagger a\right)\right] \colon$$

$$= \frac{2\sqrt{k}}{1+k} \int \frac{\mathrm{d}^2\beta}{\pi} \colon \exp\left[-2|\beta|^2 - \frac{k\left(q - \sqrt{2}\mathrm{i}\beta_2\right)^2}{1+k} - \frac{\left(p + \sqrt{2}\mathrm{i}\beta_1\right)}{1+k}\right.$$

$$\left. + 2\left(\beta^* a - \beta a^\dagger + a^\dagger a\right)\right] \colon$$

$$= \colon \exp\left[\frac{1+k}{2k}\left(a - a^\dagger - \frac{\sqrt{2}\mathrm{i}p}{1+k}\right)^2 - \frac{1+k}{2}\left(a + a^\dagger - \frac{\sqrt{2}kq}{1+k}\right)^2\right.$$

$$\left. + 2a^\dagger a - \frac{1}{1+k}\left(kq^2 + p^2\right)\right] \colon$$

$$= \colon \exp\left[-k\left(q - Q\right)^2 - \frac{1}{k}\left(p - P\right)^2\right] \colon \qquad (7.95)$$

第 8 章 压 缩 态

8.1 新增基础知识与例题

单色光波作为一个电磁场,对测量仪器敏感的是电场,把电场分解为两个正交分量,分别比例于 $\cos\omega t$ 和 $\sin\omega t$. 作为单色光波的量子对应的相干态,其两个正交分量的量子涨落相等且等于真空的零点涨落,这说明即便是激光,它也有量子噪声. 所以当人们用激光来传输信号时,就带来量子噪声,零点涨落是降低信号中噪声的量子极限.

面对这个量子极限,20 世纪 70 年代起物理学家着手研究压缩态,设计并制作了压缩光. 处于压缩态的光场的一个正交分量的量子涨落减小,其代价是另一个正交分量的量子涨落增大,用压缩光量子涨落小的正交相来传递信息,可以降低量子噪声.

下面我们分析压缩态产生的物理机制. 设一质量为 m 的粒子被束缚在一维无限深的矩形势阱中,其边界之一固定 ($x=0$),另一边界随时间变化 ($x=W(t)$),相应的薛定谔方程为

$$\mathrm{i}\frac{\partial}{\partial t}|\psi\rangle = -\frac{1}{2m}\frac{\partial^2}{\partial x^2}|\psi\rangle = \frac{P^2}{2m}|\psi\rangle, \tag{8.1}$$

其中,为了方便我们取 $\hbar=1$. 波函数在边界消失,即边界条件为

$$\psi(0,t) = \psi(W(t),t) = 0. \tag{8.2}$$

由归一化条件

$$\int_0^{W(t)} \psi^*(x,t)\psi(x,t)\,\mathrm{d}x = 1, \tag{8.3}$$

及其不随时间改变的性质，可得

$$\frac{\partial}{\partial t}\int_0^{W(t)} \psi^*(x,t)\psi(x,t)\,\mathrm{d}x = 0. \tag{8.4}$$

式 (8.4) 等价于

$$\int_0^{W(t)} \frac{\partial}{\partial t}|\psi(x,t)|^2\,\mathrm{d}x + \frac{\partial W(t)}{\partial t}|\psi(W(t),t)|^2 = 0. \tag{8.5}$$

令

$$\bar{x}(t) = x\frac{W(0)}{W(t)} \equiv x\mu(t), \tag{8.6}$$

则式 (8.3) 可改写为

$$\int_0^{W(0)} \left|\psi\left(\frac{\bar{x}(t)}{\mu(t)},t\right)\right|^2 \mathrm{d}\frac{\bar{x}(t)}{\mu(t)} = 1, \tag{8.7}$$

对应的动量算符变为

$$\bar{P}(t) = P\frac{W(t)}{W(0)} \equiv \frac{P}{\mu(t)}, \tag{8.8}$$

它满足 $[\bar{x}(t), \bar{P}(t)] = \mathrm{i}$。对比式 (8.7) 与 (8.3)，可见动态边界 $x = W(t)$ 的值变成固定值 $\bar{x} = W(0)$，但波函数 $\psi(x,t)$ 变为

$$\psi(\bar{x},t) = \psi(x\mu(t),t) = \langle x\mu(t)|\psi,t\rangle. \tag{8.9}$$

引入压缩变换

$$UXU^\dagger = \frac{X}{\mu(t)}, \quad UPU^\dagger = P\mu(t), \tag{8.10}$$

将 $U^\dagger$ 的变换作用于式 (8.1) 的两边，同时令 $U^\dagger|\psi\rangle = |\phi\rangle$，于是

$$\langle x|\phi\rangle = \sqrt{\mu(t)}\langle\mu(t)x|\psi\rangle = \langle x|U^\dagger|\psi\rangle. \tag{8.11}$$

进一步, 可知

$$iU^\dagger \frac{\partial}{\partial t}|\psi\rangle = U^\dagger \frac{P^2}{2m}|\psi\rangle = \frac{P^2}{2m\mu^2(t)}U^\dagger|\psi\rangle$$
$$= i\left[\frac{\partial(U^\dagger|\psi\rangle)}{\partial t} - \frac{\partial U^\dagger}{\partial t}|\psi\rangle\right] = i\frac{\partial}{\partial t}|\phi\rangle - i\frac{\partial U^\dagger}{\partial t}U|\phi\rangle, \tag{8.12}$$

即

$$i\frac{\partial}{\partial t}|\phi\rangle = \left[\frac{P^2}{2m\mu^2(t)} + i\frac{\partial U^\dagger}{\partial t}U\right]|\phi\rangle. \tag{8.13}$$

对比于薛定谔方程 $i\frac{\partial}{\partial t}|\phi\rangle = H(t)|\phi\rangle$, 可得含时的哈密顿量为

$$H(t) = \frac{P^2}{2m\mu^2(t)} + i\frac{\partial U^\dagger}{\partial t}U. \tag{8.14}$$

为求此哈密顿量的具体形式, 必须先求出 $\frac{\partial U^\dagger}{\partial t}$.

式 (8.10) 可以称为伸缩变换, 其对应的压缩算符为

$$U = C\int_{-\infty}^{+\infty} dx\,|\bar{x}(t)\rangle\langle x|, \tag{8.15}$$

其中 C 为归一化系数. 因为 $UU^\dagger = 1$, 所以

$$UU^\dagger = |C|^2 \int_{-\infty}^{+\infty} dx\,|\bar{x}(t)\rangle\langle x| \int_{-\infty}^{+\infty} dx'\,|x'\rangle\langle \bar{x}'(t)|$$
$$= |C|^2 \int_{-\infty}^{+\infty} |\bar{x}(t)\rangle\langle \bar{x}(t)|\,dx$$
$$= |C|^2 \int_{-\infty}^{+\infty} |\bar{x}(t)\rangle\langle \bar{x}(t)|\,\frac{d\bar{x}}{\mu(t)}$$
$$= |C|^2 \frac{1}{\mu(t)} = 1. \tag{8.16}$$

可将式 (8.15) 表示的压缩算符写为

$$U = \sqrt{\mu(t)}\int_{-\infty}^{+\infty} dx\,|x\mu(t)\rangle\langle x|. \tag{8.17}$$

根据福克空间的坐标本征态的表达式

$$|x\rangle = \pi^{-1/4}\exp\left(-\frac{x^2}{2} + \sqrt{2}xa^\dagger + \frac{a^{\dagger 2}}{2}\right)|0\rangle \quad (X|x\rangle = x|x\rangle), \tag{8.18}$$

其中 $|0\rangle$ 为真空态，$X = (a + a^\dagger)/\sqrt{2}$ 和 $|0\rangle\langle 0| =:\exp(-a^\dagger a):$，可得

$$|x\mu(t)\rangle\langle x| = \sqrt{\frac{1}{\pi}} :\mathrm{e}^V:, \tag{8.19}$$

其中

$$:\mathrm{e}^V: =:\exp\left[-\frac{x^2}{2}\left(1+\mu^2\right) + \sqrt{2}x\left(\mu a^\dagger + a\right) - \frac{1}{2}\left(a^\dagger + a\right)^2\right]:. \tag{8.20}$$

因此可以得到算符 U 关于时间 t 的偏微分为

$$\frac{\partial U}{\partial t} = \frac{\dot\mu}{2\mu} U + \sqrt{\frac{\mu}{\pi}}\frac{\partial}{\partial t}\int_{-\infty}^{+\infty}\mathrm{d}x :\mathrm{e}^V:, \tag{8.21}$$

其中

$$\frac{\partial}{\partial t}:\mathrm{e}^V: =:\left(-x^2\mu\dot\mu + \sqrt{2}x\dot\mu a^\dagger\right)\mathrm{e}^V:. \tag{8.22}$$

另外，根据算符公式

$$:\frac{\partial}{\partial a}f\left(a,a^\dagger\right): = \left[:f\left(a,a^\dagger\right):,a^\dagger\right], \tag{8.23}$$

可得

$$:\frac{\partial}{\partial a}\mathrm{e}^V: =:\left(\sqrt{2}x - a - a^\dagger\right)\mathrm{e}^V:, \tag{8.24}$$

$$:\frac{\partial^2}{\partial^2 a}\mathrm{e}^V: =:\left[\left(\sqrt{2}x - a - a^\dagger\right)^2 - 1\right]\mathrm{e}^V:. \tag{8.25}$$

利用式 (8.23)~(8.25)，可把式 (8.22) 重写为

$$\begin{aligned}\frac{\partial}{\partial t}:\mathrm{e}^V: =&: -\frac{\mu\dot\mu}{2}\left[\frac{\partial^2}{\partial^2 a} + 2\left(a + a^\dagger\right)\frac{\partial}{\partial a} + \left(a + a^\dagger\right)^2 + 1\right]\mathrm{e}^V:\\ &+:\dot\mu a^\dagger\left(\frac{\partial}{\partial a} + a + a^\dagger\right)\mathrm{e}^V:\\ =& -\frac{\mu\dot\mu}{2}\Big\{\left[\left[:\mathrm{e}^V:,a^\dagger\right],a^\dagger\right] + 2a^\dagger\left[:\mathrm{e}^V:,a^\dagger\right] + 2\left[:\mathrm{e}^V:,a^\dagger\right]a\\ &+:\left[\left(a + a^\dagger\right)^2 + 1\right]:\mathrm{e}^V\Big\} + \dot\mu a^\dagger\left(\left[:\mathrm{e}^V:,a^\dagger\right] + a^\dagger:\mathrm{e}^V: +:\mathrm{e}^V:a\right).\end{aligned} \tag{8.26}$$

由

$$[[:e^V:,a^\dagger],a^\dagger] = :e^V:a^{\dagger 2}-2a^\dagger:e^V:a^\dagger+a^{\dagger 2}:e^V:, \tag{8.27}$$

$$:\left[(a+a^\dagger)^2+1\right]e^V: = a^{\dagger 2}:e^V:+:e^V:a^2+2a^\dagger:e^V:a+:e^V:, \tag{8.28}$$

可得

$$\frac{\partial}{\partial t}:e^V: = -\frac{\mu\dot\mu}{2}:e^V:(a+a^\dagger)^2+\dot\mu a^\dagger:e^V:(a+a^\dagger)$$
$$= -\mu\dot\mu:e^V:X^2+\sqrt{2}\dot\mu a^\dagger:e^V:X. \tag{8.29}$$

将式 (8.26) 代入式 (8.21)，可得

$$\frac{\partial U}{\partial t} = \frac{\dot\mu}{2\mu}U-\mu\dot\mu UX^2+\sqrt{2}\dot\mu a^\dagger UX$$
$$= \left(\frac{\dot\mu}{2\mu}-\frac{\dot\mu}{\mu}X^2+\sqrt{2}\frac{\dot\mu}{\mu}a^\dagger X\right)U = \frac{\dot\mu}{2\mu}\left(a^{\dagger 2}-a^2\right)U. \tag{8.30}$$

将式 (8.30) 代入式 (8.14)，可得产生压缩机制的动力学哈密顿量

$$H(t) = \frac{P^2}{2m\mu(t)}+\mathrm{i}\frac{\dot\mu}{2\mu}U^\dagger\left(a^2-a^{\dagger 2}\right)U$$
$$= \frac{P^2}{2m\mu(t)}+\mathrm{i}\frac{\dot\mu}{2\mu}(XP+PX), \tag{8.31}$$

所对应的波函数的归一性为

$$\int_0^{W(0)}|\phi(\bar x)|^2\,\mathrm{d}\bar x = 1. \tag{8.32}$$

【例 8.1】 求单模压缩算符 $S=\int_{-\infty}^{+\infty}\frac{\mathrm{d}q}{\sqrt\mu}\left|\frac{q}{\mu}\right\rangle\langle q|$ 的显式。

解 利用坐标本征态 $|q\rangle$ 在福克空间的形式，得到

$$S = \int_{-\infty}^{+\infty}\frac{\mathrm{d}q}{\sqrt\mu}\left|\frac{q}{\mu}\right\rangle\langle q|$$
$$= \int_{-\infty}^{+\infty}\frac{\mathrm{d}q}{\sqrt{\pi\mu}}\left(-\frac{q^2}{2\mu^2}+\sqrt{2}\frac{q}{\mu}a^\dagger-\frac{1}{2}a^{\dagger 2}\right)|0\rangle\langle 0|\exp\left(-\frac{q^2}{2}+\sqrt{2}qa-\frac{1}{2}a^2\right). \tag{8.33}$$

把 $|0\rangle\langle 0|=\,:\mathrm{e}^{-a^\dagger a}:$ 代入式 (8.33), 得

$$S=\int_{-\infty}^{+\infty}\frac{\mathrm{d}q}{\sqrt{\pi\mu}}\exp\left[-\frac{q^2}{2}\left(1+\frac{1}{\mu^2}\right)+\sqrt{2}\frac{q}{\mu}a^\dagger-\frac{a^{\dagger 2}}{2}\right]:\exp\left(-a^\dagger a\right):$$
$$\times\exp\left(\sqrt{2}qa-\frac{a^2}{2}\right). \tag{8.34}$$

现在 $:\exp\left(-a^\dagger a\right):$ 的左边是产生算符, 右边是湮灭算符, 因此整个被积算符函数已排成正规乘积形式, 所以

$$S=\int_{-\infty}^{+\infty}\frac{\mathrm{d}q}{\sqrt{\pi\mu}}:\exp\left[-\frac{q^2}{2}\left(1+\frac{1}{\mu^2}\right)+\sqrt{2}q\left(\frac{1}{\mu}a^\dagger+a\right)-\frac{1}{2}\left(a+a^\dagger\right)^2\right]:. \tag{8.35}$$

利用正规乘积的性质, 对式 (8.35) 进行积分, 积分过程中可以视 $(a,a^\dagger)$ 为参数, 立刻得到

$$S=\mathrm{sech}^{1/2}\lambda:\exp\left[-\frac{1}{2}a^{\dagger 2}\tanh\lambda+(\mathrm{sech}\,\lambda-1)a^\dagger a+\frac{a^2}{2}\tanh\lambda\right]:, \tag{8.36}$$

式中

$$\mathrm{e}^\lambda=\mu,\quad \mathrm{sech}\,\lambda=\frac{2\mu^2}{1+\mu^2},\quad \tanh\lambda=\frac{\mu^2-1}{\mu^2+1}. \tag{8.37}$$

至此我们完成了对单模压缩算符的积分, 并得到了其正规乘积形式. 进一步, 我们可以把式 (8.36) 中的 : : 记号去掉, 即

$$S=\int_{-\infty}^{+\infty}\frac{\mathrm{d}q}{\sqrt{\mu}}\left|\frac{q}{\mu}\right\rangle\langle q|$$
$$=\exp\left(-\frac{1}{2}a^{\dagger 2}\tanh\lambda\right)\exp\left[\left(a^\dagger a+\frac{1}{2}\right)\ln\mathrm{sech}\,\lambda\right]\exp\left(\frac{a^2}{2}\tanh\lambda\right), \tag{8.38}$$

最后一步的推导中利用了算符恒等式 $\exp\left(\lambda a^\dagger a\right)=\,:\exp\left[\left(\mathrm{e}^\lambda-1\right)a^\dagger a\right]:$. 这是求压缩算符正规乘积的最 "优美" 的方法, 为范洪义首创.

【例 8.2】 若在经典相空间作如下正则变换:

$$q_1\mapsto q_1\cosh\lambda+q_2\sinh\lambda,\quad q_2\mapsto q_2\cosh\lambda+q_1\sinh\lambda, \tag{8.39}$$

则对应此变换, 可以得到双模压缩算符

$$S_2=\iint_{-\infty}^{+\infty}\mathrm{d}q_1\mathrm{d}q_2|q_1\cosh\lambda+q_2\sinh\lambda,q_2\cosh\lambda+q_1\sinh\lambda\rangle\langle q_1,q_2|, \tag{8.40}$$

求此双模压缩算符的显式及对应的双模压缩变换.

解 利用双模压缩的积分形式和 IWOP 技术, 可得

$$S_2 = \frac{1}{\pi}\iint_{-\infty}^{+\infty} \mathrm{d}q_1 \mathrm{d}q_2 : \exp[-(q_1^2+q_2^2)\cosh^2\lambda - q_1q_2\sinh 2\lambda$$
$$+\sqrt{2}(q_1\cosh\lambda + q_2\sinh\lambda)a_1^\dagger + \sqrt{2}(q_1\sinh\lambda + q_2\cosh\lambda)a_2^\dagger$$
$$-\frac{1}{2}(a_1+a_1^\dagger)^2 - \frac{1}{2}(a_2+a_2^\dagger)^2 + \sqrt{2}(q_1a_1+q_2a_2):$$
$$= \operatorname{sech}\lambda : \exp\left[\left(a_1^\dagger a_2^\dagger - a_1 a_2\right)\tanh\lambda + \left(a_1^\dagger a_1 + a_2^\dagger a_2\right)(\operatorname{sech}\lambda - 1)\right]: . \tag{8.41}$$

将上式简化为

$$S_2 = \operatorname{sech}\lambda \exp\left(a_1^\dagger a_2^\dagger \tanh\lambda\right) : \exp\left[\left(a_1^\dagger a_1 + a_2^\dagger a_2\right)(\operatorname{sech}\lambda - 1)\right]$$
$$\times : \exp(-a_1 a_2 \tanh\lambda). \tag{8.42}$$

由算符恒等式

$$\exp\left(a_i^\dagger \Lambda_{ij} a_j\right) =: \exp\left[a_i^\dagger \left(\mathrm{e}^{\Lambda_{ij}} - 1\right)_{ij} a_j\right] :, \tag{8.43}$$

可得 S_2 的显式如下:

$$S_2 = \operatorname{sech}\lambda \exp\left(a_1^\dagger a_2^\dagger \tanh\lambda\right) \exp\left[\left(a_1^\dagger a_1 + a_2^\dagger a_2 + 1\right)\ln\operatorname{sech}\lambda\right]$$
$$\times \exp(-a_1 a_2 \tanh\lambda). \tag{8.44}$$

利用算符恒等式

$$\mathrm{e}^A B \mathrm{e}^{-A} = B + [A,B] + \frac{1}{2!}[A,[A,B]] + \frac{1}{3!}[A,[A,[A,B]]] + \cdots, \tag{8.45}$$

导出 S_2 对应的双模压缩变换:

$$\begin{aligned}S_2 a_1 S_2^{-1} &= a_1 \cosh\lambda - a_2^\dagger \sinh\lambda, \\ S_2 a_2 S_2^{-1} &= a_2 \cosh\lambda - a_1^\dagger \sinh\lambda.\end{aligned} \tag{8.46}$$

第 8 章 压 缩 态

【例 8.3】 当受激原子通过处于压缩真空态的腔场时,它们之间的非线性相互作用可以体现在单模压缩真空态上的激发 (增加光子). 记 $|r\rangle = S(r)|0\rangle$ 为单模压缩真空态, 则激发的单模压缩真空态为

$$\|r\rangle_m \equiv a^{\dagger m} S(r)|0\rangle = a^{\dagger m}|r\rangle, \tag{8.47}$$

其中 $|r\rangle$ 的具体形式为

$$|r\rangle = \operatorname{sech}^{1/2}\lambda \exp\left(\frac{1}{2}a^{\dagger 2}\tanh r\right)|0\rangle, \tag{8.48}$$

这里 $|r\rangle_m$ 尚未归一化, 试求其归一化系数, 并给出激发的单模压缩真空态的具体形式 $|r\rangle_m$.

解 为求归一化系数, 我们先采用数学归纳法证明

$$_m\langle r\|r\rangle_m = m!\left(\cosh^m r\right)\mathrm{P}_m(\cosh r). \tag{8.49}$$

当 $m = 1$ 时, 利用 $a|r\rangle = a^{\dagger}\tanh r|r\rangle$, 可知

$$\begin{aligned}_1\langle r\|r\rangle_1 &= \operatorname{sech} r\tanh^2 r\langle 0|\exp\left(\frac{a^2}{2}\tanh r\right)aa^{\dagger}\exp\left(\frac{a^{\dagger 2}}{2}\tanh r\right)|0\rangle + 1 \\ &= (\cosh r)\,P_1(\cosh r),\end{aligned} \tag{8.50}$$

其中 $\mathrm{P}_1(x)$ 为一阶勒让德多项式, 即 $\mathrm{P}_1(x) = x$.

当 $m = 2$ 时, 有

$$\begin{aligned}_2\langle r\|r\rangle_2 &= \langle r|(N+1)(N+1)|r\rangle + {_1\langle r\|r\rangle_1} \\ &= 2\left(\cosh^2 r\right)\mathrm{P}_2(\cosh r),\end{aligned} \tag{8.51}$$

其中 $\mathrm{P}_2(x) = (3x^2 - 1)/2$. 设对于 $n \leqslant m$,

$$_{n-1}\langle r\|r\rangle_{n-1} = (n-1)!\left(\cosh^{n-1} r\right)\mathrm{P}_{n-1}(\cosh r) \tag{8.52}$$

成立, 则当 $n = m$ 时, 有

$$_m\langle r\|r\rangle_m = \langle r|a^{m-1}\left(a^{\dagger}a + 1\right)a^{\dagger m}|r\rangle$$

$$= \langle r | \left[a^\dagger a^{m-1} + (m-1) a^{m-2} \right] \left[a^{\dagger m-1} a + (m-1) a^{\dagger m-2} \right] | r \rangle$$
$$+ {}_{m-1}\langle r \| r \rangle_{m-1}$$
$$= \langle r | \left[a^m a^{\dagger m} \tanh^2 r + 2(m-1) a^{m-1} a^{\dagger m-1} + (m-1)^2 a^{m-2} a^{\dagger m-2} \right] | r \rangle$$
$$+ {}_{m-1}\langle r \| r \rangle_{m-1}$$
$$= \tanh^2 r \,{}_m\langle r \| r \rangle_m + (2m-1) \,{}_{m-1}\langle r \| r \rangle_{m-1} - (m-1)^2 \,{}_{m-2}\langle r \| r \rangle_{m-2}, \tag{8.53}$$

即
$$_m\langle r \| r \rangle_m = \cosh^2 r \left[-(m-1)^2 \,{}_{m-2}\langle r \| r \rangle_{m-2} + (2m-1) \,{}_{m-1}\langle r \| r \rangle_{m-1} \right]. \tag{8.54}$$

将式 (8.52) 代入式 (8.54), 得
$$_m\langle r \| r \rangle_m = (m-1)! \cosh^m r \left[-(m-1) \mathrm{P}_{m-2} + (2m-1) (\cosh r) \mathrm{P}_{m-1} \right]. \tag{8.55}$$

与勒让德多项式 $\mathrm{P}_m(x)$ 的递推关系
$$(m+1) \mathrm{P}_{m+1}(x) - 2(m+1) x \mathrm{P}_m(x) + m \mathrm{P}_{m-1}(x) = 0 \tag{8.56}$$

对比, 即可证得式 (8.49) 成立.

根据归一化条件, 可知归一化系数为
$$[m! (\cosh^m r) \mathrm{P}_m (\cosh r)]^{-1/2}, \tag{8.57}$$

对应的归一化态为
$$|r\rangle_m = [m! (\cosh^m r) \mathrm{P}_m (\cosh r)]^{-1/2} a^{\dagger m} S(r) |0\rangle. \tag{8.58}$$

8.2 习题

1. 利用在福克空间的动量表象形式, 求单模压缩算符 $S = \sqrt{\mu} \int_{-\infty}^{+\infty} \mathrm{d}p \, |\mu p\rangle \langle p|$ 的显式.

2. 求 $\exp\left(\mathrm{i}g\sqrt{1-X^2}P\right)|0\rangle$ 在坐标表象中的波函数, 其中 $[X,P]=\mathrm{i}\hbar\,(\hbar=1)$.

3. 证明分解公式: $\exp\left[\lambda\dfrac{\mathrm{d}}{\mathrm{d}y}+\lambda f(y)\right]=\exp\left[\int_0^\lambda f(y+t)\mathrm{d}t\right]\exp\left(\lambda\dfrac{\mathrm{d}}{\mathrm{d}y}\right)$.

4. 利用第 3 题的结论, 对指数算符 $\exp\left(-\mathrm{i}gP\sqrt{1-X^2}-gh\dfrac{X}{\sqrt{1-X^2}}\right)$ (g,h 为实参数) 进行分解.

5. 求 $\exp\left(\mathrm{i}gP\sqrt{1-X^2}\right)|0\rangle$ 在坐标表象中的波函数.

6. 求 $\exp\left[-\dfrac{\mathrm{i}g}{2}\left(\sqrt{1-X^2}P+P\sqrt{1-X^2}\right)\right]|0\rangle$ 在坐标表象中的波函数.

7. 给定一维阻尼振子的哈密顿量

$$H=\frac{1}{2}\mathrm{e}^{-2\gamma t}P^2+\frac{1}{2}\omega_0^2\mathrm{e}^{2\gamma t}X^2, \tag{8.59}$$

它可以代表一个变质量的谐振子, 式中 γ 为阻尼系数. 当选择的 $U(t)$ 满足如下变换时:

$$U(t)XU^{-1}(t)=\mathrm{e}^{-\gamma t}X,\quad U(t)PU^{-1}(t)=\mathrm{e}^{\gamma t}P-\gamma\mathrm{e}^{\gamma t}X, \tag{8.60}$$

可将式 (8.59) 重写为

$$H'=\frac{1}{2}P^2+\frac{1}{2}\omega^2 X^2, \tag{8.61}$$

这里 $\omega^2=\omega_0^2-\gamma^2$. 试求式 (8.60) 中 $U(t)$ 的具体形式及式 (8.61) 对应的系统能态.

8. 证明: 单模压缩算符

$$S=\exp\left(-\frac{1}{2}a^{\dagger 2}\tanh\lambda\right)\exp\left[\left(a^\dagger a+\frac{1}{2}\right)\ln\mathrm{sech}\,\lambda\right]\exp\left(\frac{a^2}{2}\tanh\lambda\right) \tag{8.62}$$

可以改写为简洁形式 $S=\exp\left[\dfrac{\lambda}{2}\left(a^2-a^{\dagger 2}\right)\right]$.

9. 当受激原子通过初态处于双模压缩真空态的腔场时, 非线性相互作用会产生在双模压缩真空态上的激发. 记 $S_2(\lambda)$ 为双模压缩真空态, 其具体形式为

$$S_2(\lambda)|00\rangle=\mathrm{sech}\,\lambda\exp\left(a_1^\dagger a_2^\dagger\tanh\lambda\right)|00\rangle, \tag{8.63}$$

定义其上的激发态为

$$|\lambda,n,m\rangle = a_1^{\dagger n} a_2^{\dagger m} S_2(\lambda)|00\rangle, \tag{8.64}$$

试计算 $|\lambda,n,m\rangle$ 的归一化系数.

8.3 思考练习

1. 单模压缩算符 $\exp\left(\dfrac{\lambda}{2}a^{\dagger 2} - \dfrac{\lambda^*}{2}a^2\right) \equiv S(\lambda)$ 作用于单光子福克态所产生的态为

$$S(\lambda)|1\rangle = \left(\mathrm{sech}^{3/2}|\lambda|\right)\exp\left(\frac{1}{2}a^{\dagger 2}\mathrm{e}^{\mathrm{i}\varphi}\tanh|\lambda|\right)|1\rangle \equiv |f,\varphi\rangle_1, \tag{8.65}$$

式中 $\sqrt{f} = \tanh|\lambda|, \lambda = |\lambda|\mathrm{e}^{\mathrm{i}\varphi}$. 求证:

$$\frac{1}{4\pi}\int_0^1 \mathrm{d}f\frac{1}{(1-f)^2}\int_0^{2\pi}\mathrm{d}\varphi\,|f,\varphi\rangle_{1\;1}\langle f,\varphi| = \sum_{n=0}^{+\infty}|2n+1\rangle\langle 2n+1|. \tag{8.66}$$

2. 如上题, 记

$$|f,\varphi\rangle_0 \equiv S(\lambda)|0\rangle, \tag{8.67}$$

求证:

$$|f,\varphi\rangle_0 = (1-f)^{1/4}\exp\left(\frac{a^{\dagger 2}}{2}\sqrt{f}\mathrm{e}^{\mathrm{i}\varphi}\right)|0\rangle, \tag{8.68}$$

并讨论 $|f,\varphi\rangle_0$ 在压缩空间中的完备性结构.

3. 求证 $\exp\left[g(X_1+X_2)^2\right]|00\rangle$ 是一个广义压缩态, 并求光场正交分量在此态的均方差值.

4. 不对称的光分束器产生的纠缠态为

$$|\eta,\theta\rangle = \exp\Big[-\frac{1}{2}|\eta|^2 + \eta a_1^\dagger - \eta^*\left(a_2^\dagger\sin 2\theta + a_1^\dagger\cos 2\theta\right)$$

$$+\frac{1}{2}\eta^{*2}\cos 2\theta + a_1^\dagger a_2^\dagger\sin 2\theta + \frac{1}{2}\left(a_1^{\dagger 2} - a_2^{\dagger 2}\right)\cos 2\theta\Big]|00\rangle, \tag{8.69}$$

求变换 $|\eta,\theta\rangle \mapsto \dfrac{1}{\mu}|\eta/\mu,\theta\rangle$ (μ 为压缩参数) 对应的压缩算符.

5. 对双模压缩光场的一个场模作正交场分量的测量, 求光场的另一个场模的塌缩情况.

6. 求波函数 $\langle q,r|S(\lambda)|m,n\rangle$ 的汉克尔变换, 其中 $S(\lambda)|m,n\rangle$ 是双模压缩粒子数态.

7. 求证: $\exp\left[\mathrm{i}\left(QP-\dfrac{\mathrm{i}}{2}\right)\ln(\cos\omega T)\right]|q\rangle = \dfrac{1}{\sqrt{\cos\omega T}}|q/\cos\omega T\rangle$.

8. 对于频率随时间改变的谐振子, 其哈密顿量为

$$H(t) = \frac{P^2}{2} + \frac{1}{2}\omega^2(t)Q^2. \tag{8.70}$$

(1) 求证: $I_1(t) = \dfrac{1}{2}\left[(yP-\dot{y}Q]) + \left(\dfrac{Q}{y}\right)^2\right]$ 是含时不变量, 其中 $y(t)$ 满足方程 $\ddot{y}+\omega^2(t)y = \dfrac{1}{y^3}$.

(2) 求证: $I_2(t) = \dfrac{\mathrm{i}}{\sqrt{2}}(zP-\dot{z}Q)$ 也是含时不变量, 其中 $z(t)$ 满足方程 $\ddot{z}+\omega^2(t)z = 0$.

(3) 设 $z(0)=1, \dot{z}(0)=1$, 求证: $\left[I_2(t), I_2^\dagger(t)\right] = 1$.

9. 求压缩真空态湮灭 n 个光子的结果.

8.4 习题解答

1. 将动量表象的表达式

$$|p\rangle = \pi^{-1/4}\exp\left(-\frac{p^2}{2}+\sqrt{2}\mathrm{i}pa^\dagger+\frac{a^{\dagger 2}}{2}\right)|0\rangle \tag{8.71}$$

代入, 得

$$S = \sqrt{\mu}\int_{-\infty}^{+\infty}\mathrm{d}p\,|\mu p\rangle\langle p|$$

$$= \sqrt{\frac{\mu}{\pi}} \int_{-\infty}^{+\infty} dp \exp\left(-\frac{\mu^2}{2}p^2 + \sqrt{2}i\mu p a^\dagger + \frac{1}{2}a^{\dagger 2}\right)$$
$$\times |0\rangle\langle 0| \exp\left(-\frac{p^2}{2} - \sqrt{2}ipa + \frac{1}{2}a^2\right); \tag{8.72}$$

再把 $|0\rangle\langle 0| =\, :e^{-a^\dagger a}:$ 代入,得

$$S = \sqrt{\frac{\mu}{\pi}} \int_{-\infty}^{+\infty} \exp\left[-\frac{1}{2}(\mu^2+1)p^2 + \sqrt{2}i\mu p a^\dagger + \frac{1}{2}a^{\dagger 2}\right] :e^{-a^\dagger a}:$$
$$: \exp\left(-\sqrt{2}ipa + \frac{1}{2}a^2\right):. \tag{8.73}$$

利用正规乘积的性质,可得

$$S = \sqrt{\frac{\mu}{\pi}} \int_{-\infty}^{+\infty} :\exp\left[-\frac{1}{2}(\mu^2+1)p^2 + \sqrt{2}ip(\mu a^\dagger - a) + \frac{1}{2}(a^\dagger - a)^2\right]:. \tag{8.74}$$

现在 a 和 $a^\dagger$ 在 $::$ 内对易,可以被视为普通的积分参数.利用正规乘积的性质,积分得

$$S = \mathrm{sech}^{1/2}\lambda : \exp\left[-\frac{1}{2}a^{\dagger 2}\tanh\lambda + (\mathrm{sech}\,\lambda - 1)a^\dagger a + \frac{a^2}{2}\tanh\lambda\right]:, \tag{8.75}$$

其中

$$e^\lambda = \mu, \quad \mathrm{sech}\,\lambda = \frac{2\mu^2}{1+\mu^2}, \quad \tanh\lambda = \frac{\mu^2-1}{\mu^2+1}. \tag{8.76}$$

根据算符恒等式 $\exp(\lambda a^\dagger a) =: \exp\left[(e^\lambda - 1)a^\dagger a\right]:$,上式还可以化为

$$S = \exp\left(-\frac{1}{2}a^{\dagger 2}\tanh\lambda\right) \exp\left[\left(a^\dagger a + \frac{1}{2}\right)\ln\mathrm{sech}\,\lambda\right] \exp\left(\frac{a^2}{2}\tanh\lambda\right). \tag{8.77}$$

2. 根据

$$\exp\left(g\frac{d}{dx}\right)f(x) = f(x+g), \tag{8.78}$$

令 $x = e^y$, $\dfrac{d}{dx} = \dfrac{dy}{dx}\dfrac{d}{dy} = e^{-y}\dfrac{d}{dy}$,可得

$$\exp\left(gx\frac{d}{dx}\right)f(x) = \exp\left(g\frac{d}{dy}\right)f(e^y) = f(e^{y+g}) = f(e^g x). \tag{8.79}$$

同时, 若令 $x = \sin y, \dfrac{\mathrm{d}}{\mathrm{d}x} = \dfrac{\mathrm{d}y}{\mathrm{d}x}\dfrac{\mathrm{d}}{\mathrm{d}y} = \dfrac{1}{\cos y}\dfrac{\mathrm{d}}{\mathrm{d}y} = \dfrac{1}{\sqrt{1-x^2}}\dfrac{\mathrm{d}}{\mathrm{d}y}$, 则可得

$$\exp\left(g\sqrt{1-x^2}\frac{\mathrm{d}}{\mathrm{d}x}\right)f(x) = \exp\left(g\frac{\mathrm{d}}{\mathrm{d}y}\right)f(\sin y) = f(\sin(y+g))$$
$$= f(\sin y \cos g + \cos y \sin g)$$
$$= f\left(x\cos g + \sqrt{1-x^2}\sin g\right). \tag{8.80}$$

因为 $P|x\rangle = \dfrac{\mathrm{id}}{\mathrm{d}x}|x\rangle$, 故由式 (8.80), 可得

$$\exp\left(-\mathrm{i}gP\sqrt{1-X^2}\right)|x\rangle = \exp\left(g\sqrt{1-x^2}\frac{\mathrm{d}}{\mathrm{d}x}\right)|x\rangle = \left|x\cos g + \sqrt{1-x^2}\sin g\right\rangle. \tag{8.81}$$

可见这是一个非线性压缩. 取式 (8.81) 的厄米共轭, 得

$$\langle x|\exp\left(\mathrm{i}g\sqrt{1-X^2}P\right) = \left\langle x\cos g + \sqrt{1-x^2}\sin g\right|. \tag{8.82}$$

通过式 (8.82), 可以看到其压缩特性, 并且可以得到 $\exp\left[\mathrm{i}g\sqrt{1-X^2}P\right]|0\rangle$ 在坐标表象中的波函数形式

$$\langle x|\exp\left(\mathrm{i}g\sqrt{1-X^2}P\right)|0\rangle$$
$$= \left\langle x\cos g + \sqrt{1-x^2}\sin g\middle| 0\right\rangle$$
$$= \pi^{-1/4}\exp\left[-\frac{1}{2}\left(x\cos g + \sqrt{1-x^2}\sin g\right)^2\right]$$
$$= \pi^{-1/4}\exp\left[-\frac{1}{2}\left(x^2\cos 2g + x\sqrt{1-x^2}\sin 2g + \sin^2 g\right)\right]. \tag{8.83}$$

3. 令

$$O(\lambda) = \exp(\lambda A)\exp(\lambda B) = \exp\left[\lambda\frac{\mathrm{d}}{\mathrm{d}y} + \lambda f(y)\right]\exp\left(-\lambda\frac{\mathrm{d}}{\mathrm{d}y}\right), \tag{8.84}$$

其中

$$A = \frac{\mathrm{d}}{\mathrm{d}y} + f(y), \quad B = -\frac{\mathrm{d}}{\mathrm{d}y}, \quad \left[\frac{\mathrm{d}}{\mathrm{d}y}, f(y)\right] = f'(y), \tag{8.85}$$

则其对易关系为

$$[A,B] = f'(y),$$
$$[A,[A,B]] = f''(y),$$
$$\underbrace{[A,[\cdots,[A,B]\cdots]}_{n}] = f^{(n)}(y). \tag{8.86}$$

于是

$$\frac{\mathrm{d}}{\mathrm{d}\lambda}O(\lambda) = AO(\lambda) + \exp(\lambda A)B\exp(\lambda B)$$
$$= AO(\lambda) + \exp(\lambda A)B\exp(-\lambda A)O(\lambda)$$
$$= (A+B)O(\lambda) + \sum_{n=1}^{+\infty}\frac{\lambda^n}{n!}\underbrace{[A,[\cdots,[A,B]\cdots]}_{n}]O(\lambda)$$
$$= f(y)O(\lambda) + \sum_{n=1}^{+\infty}\frac{\lambda^n}{n!}\underbrace{[A,[\cdots,[A,B]\cdots]}_{n}]O(\lambda)$$
$$= \sum_{n=0}^{+\infty}\frac{\lambda^n}{n!}f^{(n)}(y)O(\lambda) = f(y+\lambda)O(\lambda), \tag{8.87}$$

可见

$$O(\lambda) = \exp\left[\int_0^\lambda f(y+t)\,\mathrm{d}t\right]O(0) = \exp\left[\int_0^\lambda f(y+t)\,\mathrm{d}t\right]. \tag{8.88}$$

对比式 (8.88) 和 (8.84), 可得

$$\exp\left[\lambda\frac{\mathrm{d}}{\mathrm{d}y} + \lambda f(y)\right] = \exp\left[\int_0^\lambda f(y+t)\,\mathrm{d}t\right]\exp\left(\lambda\frac{\mathrm{d}}{\mathrm{d}y}\right). \tag{8.89}$$

这个公式在下题中有用.

4. 令

$$O(g,h) = \exp\left(-\mathrm{i}gP\sqrt{1-X^2} - gh\frac{X}{\sqrt{1-X^2}}\right). \tag{8.90}$$

例如 $O(g,h=1) = \exp\left(-\mathrm{i}g\sqrt{1-X^2}P\right)$, 将 $O(g,h)$ 作用于坐标表象 $|x\rangle$, 得

$$O(g,h)|x\rangle = \exp\left(g\sqrt{1-x^2}\frac{\mathrm{d}}{\mathrm{d}x} - gh\frac{x}{\sqrt{1-x^2}}\right)|x\rangle. \tag{8.91}$$

令 $x = \sin y$, $\dfrac{\mathrm{d}}{\mathrm{d}x} = \dfrac{\mathrm{d}y}{\mathrm{d}x}\dfrac{\mathrm{d}}{\mathrm{d}y} = \dfrac{1}{\cos y}\dfrac{\mathrm{d}}{\mathrm{d}y} = \dfrac{1}{\sqrt{1-x^2}}\dfrac{\mathrm{d}}{\mathrm{d}y}$, 可得

$$g\sqrt{1-x^2}\dfrac{\mathrm{d}}{\mathrm{d}x} - gh\dfrac{x}{\sqrt{1-x^2}} = g\dfrac{\mathrm{d}}{\mathrm{d}y} + g(-h\tan y). \tag{8.92}$$

根据第 3 题中的公式, 可得

$$\begin{aligned}
O(g,h)|x\rangle &= \exp\left[g\dfrac{\mathrm{d}}{\mathrm{d}y} + g(-h\tan y)\right]|\sin y\rangle \\
&= \exp\left[-h\int_0^g \tan(y+t)\,\mathrm{d}t\right]\exp\left(g\dfrac{\mathrm{d}}{\mathrm{d}y}\right)|\sin y\rangle \\
&= \left[\dfrac{\cos(y+g)}{\cos y}\right]^h |\sin(y+g)\rangle \\
&= \left(\cos g - \dfrac{x}{\sqrt{1-x^2}}\sin g\right)^h \left| x\cos g + \sqrt{1-x^2}\sin g \right\rangle.
\end{aligned} \tag{8.93}$$

利用式 (8.82), 可得

$$O(g,h)|x\rangle = \left(\cos g - \dfrac{x}{\sqrt{1-x^2}}\sin g\right)^h \exp\left(-igP\sqrt{1-X^2}\right)|x\rangle, \tag{8.94}$$

$$O(g,h) = \exp\left(-igP\sqrt{1-X^2}\right)\left(\cos g - \dfrac{X}{\sqrt{1-X^2}}\sin g\right)^h. \tag{8.95}$$

5. 根据

$$\begin{aligned}
\exp\left(-ig\sqrt{1-X^2}P\right)|x\rangle &= \exp\left[-ig\left(P\sqrt{1-X^2} + \left[\sqrt{1-X^2}, P\right]\right)\right]|x\rangle \\
&= \exp\left(-igP\sqrt{1-X^2} - g\dfrac{X}{\sqrt{1-X^2}}\right)|x\rangle \\
&= \exp\left(g\sqrt{1-x^2}\dfrac{\mathrm{d}}{\mathrm{d}x} - g\dfrac{x}{\sqrt{1-x^2}}\right)|x\rangle,
\end{aligned} \tag{8.96}$$

以及式 (8.90) 和 (8.95), 可得

$$\begin{aligned}
\exp\left(-ig\sqrt{1-X^2}P\right) &= \exp\left(-igP\sqrt{1-X^2} - g\dfrac{X}{\sqrt{1-X^2}}\right) = O(g,h=1) \\
&= \exp\left(-igP\sqrt{1-X^2}\right)\left(\cos g - \dfrac{X}{\sqrt{1-X^2}}\sin g\right),
\end{aligned} \tag{8.97}$$

$$\exp\left(-ig\sqrt{1-X^2}P\right)|x\rangle = \left(\cos g - \frac{x}{\sqrt{1-x^2}}\sin g\right)\exp\left(-igP\sqrt{1-X^2}\right)|x\rangle. \tag{8.98}$$

根据上式的厄米共轭和式 (8.83), 可得 $\exp\left(igP\sqrt{1-X^2}\right)|0\rangle$ 在坐标表象中的波函数

$$\begin{aligned}
&\langle x|\exp\left(igP\sqrt{1-X^2}\right)|0\rangle \\
&= \left(\cos g - \frac{x}{\sqrt{1-x^2}}\sin g\right)\langle x|\exp\left(ig\sqrt{1-X^2}P\right)|0\rangle \\
&= \frac{1}{\sqrt[4]{\pi}}\left(\cos g - \frac{x}{\sqrt{1-x^2}}\sin g\right)\exp\left[-\frac{1}{2}\left(x^2\cos 2g + x\sqrt{1-x^2}\sin 2g + \sin^2 g\right)\right].
\end{aligned} \tag{8.99}$$

6. 根据式 (8.90) 和 (8.95), 可得

$$\begin{aligned}
&\exp\left[-\frac{ig}{2}\left(\sqrt{1-X^2}P + P\sqrt{1-X^2}\right)\right] \\
&= \exp\left(-igP\sqrt{1-X^2} - \frac{g}{2}\frac{X}{\sqrt{1-X^2}}\right) = O(g,1/2) \\
&= \exp\left(-igP\sqrt{1-X^2}\right)\left(\cos g - \frac{X}{\sqrt{1-X^2}}\sin g\right)^{1/2}.
\end{aligned} \tag{8.100}$$

由式 (8.81), 可知

$$\begin{aligned}
&\langle 0|\exp\left[-\frac{ig}{2}\left(\sqrt{1-X^2}P + P\sqrt{1-X^2}\right)\right]|x\rangle \\
&= \left(\cos g - \frac{x}{\sqrt{1-x^2}}\sin g\right)^{1/2}\langle 0|x\cos g + \sqrt{1-x^2}\sin g\rangle \\
&= \frac{1}{\sqrt[4]{\pi}}\left(\cos g - \frac{x}{\sqrt{1-x^2}}\sin g\right)^{1/2}\exp\left[-\frac{1}{2}\left(x^2\cos 2g + x\sqrt{1-x^2}\sin 2g + \sin^2 g\right)\right].
\end{aligned} \tag{8.101}$$

7. 对比于经典辛变换

$$\begin{pmatrix} x \\ p \end{pmatrix} \mapsto \begin{pmatrix} A(t) & B(t) \\ C(t) & D(t) \end{pmatrix}\begin{pmatrix} x \\ p \end{pmatrix}, \tag{8.102}$$

其中 $A(t)D(t) - B(t)C(t) = 1$, 可利用相干态表象找到其量子力学的对应算符

$$\begin{aligned}&U(A,B,C,D,t)\\&=\sqrt{\frac{1}{2}[A+D-\mathrm{i}(B-C)]}\int\frac{\mathrm{d}x\mathrm{d}p}{2\pi}\left|\begin{pmatrix}A(t)&B(t)\\C(t)&D(t)\end{pmatrix}\begin{pmatrix}x\\p\end{pmatrix}\right\rangle\left\langle\begin{pmatrix}x\\p\end{pmatrix}\right|,\end{aligned}$$
(8.103)

这里

$$\left|\begin{pmatrix}x\\p\end{pmatrix}\right\rangle = \exp\left[-\frac{1}{4}(x^2+p^2)+\frac{1}{\sqrt{2}}(x+\mathrm{i}p)a^\dagger\right]|0\rangle \qquad(8.104)$$

为相干态的正则表示. 从式 (8.60) 可见, 如果选择

$$A = \mathrm{e}^{\gamma t}, \quad B = 0, \quad C = \gamma\mathrm{e}^{\gamma t}, \quad D = \mathrm{e}^{-\gamma t}, \qquad(8.105)$$

则利用 IWOP 技术对式 (8.103) 积分, 得

$$\begin{aligned}U(t) &= \exp\left[\left(\mathrm{e}^{\gamma t}\mathrm{sech}\,\lambda - 1\right)\frac{a^{\dagger 2}}{2}\right]\exp\left[\left(a^\dagger a + \frac{1}{2}\right)\ln\mathrm{sech}\,\lambda\right]\\&\quad\times\exp\left[\left(\mathrm{e}^{-\gamma t}\mathrm{sech}\,\lambda - 1\right)\frac{a^2}{2}\right],\end{aligned}$$
(8.106)

这里

$$\mathrm{sech}\,\lambda = \frac{2\mathrm{e}^{-\gamma t}}{1-\mathrm{i}\gamma+\mathrm{e}^{-2\gamma t}}. \qquad(8.107)$$

进一步化简, 可得

$$U(t) = \mathrm{e}^{\frac{\mathrm{i}\gamma}{2}X^2}\mathrm{e}^{-\frac{\mathrm{i}\gamma t}{2}(XP+PX)}, \quad U^\dagger(t) = U^{-1}(t). \qquad(8.108)$$

它是一个单模幺正压缩算符, 作用于真空态上, 得

$$U(t)|0\rangle = \mathrm{sech}^{1/2}\lambda\exp\left[\left(\mathrm{e}^{\gamma t}\mathrm{sech}\,\lambda - 1\right)\frac{a^{\dagger 2}}{2}\right]|0\rangle, \qquad(8.109)$$

这是一个压缩态, 其压缩参数由阻尼系数决定. 另外, 由式 (8.106) 和 (8.61) 可知, 系统的能级是 $\hbar\omega\left(a^\dagger a + \frac{1}{2}\right)$, 相应的能量本征态是一个压缩粒子数态:

$$U(t)|n\rangle = \mathrm{sech}^{1/2}\lambda\exp\left[\left(\mathrm{e}^{\gamma t}\mathrm{sech}\,\lambda - 1\right)\frac{a^{\dagger 2}}{2}\right]\exp\left(a^\dagger a\ln\mathrm{sech}\,\lambda\right)$$

$$\times \exp\left[\left(e^{-\gamma t}\operatorname{sech}\lambda - 1\right)\frac{a^2}{2}\right]|n\rangle. \tag{8.110}$$

这可由式 (8.103) 求出.

8. 对于单模压缩算符

$$S = \exp\left(-\frac{1}{2}a^{\dagger 2}\tanh\lambda\right)\exp\left[\left(a^\dagger a + \frac{1}{2}\right)\ln\operatorname{sech}\lambda\right]\exp\left(\frac{a^2}{2}\tanh\lambda\right), \tag{8.111}$$

两边对参数 λ 微商, 并利用下列算符恒等式:

$$e^{ga^{\dagger 2}}a = \left(a - 2ga^\dagger\right)e^{ga^{\dagger 2}}, \tag{8.112}$$

$$e^{ga^{\dagger 2}}a^2 = \left(a^2 + 4g^2 a^{\dagger 2} - 4ga^\dagger a - 2g\right)e^{ga^{\dagger 2}}, \tag{8.113}$$

导出

$$\frac{\partial}{\partial\lambda}S = \frac{\lambda}{2}\left(a^2 - a^{\dagger 2}\right)S. \tag{8.114}$$

当 $\lambda = 0$ 时, $S = 1$, 因此方程 (8.114) 的解为

$$S = \exp\left[\frac{\lambda}{2}\left(a^2 - a^{\dagger 2}\right)\right]. \tag{8.115}$$

9. 根据双模压缩算符的性质:

$$\begin{aligned}S_2^\dagger a_1 S_2 &= a_1 \cosh\lambda + a_2^\dagger \sinh\lambda, \\ S_2^\dagger a_2 S_2 &= a_2 \cosh\lambda + a_1^\dagger \sinh\lambda,\end{aligned} \tag{8.116}$$

可得

$$\begin{aligned}|\lambda, m, n\rangle &= S_2 S_2^\dagger a_1^{\dagger} a_2^{\dagger} S_2 |00\rangle \\ &= S_2 \sum_{s=0}^{n} n! \frac{\left(a_1^\dagger \cosh\lambda\right)^{n-s}(a_2 \sinh\lambda)^s}{s!(n-s)!}\left(a_2^\dagger \cosh\lambda\right)^m |00\rangle.\end{aligned} \tag{8.117}$$

由此得

$$\langle\lambda, m, n | \lambda, m, n\rangle = (m!n!)^2 \cosh^{2(n+m)}\lambda \sum_{s=0}^{n}\frac{\tanh^{2s}\lambda}{(m-s)!(n-s)!(s!)^2}. \tag{8.118}$$

第 8 章 压 缩 态

利用雅可比多项式的标准定义

$$P_n^{(\alpha,\beta)}(x) = \left(\frac{x-1}{2}\right)^n \sum_{s=0}^{n} \binom{n+\alpha}{s}\binom{n+\beta}{n-s}\left(\frac{x+1}{x-1}\right)^s, \qquad (8.119)$$

可得

$$P_n^{(m-n,0)}(-\cosh 2\lambda) = \left(-\cosh^2\lambda\right)^n \sum_{s=0}^{n} \frac{m!n!}{(m-s)!(n-s)!(s!)^2}\tanh^{2s}\lambda. \qquad (8.120)$$

比较式 (8.118) 和 (8.120), 得到

$$\begin{aligned}\langle\lambda,m,n\,|\lambda,m,n\rangle &= m!n!\left(\cosh^2\lambda\right)^m P_n^{(0,m-n)}(\cosh 2\lambda)\\ &= m!n!\left(\cosh^2\lambda\right)^n P_m^{(0,n-m)}(\cosh 2\lambda),\end{aligned} \qquad (8.121)$$

其中利用了雅可比多项式的性质:

$$P_n^{(\alpha,\beta)}(-x) = (-1)^n P_n^{(\beta,\alpha)}(x). \qquad (8.122)$$

第 9 章　系综平均意义下的费恩曼 – 赫尔曼定理

9.1　新增基础知识与例题

费恩曼 – 赫尔曼 (Feynman-Hellmann) 定理 (简称 FH 定理) 适用于求解量子力学体系的能量本征值问题. 它说明了一个厄米算符的非简并本征值随参数变化的规律, 其公式为

$$\frac{\partial E_n}{\partial \lambda} = \langle \Psi_n(\lambda) | \frac{\partial H}{\partial \lambda} | \Psi_n(\lambda) \rangle, \tag{9.1}$$

其中 $\Psi_n(\lambda)$ 表示哈密顿量 H 的正交归一化的本征函数, 且与参数 λ 有关. 微观粒子的状态和力学量除了随时间变化外, 还可能依赖于某些参数, 比如势阱的宽度、位势函数中的参量, 甚至粒子的质量、电荷、角动量等, 这些参量有时体现在系统的哈密顿量中.

FH 定理涉及能量本征值及各种力学量的平均值随参数变化的规律, 在已知体系能量本征值时, 可以借助 FH 定理巧妙地得出各种力学量的平均值的信息, 从而可避免利用波函数等方法来计算求解. 因此, FH 定理被广泛应用于分子物理、量子化学和夸克势分析等领域.

首先给出式 (9.1) 的证明. 设体系的哈密顿量含有参量 λ, 即为 $H(\lambda)$, 相应的本征方程是

$$H |\Psi_n(\lambda)\rangle = E_n(\lambda) |\Psi_n(\lambda)\rangle. \tag{9.2}$$

将上式两边用右矢 $\langle\Psi_m(\lambda)|$ 作用, 得

$$\langle\Psi_m(\lambda)|H|\Psi_n(\lambda)\rangle = E_n(\lambda)\delta_{nm}. \tag{9.3}$$

对参量 λ 求导数, 有

$$\left\langle\frac{\partial}{\partial\lambda}\Psi_m\bigg|H|\Psi_n\right\rangle + \left\langle\Psi_m\bigg|\frac{\partial}{\partial\lambda}H|\Psi_n\right\rangle + \left\langle\Psi_m\bigg|H\bigg|\frac{\partial}{\partial\lambda}\Psi_n\right\rangle = \frac{\partial E_n}{\partial\lambda}\delta_{nm}. \tag{9.4}$$

根据哈密顿量的厄米性, 有

$$\left\langle\frac{\partial}{\partial\lambda}\Psi_m\bigg|E_n|\Psi_n\right\rangle + \left\langle\Psi_m\bigg|\frac{\partial}{\partial\lambda}H|\Psi_n\right\rangle + \left\langle\Psi_m\bigg|E_m\bigg|\frac{\partial}{\partial\lambda}\Psi_n\right\rangle = \frac{\partial E_n}{\partial\lambda}\delta_{nm}, \tag{9.5}$$

即得

$$\frac{\partial E_n}{\partial\lambda} = \langle\Psi_n(\lambda)|\frac{\partial H}{\partial\lambda}|\Psi_n(\lambda)\rangle, \tag{9.6}$$

此即 FH 定理.

根据 FH 定理, 可以推导出位力定理. 假设某粒子的哈密顿量为

$$H = \frac{P^2}{2m} + V(X), \tag{9.7}$$

在坐标表象下, 有

$$H = -\frac{\hbar^2}{2m}\frac{\partial^2}{\partial X^2} + V(X). \tag{9.8}$$

取 $\hbar$ 为参量, 则有

$$\frac{\partial H}{\partial\hbar} = -\frac{\hbar}{m}\frac{\partial^2}{\partial X^2}. \tag{9.9}$$

由式 (9.6), 得

$$\frac{\partial E}{\partial\hbar} = \frac{2}{\hbar}\left\langle\frac{P^2}{2m}\right\rangle = \frac{2}{\hbar}\langle T\rangle, \quad T = \frac{P^2}{2m}. \tag{9.10}$$

同样, 在动量表象下, 有

$$H = \frac{P^2}{2m} + V\left(i\hbar\frac{\partial}{\partial P}\right). \tag{9.11}$$

又因为

$$\frac{\partial H}{\partial\hbar} = \frac{\partial V}{\partial\hbar} = \frac{\partial V}{\partial X}\frac{\partial X}{\partial\hbar} = \frac{X}{\hbar}\frac{\partial V}{\partial X}, \tag{9.12}$$

所以

$$\frac{\partial E}{\partial \hbar} = \frac{1}{\hbar}\left\langle X\frac{\partial V}{\partial X}\right\rangle. \tag{9.13}$$

由公式 (9.10) 和 (9.13), 得

$$2\langle T\rangle = \left\langle X\frac{\partial V}{\partial X}\right\rangle, \tag{9.14}$$

此即位力定理.

对于 $V(x_1, x_2, \cdots, x_m)$ 是 x_i 的 n 阶齐次函数的特殊情况, 即

$$V(\chi x_1, \chi x_2, \cdots, \chi x_m) = \chi^n V(x_1, x_2, \cdots, x_m), \tag{9.15}$$

由欧拉定理, 得

$$\sum_i x_i \frac{\partial V}{\partial x_i} = nV, \tag{9.16}$$

这里, 位力定理可简化为

$$2\langle T\rangle = n\langle V\rangle. \tag{9.17}$$

因为 $\langle T\rangle + \langle V\rangle = E$, 所以

$$\langle V\rangle = \frac{2}{2+n}E, \quad \langle T\rangle = \frac{n}{2+n}E. \tag{9.18}$$

位力定理有助于求解动能和势能的平均值以及分析它们之间的关系.

注意到原始的 FH 定理只适用于量子纯态的期望值, 我们自然会考虑建立一种针对混态系综平均的理论, 称为广义费恩曼-赫尔曼定理 (GFHT). 例如介观电容-电感 (LC) 回路, 如果考虑电流生热即焦耳 (Joule) 热对系统的影响, 那么所面临的是量子化了的系统和环境, 对可观测量的研究就应该计算系综平均, 用广义 FH 定理去处理这类问题比较方便. 下面我们给出广义 FH 定理的推导.

处于热平衡混态的密度算符为

$$\rho = \frac{1}{z}\mathrm{e}^{-\beta H}, \quad \beta = \frac{1}{k_\mathrm{B}T}, \tag{9.19}$$

第 9 章 系综平均意义下的费恩曼-赫尔曼定理

这里 $z = \mathrm{tr}\,\mathrm{e}^{-\beta H}$ 代表配分函数. 于是有

$$\langle H(\lambda)\rangle_{\mathrm{e}} = \frac{1}{z(\lambda)}\mathrm{tr}[\rho H(\lambda)] = \frac{1}{z(\lambda)}\sum_j \mathrm{e}^{-\beta E_j(\lambda)} E_j(\lambda) \equiv \bar{E}(\lambda), \tag{9.20}$$

这里下标 e 表示系综平均. 对上式的参量 λ 进行偏微分, 得

$$\frac{\partial}{\partial \lambda}\bar{E}(\lambda) = \frac{1}{z(\lambda)}\left\{\sum_j \mathrm{e}^{-\beta E_j(\lambda)}\left[-\beta E_j(\lambda) + \beta \bar{E}(\lambda) + 1\right]\frac{\partial E_j(\lambda)}{\partial \lambda}\right\}. \tag{9.21}$$

将式 (9.20) 代入式 (9.21), 得到广义 HT 定理的一般表达式为

$$\frac{\partial}{\partial \lambda}\langle H(\lambda)\rangle_{\mathrm{e}} = \frac{\partial}{\partial \lambda}\bar{E}(\lambda) = \left\langle\left[-\beta H(\lambda) + \beta \bar{E}(\lambda) + 1\right]\frac{\partial H}{\partial \lambda}\right\rangle_{\mathrm{e}}. \tag{9.22}$$

当考虑纯态 $\rho = |j\rangle\langle j|$ 时, 根据 $H(\lambda)|j\rangle = E_j(\lambda)|j\rangle$, 公式 (9.22) 自动回到了纯态下的情况, 即为公式 (9.6).

如果 β 与 $H(\lambda)$ 无关, 则可将上式简化为

$$\frac{\partial}{\partial \lambda}\bar{E}(\lambda) = \left(1 + \beta\frac{\partial}{\partial \beta}\right)\left\langle\frac{\partial H(\lambda)}{\partial \lambda}\right\rangle_{\mathrm{e}} = \frac{\partial}{\partial \beta}\left[\beta\left\langle\frac{\partial H(\lambda)}{\partial \lambda}\right\rangle_{\mathrm{e}}\right], \tag{9.23}$$

这就是系综平均意义下的广义 FH 定理, 首先是由范洪义教授和陈伯展博士推广得到的.

根据广义 FH 定理, 可以推导出普遍意义下的位力定理. 考虑哈密顿量

$$H = -\sum_{i=1}^{N}\frac{\hbar^2}{2m_i}\nabla_{X_i}^2 + V(X_1, X_2, \cdots, X_N) \equiv T + V. \tag{9.24}$$

引入实参数 λ 来构造如下的哈密顿量:

$$H(\lambda) = -\sum_{i=1}^{N}\frac{\hbar^2}{2m_i}\nabla_{\lambda X_i}^2 + V(\lambda X_1, \lambda X_2, \cdots, \lambda X_N). \tag{9.25}$$

一方面, 由广义 FH 定理式 (9.22), 我们可以知道

$$\lambda\frac{\partial \bar{E}(\lambda)}{\partial \lambda} = \lambda\left\langle\left[1 + \beta\bar{E}(\lambda) - \beta H(\lambda)\right]\frac{\partial}{\partial \lambda}V(\lambda X_1, \lambda X_2, \cdots, \lambda X_N)\right\rangle_{\mathrm{e}}$$

$$= \left\langle \left[1+\beta\bar{E}(\lambda)-\beta H(\lambda)\right]\lambda\sum_{i=1}^{N}\sum_{j=1}^{3}x_{ij}\frac{\partial V}{\partial(\lambda x_{ij})}\right\rangle_{\text{e}}. \tag{9.26}$$

另一方面,我们作参数变换 $Y_i=\lambda X_i$,可将式 (9.25) 重新改写为

$$H(\lambda)=-\sum_{i=1}^{N}\frac{\hbar^2}{2m_i}\nabla_{Y_i}^2+V(Y_1,Y_2,\cdots,Y_N)\equiv H_Y(\lambda). \tag{9.27}$$

再次利用广义 FH 定理,得到

$$\frac{\partial\bar{E}(\lambda)}{\partial\lambda}=\left\langle\left[1+\beta\bar{E}(\lambda)-\beta H_Y(\lambda)\right]\left(-2\sum_{i=1}^{N}\frac{\hbar^2}{2m_i}\lambda\nabla_{Y_i}^2\right)\right\rangle_{\text{e}}. \tag{9.28}$$

当 $\lambda=1$ 时,$\bar{E}(\lambda)=\bar{E}, H(\lambda)=H, Y_i=X_i$,由公式 (9.26) 和 (9.28),可得

$$(1+\beta\bar{E})\left\langle 2T-\sum_{i=1}^{N}\sum_{j=1}^{3}x_{ij}\frac{\partial V}{\partial(\lambda x_{ij})}\right\rangle_{\text{e}}=\beta\left\langle H\left(2T-\sum_{i=1}^{N}\sum_{j=1}^{3}x_{ij}\frac{\partial V}{\partial(\lambda x_{ij})}\right)\right\rangle_{\text{e}}. \tag{9.29}$$

上式还可以改写为

$$\left\langle 2T-\sum_{i=1}^{N}\sum_{j=1}^{3}x_{ij}\frac{\partial V}{\partial(\lambda x_{ij})}\right\rangle_{\text{e}}=-\beta\frac{\partial}{\partial\beta}\left\langle H\left(2T-\sum_{i=1}^{N}\sum_{j=1}^{3}x_{ij}\frac{\partial V}{\partial(\lambda x_{ij})}\right)\right\rangle_{\text{e}}. \tag{9.30}$$

此方程的解为

$$\left\langle 2T-\sum_{i=1}^{N}\sum_{j=1}^{3}x_{ij}\frac{\partial V}{\partial(\lambda x_{ij})}\right\rangle_{\text{e}}=\frac{C}{\beta}, \tag{9.31}$$

其中 C 是积分常数. 这就是系综平均意义下的广义位力定理.

【例 9.1】 路易塞尔 (Louisell) 的量子 LC 回路的哈密顿量为

$$H=\frac{1}{2L}p^2+\frac{1}{2C}q^2, \tag{9.32}$$

利用广义 FH 定理,求解有限温度下该系统电荷和电流的量子起伏.

解 由于系统 "浸入" 在热库中,故要用广义 FH 定理. 由式 (9.6),可得到其积分形式

$$\beta\left\langle\frac{\partial H(\lambda)}{\partial\lambda}\right\rangle_{\text{e}}=\int\mathrm{d}\beta\frac{\partial}{\partial\lambda}\bar{E}(\lambda), \tag{9.33}$$

这里取积分常数为零. 若将电容 C 作为参量来考虑, 那么由 $\omega_0 = 1/\sqrt{LC}, \bar{E} = \dfrac{\hbar\omega_0}{2}\coth\dfrac{\beta\hbar\omega_0}{2}$, 得

$$\beta\left\langle\frac{\partial H(\lambda)}{\partial \lambda}\right\rangle_e = -\frac{\beta}{2C^2}\langle q^2\rangle_e = \int d\beta \frac{\partial}{\partial C}\left(\frac{\hbar\omega_0}{2}\coth\frac{\beta\hbar\omega_0}{2}\right)$$

$$= \frac{1}{2}\frac{\partial}{\partial C}\left[\ln\left(1-\cosh^2\frac{\beta\hbar\omega_0}{2}\right)\right] = -\frac{\beta\hbar\omega_0}{4C}\coth\frac{\beta\hbar\omega_0}{2}, \quad (9.34)$$

即

$$\langle q^2\rangle_e = \frac{C\hbar\omega_0}{2}\coth\frac{\beta\hbar\omega_0}{2}. \quad (9.35)$$

若将电感 L 作为参量, 则

$$\beta\left\langle\frac{\partial H_0}{\partial L}\right\rangle_e = -\frac{\beta}{2L^2}\langle p^2\rangle_e = \int d\beta \frac{\partial}{\partial L}\left(\frac{\hbar\omega_0}{2}\coth\frac{\beta\hbar\omega_0}{2}\right), \quad (9.36)$$

即

$$\langle p^2\rangle_e = \frac{L\hbar\omega_0}{2}\coth\frac{\beta\hbar\omega_0}{2}. \quad (9.37)$$

由于 $\langle q\rangle_e = \langle p\rangle_e = 0$, 所以 LC 回路的电荷和电流的量子起伏分别为

$$(\Delta q)^2 = \frac{\hbar}{2}\sqrt{\frac{C}{L}}\coth\frac{\hbar\omega_0}{2KT}, \quad (\Delta q)^2 = \frac{\hbar}{2}\coth\frac{\hbar\omega_0}{2KT}. \quad (9.38)$$

【例 9.2】 对谐振子势 $V(X) = \dfrac{1}{2}m\omega^2 X^2$ 和库仑势 $V(X) = -e^2/X$ 分别应用位力定理, 求其势能和动能平均值与总能量的关系.

解 根据

$$\langle V\rangle = \frac{2}{2+n}E, \quad \langle T\rangle = \frac{n}{2+n}E, \quad (9.39)$$

可知谐振子势 $V(X) = \dfrac{1}{2}m\omega^2 X^2$ 中 $n = 2$, 所以

$$\langle V\rangle = \frac{1}{2}E, \quad \langle T\rangle = \frac{1}{2}E, \quad \langle V\rangle = \langle T\rangle. \quad (9.40)$$

当 V 为库仑势, $V(X) = -e^2/X$ 中 $n = -1$, 所以

$$\langle V\rangle = 2E, \quad \langle T\rangle = -E, \quad \langle V\rangle = -2\langle T\rangle. \quad (9.41)$$

点评 这两个性质在原子分子物理和化学中有很多应用, 比如可以解释共价键的成键原因等.

【例 9.3】 利用单粒子哈密顿量

$$H = \frac{P^2}{2m} + V(X), \tag{9.42}$$

推导位力定理, 并计算当 $V(X) = \lambda X^s$ 时其动能和势能的平均值与系统总能量的关系.

证明 根据海森伯方程, 可知

$$\frac{\mathrm{d}}{\mathrm{d}t}(XP) = \frac{1}{\mathrm{i}\hbar}[XP, H] = \frac{P^2}{m} - X\frac{\mathrm{d}V(X)}{\mathrm{d}X}. \tag{9.43}$$

对上式在能量本征态下求平均, 可得

$$0 = \frac{\mathrm{d}}{\mathrm{d}t}\langle XP \rangle = 2\langle T \rangle - \left\langle X\frac{\mathrm{d}V}{\mathrm{d}X} \right\rangle, \quad T = \frac{P^2}{2m}, \tag{9.44}$$

或者

$$2\langle T \rangle = \left\langle X\frac{\mathrm{d}V}{\mathrm{d}X} \right\rangle = -\langle XF \rangle, \quad F = -\frac{\mathrm{d}V}{\mathrm{d}X}, \tag{9.45}$$

其中 F 即为粒子的受力, XF 可表示力做的功.

当 $V(X) = \lambda X^s$ 时, 根据式 (9.39), 可知

$$\langle V \rangle = \frac{2}{2+s}E, \quad \langle T \rangle = \frac{s}{2+s}E, \quad \langle V \rangle = s\langle T \rangle. \tag{9.46}$$

9.2 习题

1. 在 LC 回路中连接一个外源, 它的量子化哈密顿量变为

$$H = H_0 + H_e = \frac{1}{2L}p^2 + \frac{1}{2C}q^2 - \varepsilon e q, \tag{9.47}$$

这里 ε 是实参量, 利用广义 FH 定理求其能量的系综平均.

2. 如果将电阻 R 连接到 LC 回路, 则相应的 RLC 回路的量子哈密顿量为

$$H = \frac{1}{2L}p^2 + \frac{1}{2C}q^2 + \frac{R}{2L}(pq+qp), \tag{9.48}$$

利用广义 FH 定理求其能量的系综平均.

3. 证明如下形式的广义 FH 定理:

$$\frac{\partial}{\partial \lambda}\langle 0(\beta)|H(\lambda)|0(\beta)\rangle$$
$$= \langle 0(\beta)|[1+\beta\langle 0(\beta)|H(\lambda)|0(\beta)\rangle - \beta H(\lambda)]\frac{\partial H(\lambda)}{\partial \lambda}|0(\beta)\rangle, \tag{9.49}$$

其中 $|0(\beta)\rangle$ 为热真空态.

$$|0(\beta)\rangle = z^{-1/2}(\beta,\lambda)\sum_n e^{-\beta E_n(\lambda)/2}|\phi_n,\phi_{\tilde{n}}\rangle$$

(其特例见式 (5.9)), 这里

$$H|\phi_n\rangle = E_n|\phi_n\rangle, \quad \tilde{H}|\phi_{\tilde{n}}\rangle = E_n|\phi_{\tilde{n}}\rangle,$$

这两个态矢量都是正交归一的, $\tilde{H}$ 是人为引入的虚模.

4. 在热真空态下, 讨论广义 FH 定理和量子熵涨落的关系.

5. 如果 $H(\lambda)$ 与 β 无关, 根据式 (9.49), 讨论 $H(\lambda)$ 的涨落.

6. 取 $H(\lambda) = \omega a^\dagger a$, 试验证式 (9.49) 的正确性.

7. 简并参量放大器的哈密顿量为

$$H = \omega a^\dagger a + \kappa^* a^{\dagger 2} + \kappa a^2, \tag{9.50}$$

其对应的热真空态为

$$|0(\beta)\rangle = \sqrt{2\lambda^{1/2}\sinh(\beta D/2)}e^{E^* a^{\dagger 2}+\sqrt{\lambda}a^\dagger \tilde{a}^\dagger}|0\tilde{0}\rangle, \tag{9.51}$$

其中

$$D^2 = \omega^2 - 4|\kappa|^2, \quad \lambda = \frac{D}{\omega\sinh\beta D + D\cosh\beta D}, \quad E = \frac{-\lambda}{D}\kappa\sinh\beta D, \tag{9.52}$$

利用广义 FH 定理, 求此系统的量子熵.

8. 证明系统的最低能级 E_0 对参量 λ 的二阶导数总是小于 $\dfrac{\partial^2 H}{\partial \lambda^2}$ 的基态平均值, 即

$$\frac{\partial^2 E_0}{\partial \lambda^2} \leqslant \langle \alpha_0 | \frac{\partial^2 H}{\partial \lambda^2} | \alpha_0 \rangle, \tag{9.53}$$

其中 $|\alpha_0\rangle$ 表示基态.

9. 假设一谐振子的哈密顿量为

$$H_0 = \frac{P^2}{2m} + \frac{m\omega^2}{2} X^2, \tag{9.54}$$

其基态 $|0\rangle$ 的能量为 $E_0 = \hbar\omega$, 利用此模型, 验证式 (9.53) 的正确性.

10. 由哈密顿量 $H' = \begin{pmatrix} 0 & \lambda \\ \lambda & 1 \end{pmatrix}$, 验证式 (9.53).

11. 如果哈密顿量含坐标与动量耦合, 例如

$$H = \frac{P^2}{2m} + \frac{m\omega^2}{2} X^2 + f(PX + XP), \tag{9.55}$$

试讨论与之相应的位力定理表达式.

12. 某角动量系统的哈密顿量为

$$H = \omega J_z + \xi J_+ + \xi^* J_-, \tag{9.56}$$

其中算符 J_+, J_- 和 J_z 之间满足如下关系:

$$[J_+, J_-] = 2J_z,$$
$$[J_z, J_+] = J_+,$$
$$[J_z, J_-] = -J_-, \tag{9.57}$$

试用位力定理推导 J_z 的能量平均值.

其能量本征值为 $\hbar\omega_0\left(n+\dfrac{1}{2}\right)-\dfrac{1}{2}C\varepsilon^2 e^2$。由式 (9.47)，得

$$\left\langle \frac{\partial H}{\partial \varepsilon} \right\rangle_{\mathrm{e}} = \langle -qe \rangle_{\mathrm{e}}. \tag{9.63}$$

记 $|n\rangle$ 为能量的本征矢，因为

$$0 = \langle n|\frac{1}{\mathrm{i}\hbar}[p,H]|n\rangle = \langle n|\left(e\varepsilon - \frac{1}{C}q\right)|n\rangle, \tag{9.64}$$

所以

$$\langle n|q|n\rangle = C\varepsilon e, \tag{9.65}$$

此平均值与 n 无关，因而 q 的系综平均是 $\langle q \rangle_{\mathrm{e}} = \langle n|q|n\rangle$。于是，由式 (9.63)，得

$$\left\langle \frac{\partial H}{\partial \varepsilon} \right\rangle_{\mathrm{e}} = -C\varepsilon e^2. \tag{9.66}$$

将式 (9.66) 代入式 (9.6)，得

$$\bar{E}(\varepsilon) = \int_0^\varepsilon \left(1+\beta\frac{\partial}{\partial\beta}\right)\left\langle\frac{\partial H}{\partial\varepsilon}\right\rangle_{\mathrm{e}} \mathrm{d}\varepsilon + \bar{E}(0) = \bar{E}(0) - Ce^2\int_0^\varepsilon\left(1+\beta\frac{\partial}{\partial\beta}\right)\varepsilon\mathrm{d}\varepsilon$$
$$= \frac{1}{2}\hbar\omega_0\coth\frac{\beta\hbar\omega_0}{2} - \frac{1}{2}C\varepsilon e^2, \tag{9.67}$$

点评 从式 (9.67) 可看出：外源 εeq 的存在使得能量的系综平均减小，因此，此时的 LC 回路可以看做一个阻尼谐振子，源就相当于一个外力的作用．

2. 对式 (9.48) 引入幺正变换

$$U = \exp\left(\mathrm{i}\frac{R}{2\hbar}q^2\right), \tag{9.68}$$

并利用贝克-豪斯多夫公式

$$\mathrm{e}^{\lambda A}B\mathrm{e}^{-\lambda A} = B + \lambda[A,B] + \frac{\lambda^2}{2!}[A,[A,B]] + \cdots, \tag{9.69}$$

得到

$$H' = UHU' = \frac{1}{2L}p^2 + \frac{1}{2}L\omega^2 q^2, \tag{9.70}$$

其中 $\omega = \omega_0\sqrt{1-R^2C/L}, \omega_0 = 1/\sqrt{LC}$,所以 RLC 回路的能量系综平均为

$$\bar{E}' = \frac{1}{2}\hbar\omega \coth\frac{\hbar\omega}{2}. \tag{9.71}$$

注意到

$$\frac{\partial \omega}{\partial R} = \frac{\partial}{\partial R}\sqrt{\frac{1}{LC} - \frac{R^2}{L^2}} = -\frac{R}{\omega L^2}, \tag{9.72}$$

由式 (9.63),(9.48) 和 (9.71),得

$$\begin{aligned}\beta\left\langle\frac{\partial H'}{\partial R}\right\rangle_{\mathrm{e}} &= \frac{\beta}{2L}\langle pq+qp\rangle_{\mathrm{e}} = \int\mathrm{d}\beta\frac{\partial}{\partial R}\bar{E}' \\ &= \frac{1}{2}\frac{\partial}{\partial R}\ln\left(1-\coth^2\frac{\beta\hbar\omega}{2}\right) = -\frac{R\beta\hbar}{2L^2\omega}\coth\frac{\beta\hbar\omega}{2}.\end{aligned} \tag{9.73}$$

已令上式中的积分常数为零,于是电阻对 RLC 回路平均能量的贡献为

$$\frac{\beta}{2L}\langle pq+qp\rangle_{\mathrm{e}} = -\frac{R^2\hbar}{2L^2\omega}\coth\frac{\beta\hbar\omega}{2}. \tag{9.74}$$

这体现了电阻对平均能量的消耗.

3. 对 $\langle 0(\beta)|H(\lambda)|0(\beta)\rangle$ 中的参数 λ 进行偏微分,得

$$\frac{\partial\langle 0(\beta)|A|0(\beta)\rangle}{\partial\lambda} = \langle 0(\beta)|\frac{\partial H(\lambda)}{\partial\lambda}|0(\beta)\rangle + \frac{\partial\langle 0(\beta)|}{\partial\lambda}H(\lambda)|0(\beta)\rangle \\ + \langle 0(\beta)|H(\lambda)\frac{\partial|0(\beta)\rangle}{\partial\lambda}. \tag{9.75}$$

注意 $\langle H(\lambda)\rangle_{\mathrm{e}}$, $H(\lambda)$ 和 $|0(\beta)\rangle$ 对参数 λ 的可微性.

首先计算式 (9.75) 右边中的第二项:

$$\begin{aligned}&\frac{\partial\langle 0(\beta)|}{\partial\lambda}H(\lambda)|0(\beta)\rangle \\ &= \Bigg[-\frac{1}{2}z^{-3/2}(\beta,\lambda)\sum_n\frac{\partial z(\beta,\lambda)}{\partial\lambda}\mathrm{e}^{-\beta E_n(\lambda)/2}\langle\phi_n(\lambda),\phi_{\tilde{n}}(\lambda)| \\ &\quad -\frac{\beta}{2}z^{-1/2}(\beta,\lambda)\sum_n\mathrm{e}^{-\beta E_n(\lambda)/2}\frac{\partial E_n(\lambda)}{\partial\lambda}\langle\phi_n(\lambda),\phi_{\tilde{n}}(\lambda)| \\ &\quad +z^{-1/2}(\beta,\lambda)\sum_n\mathrm{e}^{-\beta E_n(\lambda)/2}\frac{\partial\langle\phi_n(\lambda),\phi_{\tilde{n}}(\lambda)|}{\partial\lambda}\Bigg]H(\lambda)|0(\beta)\rangle.\end{aligned} \tag{9.76}$$

因为 $z(\beta,\lambda) \equiv \mathrm{tr}\, e^{-\beta H(\lambda)}$, 故

$$z^{-1}(\beta,\lambda)\frac{\partial z(\beta,\lambda)}{\partial \lambda} = -\beta z^{-1}(\beta,\lambda)\mathrm{tr}\left[e^{-\beta H(\lambda)}\frac{\partial H(\lambda)}{\partial \lambda}\right]$$
$$= -\beta \langle 0(\beta)|\frac{\partial H(\lambda)}{\partial \lambda}|0(\beta)\rangle. \tag{9.77}$$

根据式 (9.77), 可把式 (9.75) 右边中的第一项简化为

$$-\frac{1}{2}z^{-3/2}(\beta,\lambda)\frac{\partial z(\beta,\lambda)}{\partial \lambda}\sum_n e^{-\beta E_n(\lambda)/2}\langle \phi_n(\lambda),\phi_{\tilde n}(\lambda)|H(\lambda)|0(\beta)\rangle$$
$$= \frac{\beta}{2}\langle 0(\beta)|\frac{\partial H(\lambda)}{\partial \lambda}|0(\beta)\rangle\langle 0(\beta)|H(\lambda)|0(\beta)\rangle. \tag{9.78}$$

对于式 (9.75) 右边中的第二项, 利用

$$\frac{\partial E_n(\lambda)}{\partial \lambda} = \langle \phi_n(\lambda)|\frac{\partial H(\lambda)}{\partial \lambda}|\phi_n(\lambda)\rangle, \tag{9.79}$$

可得

$$-\frac{\beta}{2}z^{-1/2}(\beta,\lambda)\sum_n e^{-\beta E_n(\lambda)/2}\frac{\partial E_n(\lambda)}{\partial \lambda}\langle \phi_n(\lambda),\phi_{\tilde n}(\lambda)|H(\lambda)|0(\beta)\rangle$$
$$= -\frac{\beta}{2}\sum_{n,n'}z^{-1/2}(\beta,\lambda)e^{-\beta E_n(\lambda)/2}\langle \phi_n,\phi_{\tilde n}|\frac{\partial H(\lambda)}{\partial \lambda}|\phi_{n'},\phi_{\tilde n'}\rangle E_n(\lambda)\langle \phi_{n'},\phi_{\tilde n'}|0(\beta)\rangle$$
$$= -\frac{\beta}{2}\sum_{n,n'}z^{-1/2}(\beta,\lambda)e^{-\beta E_n(\lambda)/2}\langle \phi_n,\phi_{\tilde n}|E_n(\lambda)\frac{\partial H(\lambda)}{\partial \lambda}|\phi_{n'},\phi_{\tilde n'}\rangle$$
$$\times z^{-1/2}(\beta,\lambda)e^{-\beta E_{n'}(\lambda)/2}$$
$$= -\frac{\beta}{2}\sum_n z^{-1/2}(\beta,\lambda)e^{-\beta E_n(\lambda)/2}\langle \phi_n,\phi_{\tilde n}|H(\lambda)\frac{\partial H(\lambda)}{\partial \lambda}\sum_{n'}|\phi_{n'},\phi_{\tilde n'}\rangle$$
$$\times z^{-1/2}(\beta,\lambda)e^{-\beta E_{n'}(\lambda)/2}$$
$$= -\frac{\beta}{2}\langle 0(\beta)|H(\lambda)\frac{\partial H(\lambda)}{\partial \lambda}|0(\beta)\rangle. \tag{9.80}$$

由式 (9.77) 和 (9.80), 可把式 (9.75) 改写为

$$\frac{\partial \langle 0(\beta)|}{\partial \lambda}H(\lambda)|0(\beta)\rangle$$

$$= \frac{\beta}{2} \langle 0(\beta) | \frac{\partial H(\lambda)}{\partial \lambda} | 0(\beta) \rangle \langle 0(\beta) | H(\lambda) | 0(\beta) \rangle - \frac{\beta}{2} \langle 0(\beta) | H(\lambda) \frac{\partial H(\lambda)}{\partial \lambda} | 0(\beta) \rangle$$
$$+ z^{-1/2}(\beta, \lambda) \sum_n e^{-\beta E_n(\lambda)/2} \frac{\partial \langle \phi_n(\lambda), \phi_{\tilde{n}}(\lambda) |}{\partial \lambda} H(\lambda) | 0(\beta) \rangle. \tag{9.81}$$

因为 $\dfrac{\partial \langle 0(\beta) |}{\partial \lambda} H(\lambda) | 0(\beta) \rangle$ 的厄米共轭项为 $\langle 0(\beta) | H(\lambda) \dfrac{\partial | 0(\beta) \rangle}{\partial \lambda}$, 故利用式 (9.81), 得到

$$\frac{\partial \langle 0(\beta) |}{\partial \lambda} H(\lambda) | 0(\beta) \rangle + \langle 0(\beta) | H(\lambda) \frac{\partial | 0(\beta) \rangle}{\partial \lambda}$$
$$= \beta \langle 0(\beta) | \frac{\partial H(\lambda)}{\partial \lambda} | 0(\beta) \rangle \langle 0(\beta) | H(\lambda) | 0(\beta) \rangle - \beta \langle 0(\beta) | H(\lambda) \frac{\partial H(\lambda)}{\partial \lambda} | 0(\beta) \rangle$$
$$+ z^{-1/2}(\beta, \lambda) \sum_n e^{-\beta E_n(\lambda)/2} \left[\frac{\partial \langle \phi_n(\lambda), \phi_{\tilde{n}}(\lambda) |}{\partial \lambda} H(\lambda) | 0(\beta) \rangle \right.$$
$$\left. + \langle 0(\beta) | H(\lambda) \frac{\partial | \phi_n(\lambda), \phi_{\tilde{n}}(\lambda) \rangle}{\partial \lambda} \right]$$
$$= \beta \langle 0(\beta) | \frac{\partial H(\lambda)}{\partial \lambda} | 0(\beta) \rangle \langle 0(\beta) | H(\lambda) | 0(\beta) \rangle - \beta \langle 0(\beta) | H(\lambda) \frac{\partial H(\lambda)}{\partial \lambda} | 0(\beta) \rangle, \tag{9.82}$$

其中, 我们用到了

$$\langle 0(\beta) | H(\lambda) \frac{\partial | \phi_n(\lambda), \phi_{\tilde{n}}(\lambda) \rangle}{\partial \lambda} + \frac{\partial \langle \phi_n(\lambda), \phi_{\tilde{n}}(\lambda) |}{\partial \lambda} H(\lambda) | 0(\beta) \rangle$$
$$= z^{-1/2}(\beta, \lambda) \sum_{n'} e^{-\beta E_{n'}(\lambda)/2} E_{n'}(\lambda)$$
$$\times \left[\langle \phi_{n'}(\lambda), \phi_{\tilde{n}'}(\lambda) | \frac{\partial | \phi_n(\lambda), \phi_{\tilde{n}}(\lambda) \rangle}{\partial \lambda} + \frac{\partial \langle \phi_n(\lambda), \phi_{\tilde{n}}(\lambda) |}{\partial \lambda} | \phi_{n'}(\lambda), \phi_{\tilde{n}'}(\lambda) \rangle \right]$$
$$= z^{-1/2}(\beta, \lambda) \sum_{n'} e^{-\beta E_{n'}(\lambda)/2} E_{n'}(\lambda) \frac{\partial}{\partial \lambda} \delta_{nn'} = 0. \tag{9.83}$$

最后将式 (9.82) 代入式 (9.75), 得

$$\frac{\partial \langle 0(\beta) | H(\lambda) | 0(\beta) \rangle}{\partial \lambda}$$
$$= \langle 0(\beta) | \frac{\partial H(\lambda)}{\partial \lambda} | 0(\beta) \rangle - \beta \langle 0(\beta) | H(\lambda) \frac{\partial H(\lambda)}{\partial \lambda} | 0(\beta) \rangle$$
$$+ \beta \langle 0(\beta) | \frac{\partial H(\lambda)}{\partial \lambda} | 0(\beta) \rangle \langle 0(\beta) | H(\lambda) | 0(\beta) \rangle$$

$$= \langle 0(\beta)| [1+\beta\langle 0(\beta)|H(\lambda)|0(\beta)\rangle - \beta H(\lambda)]\frac{\partial H(\lambda)}{\partial \lambda}|0(\beta)\rangle. \tag{9.84}$$

4. 量子熵 (冯·诺依曼熵) 的定义为

$$S = -k\mathrm{tr}(\rho\ln\rho), \tag{9.85}$$

可以改写为

$$S = \beta k\mathrm{tr}[\rho H(\lambda)] + k\mathrm{tr}[\rho\ln z(\beta,\lambda)]$$
$$= \frac{1}{T}\langle 0(\beta)|H(\lambda)|0(\beta)\rangle + k\ln z(\beta,\lambda). \tag{9.86}$$

对参数 λ 求偏微分, 得

$$\frac{\partial S(\lambda)}{\partial \lambda} = \frac{1}{T}\frac{\partial \langle 0(\beta)|H(\lambda)|0(\beta)\rangle}{\partial \lambda} + k\frac{\partial \ln z(\beta,\lambda)}{\partial \lambda}$$
$$= \frac{1}{T}\frac{\partial \langle 0(\beta)|H(\lambda)|0(\beta)\rangle}{\partial \lambda} + k\frac{1}{z(\beta,\lambda)}\frac{\partial z(\beta,\lambda)}{\partial \lambda}$$
$$= \frac{1}{T}\frac{\partial \langle 0(\beta)|H(\lambda)|0(\beta)\rangle}{\partial \lambda} - \frac{1}{T}\langle 0(\beta)|\frac{\partial H(\lambda)}{\partial \lambda}|0(\beta)\rangle$$
$$= \frac{1}{T}\left[\frac{\partial \langle 0(\beta)|H(\lambda)|0(\beta)\rangle}{\partial \lambda} - \langle 0(\beta)|\frac{\partial H(\lambda)}{\partial \lambda}|0(\beta)\rangle\right]. \tag{9.87}$$

由上式可见广义 FH 定理与量子熵涨落的关系.

5. 因为 $H(\lambda)$ 与 β 无关, 故可以把式 (9.82) 简化为

$$\frac{\partial \langle 0(\beta)|H(\lambda)|0(\beta)\rangle}{\partial \lambda} = \left(1+\beta\frac{\partial}{\partial \beta}\right)\langle 0(\beta)|\frac{\partial H(\lambda)}{\partial \lambda}|0(\beta)\rangle$$
$$= \frac{\partial}{\partial \beta}\left[\beta\langle 0(\beta)|\frac{\partial H(\lambda)}{\partial \lambda}|0(\beta)\rangle\right]. \tag{9.88}$$

另外, 对 $\langle A\rangle_\mathrm{e} = \langle 0(\beta)|A|0(\beta)\rangle$ (下标 e 表示混态) 中的 β 进行偏微分, 并注意到 $\partial H(\lambda)/\partial \beta = 0$, 可得

$$(\Delta H)^2 = \langle 0(\beta)|H^2|0(\beta)\rangle - \langle 0(\beta)|H|0(\beta)\rangle^2 = -\frac{\partial \langle 0(\beta)|H(\lambda)|0(\beta)\rangle}{\partial \beta}. \tag{9.89}$$

6. 当取 $H_0 = \omega a^\dagger a$ 时, 其相应的热真空态为

$$|0(\beta)\rangle = \left(1-\mathrm{e}^{-\beta\omega}\right)^{1/2}\exp\left(\mathrm{e}^{-\beta\omega/2}a^\dagger\tilde{a}^\dagger\right)|0\tilde{0}\rangle. \tag{9.90}$$

根据外尔-威格纳量子化规则, H_0 对于 $|0(\beta)\rangle$ 的平均值为

$$\langle 0(\beta)|H_0(\lambda)|0(\beta)\rangle = 2\int d^2\alpha h(\lambda) \langle 0(\beta)|\Delta(\alpha,\alpha^*)|0(\beta)\rangle, \qquad (9.91)$$

其中 $h(\lambda)$ 是 H_0 的经典外尔对应, $\Delta(\alpha,\alpha^*)$ 是威格纳算符:

$$\Delta(\alpha,\alpha^*) = \int \frac{d^2z}{\pi} |\alpha+z\rangle\langle\alpha-z| e^{\alpha z^* - z\alpha^*}. \qquad (9.92)$$

因此, 热真空态的威格纳函数可作如下计算:

$$\langle 0(\beta)|\Delta(\alpha,\alpha^*)|0(\beta)\rangle = \frac{1-e^{-\beta\omega}}{\pi(1+e^{-\beta\omega})} \exp\left[\frac{-2(1-e^{-\beta\omega})}{1+e^{-\beta\omega}}|\alpha|^2\right]. \qquad (9.93)$$

考虑到 $\alpha^*\alpha - 1/2$ 的贝尔对应为 $a^\dagger a$, 将式 (9.93) 代入式 (9.91), 得

$$\langle 0(\beta)|\omega a^\dagger a|0(\beta)\rangle = 2\omega \int d^2\alpha \left(\alpha^*\alpha - \frac{1}{2}\right) \langle 0(\beta)|a^\dagger a|0(\beta)\rangle = \frac{\omega}{e^{\beta\omega}-1}. \qquad (9.94)$$

把 ω 作为积分变量并利用式 (9.94), 得

$$\frac{\partial}{\partial\omega}\left(\frac{\omega}{e^{\beta\omega}-1}\right) = \frac{\partial}{\partial\beta}\left(\frac{\beta}{e^{\beta\omega}-1}\right) = \frac{(1+\beta\omega)e^{\beta\omega}-1}{(e^{\beta\omega}-1)^2}. \qquad (9.95)$$

因此, 式 (9.84) 和 (9.88) 是等价的.

7. 首先, 我们可以计算系统的内能:

$$\langle 0(\beta)|H_1|0(\beta)\rangle = -\frac{\partial}{\partial\beta}\ln Z(\beta) = \frac{D\coth(\beta D/2) - \omega}{2}. \qquad (9.96)$$

另外, 还可得到

$$\begin{aligned}
\langle 0(\beta)|\frac{\partial H_1}{\partial\omega}|0(\beta)\rangle &= \langle\phi(\beta)|(aa^\dagger - 1)|\phi(\beta)\rangle \\
&= 2\lambda^{1/2}\sinh\frac{\beta D}{2}\frac{\partial}{\partial\lambda}\int\frac{d^2z}{\pi}e^{-(1-\lambda)|z|^2 + Ez^2 + E^*z^{*2}} - 1 \\
&= 2\lambda^{1/2}\sinh\frac{\beta D}{2}\frac{\partial}{\partial\lambda}\frac{1}{\sqrt{(1-\lambda)^2 - 4|E|^2}} - 1 \\
&= \frac{1}{2}\left(\frac{\omega}{D}\coth\frac{\beta D}{2} - 1\right).
\end{aligned} \qquad (9.97)$$

将式 (9.88) 和 (9.97) 代入式 (9.87) 并对式 (9.87) 积分，可得熵分布为

$$\begin{aligned}S &= \frac{1}{T}\int\left[\frac{\partial\langle 0(\beta)|H_1|0(\beta)\rangle}{\partial\omega} - \langle 0(\beta)|\frac{\partial H_1}{\partial\omega}|0(\beta)\rangle\right]d\omega \\ &= \frac{1}{T}\int\left\{\frac{\partial}{\partial\beta}\left[\beta\langle 0(\beta)|\frac{\partial H_1}{\partial\omega}|0(\beta)\rangle\right] - \langle 0(\beta)|\frac{\partial H_1}{\partial\omega}|0(\beta)\rangle\right\}d\omega \\ &= \frac{D}{2T}\coth\frac{\beta D}{2} - k\ln\left(2\sinh\frac{\beta D}{2}\right).\end{aligned} \quad (9.98)$$

8. 将 H 的本征值方程 $H|\alpha_n\rangle = E_n|\alpha_n\rangle$ 改写为

$$(H - E_n)|\alpha_n\rangle \equiv G_n|\alpha_n\rangle = 0, \quad (9.99)$$

其中 $|\alpha_n\rangle$ 和 E_n 分别是 H 的本征态和本征值，此方程对任意参数 λ 均成立，即

$$\frac{\partial G_n}{\partial\lambda}|\alpha_n\rangle + G_n\frac{\partial}{\partial\lambda}|\alpha_n\rangle = 0. \quad (9.100)$$

根据哈密顿算符 H 的厄米性，得

$$\langle\alpha_n|\frac{\partial G_n}{\partial\lambda} + \frac{\partial\langle\alpha_n|}{\partial\lambda}G_n = 0. \quad (9.101)$$

于是

$$\left(\langle\alpha_n|\frac{\partial G_n}{\partial\lambda}\right)\frac{\partial}{\partial\lambda}|\alpha_n\rangle = \left(-\frac{\partial\langle\alpha_n|}{\partial\lambda}G_n\right)\frac{\partial}{\partial\lambda}|\alpha_n\rangle. \quad (9.102)$$

对式 (9.100) 作两次求导运算，得

$$\frac{\partial^2 G_n}{\partial\lambda^2}|\alpha_n\rangle + 2\frac{\partial G_n}{\partial\lambda}\frac{\partial}{\partial\lambda}|\alpha_n\rangle + G_n\frac{\partial^2}{\partial\lambda^2}|\alpha_n\rangle = 0. \quad (9.103)$$

把 $\langle\alpha_n|$ 作用于式 (9.103)，得

$$\langle\alpha_n|\frac{\partial^2 G_n}{\partial\lambda^2}|\alpha_n\rangle + 2\langle\alpha_n|\frac{\partial G_n}{\partial\lambda}\frac{\partial}{\partial\lambda}|\alpha_n\rangle + \langle\alpha_n|G_n\frac{\partial^2}{\partial\lambda^2}|\alpha_n\rangle = 0. \quad (9.104)$$

利用 $\langle\alpha_n|G_n = 0$，式 (9.105) 可简化为

$$\langle\alpha_n|\frac{\partial^2 G_n}{\partial\lambda^2}|\alpha_n\rangle = -2\langle\alpha_n|\frac{\partial G_n}{\partial\lambda}\frac{\partial}{\partial\lambda}|\alpha_n\rangle. \quad (9.105)$$

由式 (9.102)，可得

$$\langle\alpha_n|\frac{\partial^2 G_n}{\partial\lambda^2}|\alpha_n\rangle = 2\left(\frac{\partial}{\partial\lambda}\langle\alpha_n|\right)G_n\frac{\partial}{\partial\lambda}|\alpha_n\rangle, \tag{9.106}$$

或者

$$\frac{\partial^2 E_n}{\partial\lambda^2} = \langle\alpha_n|\frac{\partial^2 H}{\partial\lambda^2}|\alpha_n\rangle - 2\left(\frac{\partial}{\partial\lambda}\langle\alpha_n|\right)(H-E_n)\left(\frac{\partial}{\partial\lambda}|\alpha_n\rangle\right). \tag{9.107}$$

由此可见

$$\frac{\partial^2 E_n}{\partial\lambda^2} \neq \langle\alpha_n|\frac{\partial^2 H}{\partial\lambda^2}|\alpha_n\rangle, \tag{9.108}$$

不同于

$$\frac{\partial E(\lambda)_n}{\partial\lambda} = \langle\alpha_n|\frac{\partial H}{\partial\lambda}|\alpha_n\rangle. \tag{9.109}$$

取 $|\psi\rangle_n = \frac{\partial}{\partial\lambda}|\alpha_n\rangle$，可得

$$\frac{\partial^2 E_n}{\partial\lambda^2} = \langle\alpha_n|\frac{\partial^2 H}{\partial\lambda^2}|\alpha_n\rangle - 2_n\langle\psi|(H-E_n)|\psi\rangle_n. \tag{9.110}$$

如果取 E_n 为基态能量 E_0，于是 $_0\langle\psi|H|\psi\rangle_0 - E_0 \geqslant 0$，则

$$\frac{\partial^2 E_0}{\partial\lambda^2} = \langle\alpha_0|\frac{\partial^2 H}{\partial\lambda^2}|\alpha_0\rangle - 2_0\langle\psi|(H-E_0)|\psi\rangle_0 \leqslant \langle\alpha_0|\frac{\partial^2 H}{\partial\lambda^2}|\alpha_0\rangle. \tag{9.111}$$

可见系统的最低能级 E_0 对参量 λ 的二阶导数总是小于 $\frac{\partial^2 H}{\partial\lambda^2}$ 的基态平均值.

9. 对于基态 $|0\rangle$，可知

$$\langle 0|\frac{\partial^2 H}{\partial\omega^2}|0\rangle = \langle 0|mX^2|0\rangle$$
$$= \frac{m}{2}\langle 0|(a+a^\dagger)^2|0\rangle\frac{\hbar}{m\omega} = \frac{\hbar}{2\omega} \geqslant \frac{\partial^2 E_0}{\partial\omega^2} = 0, \tag{9.112a}$$

其中 $X = \sqrt{\frac{\hbar}{2m\omega}}(a+a^\dagger)$. 另外

$$\langle 0|\frac{\partial^2 H}{\partial m^2}|0\rangle = \langle 0|\frac{P^2}{m^3}|0\rangle = \frac{-\omega\hbar}{2m^2}\langle 0|(a-a^\dagger)^2|0\rangle = \frac{\omega\hbar}{2m^2} \geqslant \frac{\partial^2 E_0}{\partial\omega^2} = 0, \tag{9.113}$$

满足式 (9.111).

10. 一方面，当

$$H' = \begin{pmatrix} 0 & \lambda \\ \lambda & 1 \end{pmatrix} \tag{9.114}$$

时，可以得到

$$\frac{\partial^2 H'}{\partial \lambda^2} = 0, \quad \langle \alpha_n | \frac{\partial^2 H'}{\partial \lambda^2} | \alpha_n \rangle \equiv 0. \tag{9.115}$$

另一方面，H' 的本征值为

$$E_0 = \frac{1 - \sqrt{1+4\lambda^2}}{2}, \quad E_1 = \frac{1 + \sqrt{1+4\lambda^2}}{2}. \tag{9.116}$$

于是

$$\frac{\partial^2 E_0}{\partial \lambda^2} = -\frac{4\lambda^2}{(1+4\lambda^2)^{3/2}} < 0, \tag{9.117}$$

但对于 E_1，可得

$$\frac{\partial^2 E_1}{\partial \lambda^2} = \frac{4\lambda^2}{(1+4\lambda^2)^{3/2}} > 0. \tag{9.118}$$

11. 由

$$[P^2, X^2] = -2\mathrm{i}(PX + XP) \tag{9.119}$$

及海森伯方程，可知

$$\begin{aligned}
\frac{\mathrm{d}P^2}{\mathrm{d}t} &= -\mathrm{i}\left[P^2, \frac{m\omega^2}{2}X^2 + f(PX+XP)\right] \\
&= -m\omega^2(PX+XP) - 4fP^2,
\end{aligned} \tag{9.120}$$

$$\begin{aligned}
\frac{\mathrm{d}X^2}{\mathrm{d}t} &= -\mathrm{i}\left[X^2, \frac{P^2}{2m} + f(PX+XP)\right] \\
&= \frac{1}{m}(PX+XP) + 4fX^2.
\end{aligned} \tag{9.121}$$

对 H 的能量本征态 $|\psi\rangle_n$ 取平均值，得

$$\left\langle \frac{\mathrm{d}P^2}{\mathrm{d}t}\right\rangle_n = -\mathrm{i}\langle [P^2, H_1]\rangle_n = 0, \quad \left\langle \frac{\mathrm{d}X^2}{\mathrm{d}t}\right\rangle_n = -\mathrm{i}\langle [X^2, H_1]\rangle_n = 0. \tag{9.122}$$

进一步, 可知
$$\langle PX+XP\rangle_n = -\frac{4f}{m\omega^2}\langle P^2\rangle_n, \quad \langle PX+XP\rangle_n = -4mf\langle X^2\rangle_n. \tag{9.123}$$
可见
$$\langle H\rangle_n = \left\langle \frac{P^2}{2m} + \frac{m\omega^2}{2}X^2 + f(PX+XP)\right\rangle_n = E_n = \frac{\omega^2-4f^2}{m\omega^2}\langle P^2\rangle_n. \tag{9.124}$$
因此, 动能项与系统总能量的关系为
$$\left\langle \frac{P^2}{2m}\right\rangle_n = \frac{\omega^2}{2(\omega^2-4f^2)}E_n, \tag{9.125}$$
含耦合项的贡献为
$$\langle f(PX+XP)\rangle_n = -\frac{8f^2}{\omega^2}\left\langle \frac{P^2}{2m}\right\rangle_n = \frac{-4f^2}{\omega^2-4f^2}E_n. \tag{9.126}$$
当 $\omega^2 > 4f^2$ 时, 耦合项对系统能量的贡献是正的; 反之, 贡献是负的.

12. 我们知道
$$\left\langle \frac{\mathrm{d}J_z}{\mathrm{d}t}\right\rangle_e = \langle -\mathrm{i}[J_z,H]\rangle_e = \langle -\mathrm{i}(\xi J_+ - \xi^* J_-)\rangle_e = 0, \tag{9.127}$$
即
$$\langle \xi J_+\rangle_e = \langle \xi^* J_-\rangle_e. \tag{9.128}$$
又因为
$$\left\langle \frac{\mathrm{d}J_+}{\mathrm{d}t}\right\rangle_e = \langle -\mathrm{i}[J_+,H]\rangle_e = \langle -\mathrm{i}(-\omega J_+ + 2\xi^* J_-)\rangle_e = 0, \tag{9.129}$$
所以
$$\langle \omega J_+\rangle_e = 2\langle \xi^* J_-\rangle_e. \tag{9.130}$$
根据式 (9.128) 和 (9.130), 得
$$\bar{E} = \langle H\rangle_e = \langle \omega J_z + 2\xi^* J_+\rangle_e = \left\langle \left(\omega + \frac{4|\xi|^2}{\omega}\right)J_z\right\rangle_e, \tag{9.131}$$
因此
$$\langle J_z\rangle_e = \frac{\omega^2}{\omega^2+4|\xi|^2}\bar{E}. \tag{9.132}$$

第 10 章 用 IWOP 技术研究角动量算符及量子转动

10.1 新增基础知识与例题

角动量和转动算符是量子力学的一个重要研究内容. 狄拉克在讲量子力学课时, 有学生问他, 在量子力学中 X 与 P 中有不对易的成分, 即不能同时精确测量, 那么如何可以定义 $X \times P = J$ 这个物理量呢? 以下我们用经典转动 Rr 过渡到量子算符的办法去自然地引入转动算符和角动量算符. 我们还将讨论把 IWOP 技术与角动量的玻色子实现相结合是如何求出转动群的类算符的. 另外, 纠缠态表象的引入也可用于发展角动量理论.

【例 10.1】 根据 IWOP 技术, 对下面的算符积分:

$$D(R) = \int \mathrm{d}^3 r |Rr\rangle\langle r|, \quad r = (x_1, x_2, x_3), \tag{10.1}$$

其中 $|r\rangle$ 是三维坐标表象, 而
$R(\alpha, \beta, \gamma)$
$$= \begin{pmatrix} \cos\alpha\cos\beta\cos\gamma - \sin\alpha\sin\gamma & -\cos\alpha\cos\beta\sin\gamma - \sin\alpha\cos\gamma & \cos\alpha\sin\beta \\ \sin\alpha\cos\beta\cos\gamma + \cos\alpha\sin\gamma & -\sin\alpha\cos\beta\sin\gamma + \cos\alpha\cos\gamma & \sin\alpha\sin\beta \\ -\sin\beta\cos\gamma & \sin\beta\cos\gamma & \cos\beta \end{pmatrix}$$
$$\tag{10.2}$$

是 3×3 正交矩阵, 代表一个欧几里得转动.

解 为了便于书写, 本题中规定: 在一项中如出现重复指标, 则表示对该指标从 1 到 3 求和. 将 $|R\boldsymbol{r}\rangle$ 写为

$$|R\boldsymbol{r}\rangle = \left|(R_{1i}x_i, R_{2i}x_i, R_{3i}x_i)^{\mathrm{T}}\right\rangle. \tag{10.3}$$

按照坐标本征态在福克空间中的表达式和 $(R_{ij}x_j)^2 = x_i^2$, 我们有

$$|R\boldsymbol{r}\rangle = \pi^{-3/4} \exp\left(-\frac{1}{2}x_i^2 + \sqrt{2}a_i^\dagger R_{ij}x_j - \frac{1}{2}a_i^{\dagger 2}\right)|000\rangle. \tag{10.4}$$

根据

$$|000\rangle\langle 000| =:\exp\left(-a_i^\dagger a_i\right):, \tag{10.5}$$

可对式 (10.1) 进行积分:

$$\begin{aligned}
D(R) &= \pi^{-\frac{3}{2}} \int \mathrm{d}^3\boldsymbol{r}\, \exp\left(-x_i^2 + \sqrt{2}a_i^\dagger R_{ij}x_j - \frac{a_i^{\dagger 2}}{2}\right)|000\rangle\langle 000|\exp\left(\sqrt{2}x_i a_i - \frac{a_i^2}{2}\right) \\
&= \pi^{-\frac{3}{2}} \int \mathrm{d}^3\boldsymbol{r}\,:\exp\left[-x_i^2 + \sqrt{2}\left(a_i^\dagger R_{ij}x_j + x_i a_i\right) - \frac{a_i^2 + a_i^{\dagger 2}}{2} - a_i^\dagger a_i\right]: \\
&=:\exp\left[\frac{1}{2}\left(R_{ij}a_j^\dagger + a_i\right)^2 - \frac{a_i^2 + a_i^{\dagger 2}}{2} - a_i^\dagger a_i\right]: \\
&=:\exp\left[a_j^\dagger\left(R_{ij} - \delta_{ji}\right)a_i\right]:,
\end{aligned} \tag{10.6}$$

或者写成

$$D(R) =:\exp\left[\left(a_1^\dagger, a_2^\dagger, a_3^\dagger\right)(R - I)\begin{pmatrix}a_1 \\ a_2 \\ a_3\end{pmatrix}\right]:, \tag{10.7}$$

其中 I 是 3×3 的单位矩阵.

【例 10.2】 在精确到一个相因子的情况下, 可认为

$$D(R) = \exp\left[a_i^\dagger (\ln R)_{ij} a_j\right]. \tag{10.8}$$

由于 R 是一个规范矩阵,可以通过对角化求出 $\ln R$,即

$$\ln R = \frac{\varphi}{\sin\frac{\varphi}{2}} \begin{pmatrix} 0 & \pm\cos\frac{\beta}{2}\sin\frac{\alpha+\gamma}{2} & \pm\sin\frac{\beta}{2}\cos\frac{\alpha-\gamma}{2} \\ \mp\cos\frac{\beta}{2}\sin\frac{\alpha+\gamma}{2} & 0 & \pm\sin\frac{\beta}{2}\sin\frac{\alpha-\gamma}{2} \\ \mp\sin\frac{\beta}{2}\cos\frac{\alpha-\gamma}{2} & \mp\sin\frac{\beta}{2}\sin\frac{\alpha-\gamma}{2} & 0 \end{pmatrix}, \tag{10.9}$$

其中

$$\sin\frac{\varphi}{2} = \left(1 - \cos^2\frac{\beta}{2}\cos^2\frac{\alpha+\gamma}{2}\right)^{\frac{1}{2}} \quad (0 \leqslant \beta \leqslant \pi), \tag{10.10}$$

试讨论转动算符与角动量算符的关系.

解 为了进一步看出式 (10.9) 的意义,引入 so(3) 代数的三个无穷小生成元:

$$L_1 = \begin{pmatrix} 0 & 0 & 0 \\ 0 & 0 & -\mathrm{i} \\ 0 & \mathrm{i} & \mathrm{i} \end{pmatrix}, \quad L_2 = \begin{pmatrix} 0 & 0 & \mathrm{i} \\ 0 & 0 & 0 \\ -\mathrm{i} & 0 & 0 \end{pmatrix}, \quad L_3 = \begin{pmatrix} 0 & -\mathrm{i} & 0 \\ \mathrm{i} & 0 & 0 \\ 0 & 0 & 0 \end{pmatrix}. \tag{10.11}$$

设

$$\begin{pmatrix} a_1^\dagger, a_2^\dagger, a_3^\dagger \end{pmatrix} L_i \begin{pmatrix} a_1 \\ a_2 \\ a_3 \end{pmatrix} = J_i, \tag{10.12}$$

可见

$$\begin{aligned} J_1 &= \mathrm{i}\left(a_3^\dagger a_2 - a_2^\dagger a_3\right) = x_2 p_3 - x_3 p_2, \\ J_2 &= \mathrm{i}\left(a_1^\dagger a_3 - a_3^\dagger a_1\right) = x_3 p_1 - x_1 p_3, \\ J_3 &= \mathrm{i}\left(a_2^\dagger a_1 - a_1^\dagger a_2\right) = x_1 p_2 - x_2 p_1, \end{aligned} \tag{10.13}$$

同时有

$$D(R) = \exp\left[\mathrm{i}\varphi\left(n_1 J_1 + n_2 J_2 + n_3 J_3\right)\right] \equiv \exp\left(\mathrm{i}\varphi n \cdot J\right), \tag{10.14}$$

其中

$$\begin{aligned} n_1 &= \pm \sin\frac{\beta}{2}\sin\frac{\alpha-\gamma}{2}/\sin\frac{\varphi}{2}, \\ n_2 &= \mp \sin\frac{\beta}{2}\cos\frac{\alpha-\gamma}{2}/\sin\frac{\varphi}{2}, \\ n_3 &= \pm \sin\frac{\varphi}{2}\cos\frac{\beta}{2}\sin\frac{\alpha+\gamma}{2}/\sin\frac{\varphi}{2} \quad (n_1^2+n_2^2+n_3^2=1), \end{aligned} \tag{10.15}$$

式中 "±" 分别对应于 $\cos\dfrac{\alpha+\gamma}{2}>0$ 和 $\cos\dfrac{\alpha+\gamma}{2}<0$.

这样我们自然地看到 J_i, 即角动量算符出现, 也看到

$$\int \mathrm{d}^3 r |Rr\rangle\langle r| = \exp(\mathrm{i}\varphi n\cdot J) \tag{10.16}$$

代表量子力学意义下的转动算符, 其中 φ 是转角, n 是转动轴.

【例 10.3】 因 $[a-b^\dagger, a^\dagger - b] = 0$, 故在纠缠态表象 $\langle\eta|$ 中, 有

$$\sqrt{\frac{a-b^\dagger}{a^\dagger-b}}|\eta\rangle = \mathrm{e}^{\mathrm{i}\phi}|\eta\rangle. \tag{10.17}$$

于是自然地引入双模相算符

$$\mathrm{e}^{\mathrm{i}\hat{\phi}} = \sqrt{\frac{a-b^\dagger}{a^\dagger-b}}, \quad \mathrm{e}^{-\mathrm{i}\hat{\phi}} = \sqrt{\frac{a^\dagger-b}{a-b^\dagger}}. \tag{10.18}$$

易知 $\mathrm{e}^{\mathrm{i}\hat{\phi}}$ 是幺正的, 所以相角算符 $\hat{\phi}$ 是厄米的,

$$\hat{\phi} = \int \frac{\mathrm{d}^2\eta}{\pi}\left(\frac{1}{2\mathrm{i}}\ln\frac{\eta}{\eta^*}|\eta\rangle\langle\eta|\right) = \frac{1}{2\mathrm{i}}\ln\frac{a-b^\dagger}{a^\dagger-b}, \quad \hat{\phi}|\eta\rangle = \phi|\eta\rangle. \tag{10.19}$$

求证: 相角算符 $\hat{\phi}$ 与角动量算符 J 是正则共轭的, 即 $\left[\hat{\phi}, J\right] = \mathrm{i}$.

证明 将角动量算符 $J\equiv a^\dagger a - b^\dagger b$ 从左侧作用于 $\langle\eta|$, 根据纠缠态表象的性质, 可得

$$\begin{aligned} \langle\eta|J &= -|\eta|\langle 00|\left(\mathrm{e}^{\mathrm{i}\phi}b + \mathrm{e}^{-\mathrm{i}\phi}a\right)\exp\left(-\frac{|\eta|^2}{2} + \eta^* a - \eta b + ab\right) \\ &= -\mathrm{i}\frac{\partial}{\partial\phi}\langle\eta|, \end{aligned} \tag{10.20}$$

于是可知在纠缠态表象中，
$$J = -\mathrm{i}\frac{\partial}{\partial \phi}. \tag{10.21}$$

进一步, 可证
$$\langle\eta|\left[\hat{\phi},J\right] = \left[\phi,-\mathrm{i}\frac{\partial}{\partial \phi}\right]\langle\eta| = \mathrm{i}\langle\eta|, \quad [\hat{\phi},J]=\mathrm{i}, \tag{10.22}$$

10.2 习题

1. 施温格曾指出，用两个模式的玻色算符可表示出角动量，即
$$J_+ = a_1^\dagger a_2, \quad J_- = a_2^\dagger a_1, \quad J_z = \frac{1}{2}\left(a_1^\dagger a_1 - a_2^\dagger a_2\right), \tag{10.23}$$

相应的 J_z 与 J^2 的本征态 $|jm\rangle$ 用双模福克空间的粒子数态来表示：
$$|jm\rangle = \frac{a_1^{\dagger j+m} a_2^{\dagger j-m}}{\sqrt{(j+m)!(j-m)!}}|00\rangle. \tag{10.24}$$

利用上述关系, 求转动算符 $\exp(\mathrm{i}\varphi n\cdot J)$ 的正规乘积展开.

2. 证明: 算符
$$\frac{1}{2}(a-b^\dagger)(a^\dagger-b) = J_+, \quad \frac{1}{2}(a^\dagger+b)(a+b^\dagger) = J_-, \quad \frac{1}{2}(a^\dagger b^\dagger - ab) = J_z \tag{10.25}$$

满足
$$[J_z,J_+] = J_+, \quad [J_z,J_-] = -J_-, \quad [J_-,J_+] = -2J_z, \tag{10.26}$$

并利用纠缠态表象求解 $\mathrm{e}^{2\lambda J_-}$ 和 $\mathrm{e}^{2\lambda J_+}$ 的正规乘积展开.

3. 利用式 (10.25), 求下面哈密顿量的能级：
$$H = (a^\dagger a + b^\dagger b + 1) + \mathrm{i}C\left(a^\dagger b^\dagger - ab\right), \tag{10.27}$$

其中 C 为实数.

4. 在纠缠态表象中, 求角动量算符 J 在双模福克空间的本征态 $|j,r\rangle$.

5. 在上题 $|j,r\rangle$ 表象中, 求证: 相算符 $\mathrm{e}^{\mathrm{i}\phi}$ 和 $\mathrm{e}^{-\mathrm{i}\phi}$ 可以作为升、降算符.

6. 已知自旋相干态的定义为

$$|\tau\rangle = \exp(\mu J_+ - \mu^* J_-)|j,-j\rangle, \tag{10.28}$$

其中 J_+ 是 $|j,m\rangle$ 态的上升算符, $|j,-j\rangle$ 是 J_- 产生的最低能级态. 求自旋相干态 $|\tau\rangle$ 的施密特分解.

7. 求自旋相干态 $|\tau\rangle$ 在 $\langle\eta|$ 表象中的波函数.

8. 二维各向异性谐振子在均匀磁场中的哈密顿量为

$$H = \frac{1}{2m}\left(\tilde{P} - e\tilde{A}\right)^2 + \frac{1}{2}m(\omega_{0x}^2 x^2 + \omega_{0y}^2 y^2), \tag{10.29}$$

其中 $\tilde{P}$ 是电子的正则动量, $\tilde{A}$ 是均匀磁场 B 的矢量势. 试利用自旋相干态 $|\tau\rangle$, 求此哈密顿量对应的能量值.

9. 已知角动量算符对易关系可由下列关系得到:

$$\begin{aligned} J_+ &= \frac{1}{2}\left(a_1 - a_2^\dagger\right)\left(a_1^\dagger - a_2\right), \\ J_- &= \frac{1}{2}\left(a_1 + a_2^\dagger\right)\left(a_1^\dagger + a_2\right), \\ J_z &= \frac{1}{2}\left(a_1^\dagger a_2^\dagger - a_1 a_2\right), \end{aligned} \tag{10.30}$$

试求: (1) J_+ 的本征值; (2) J_- 的本征值.

10. 根据式 (10.30), 求 $\mathrm{e}^{\sigma J_-}\mathrm{e}^{\lambda J_+}$ 的正规乘积展开.

11. 根据式 (10.30), 由纠缠态表象求 $\exp\left(\dfrac{\lambda}{1+\lambda\sigma}J_+\right)\exp\left(2J_z \ln\dfrac{1}{1+\lambda\sigma}\right)$ $\times \exp\left(\dfrac{\sigma}{1+\lambda\sigma}J_-\right)$ 的正规乘积形式.

12. 根据式 (10.30), 证明下列关于角动量算符的恒等式:

$$\exp(fJ_+) = \frac{2}{2-f}\exp\left(\frac{f}{f-2}a_1^\dagger a_2^\dagger\right)\exp\left[\left(a_1^\dagger a_1 + a_2^\dagger a_2\right)\ln\frac{2}{2-f}\right]\exp\left(\frac{f}{f-2}a_1 a_2\right),$$

$$\exp(gJ_-) = \frac{2}{2-g}\exp\left(\frac{g}{2-g}a_1^\dagger a_2^\dagger\right)\exp\left[\left(a_1^\dagger a_1 + a_2^\dagger a_2\right)\ln\frac{2}{2-g}\right]\exp\left(\frac{g}{2-g}a_1 a_2\right). \tag{10.31}$$

13. 根据 $[J^2, J_-] = 0$，求 J^2, J_- 的共同本征态 $|j,r\rangle$.

14. 利用双模相干态，试求出指数算符 $\mathrm{e}^{\mathrm{i}J_y\theta}$ 的正规乘积形式，其中 $J_y = \frac{1}{2\mathrm{i}}\left(a^\dagger b - b^\dagger a\right)$.

15. 在转动问题中，系数 $d^j_{m'm}$ 是关键，其定义为

$$d^j_{m'm} \equiv \langle jm'|\mathrm{e}^{-\mathrm{i}J_y\theta}|jm\rangle, \tag{10.32}$$

其中 $|jm\rangle$ 的定义见式 (10.24)，试求系数 $d^j_{m'm}$ 的显式.

16. 一个三维转动一般可以用相继的三次转动 $\mathrm{e}^{-\mathrm{i}\alpha J_x}, \mathrm{e}^{-\mathrm{i}\theta J_y}, \mathrm{e}^{-\mathrm{i}\gamma J_z}$ 来达到，试用相干态方法导出转动矩阵的正规乘积形式.

10.3 思考练习

1. 利用 IWOP 技术，证明自旋相干态的内积:

$$\langle\tau|\tau'\rangle = \left(1+|\tau|^2\right)^{-j}\left(1+|\tau'|^2\right)^{-j}\left(1+\tau'^*\tau\right)^{2j}. \tag{10.33}$$

2. 利用 $\exp(\lambda J_+ - \lambda^* \check{J}_-)$ 的正规乘积展开进行外尔编序.

3. 将自旋相干态 $|\tau\rangle$ 表达式 (10.89) 直接代入两个耦合谐振子的定态薛定谔方程，求此系统的能级.

4. 设两个耦合谐振子的哈密顿量是含时的，即

$$H = \omega_1(t)a^\dagger a + \omega_2(t)b^\dagger b + \lambda(t)\left(a^\dagger b + ab^\dagger\right), \tag{10.34}$$

试将 $|\tau(t)\rangle f(t)$ 作为试探解，求其薛定谔方程的解.

5. 用习题第 7 题中的自旋相干态在纠缠态表象中的波函数，重新求解上题.

第 10 章 用 IWOP 技术研究角动量算符及量子转动

6. 利用双模角动量的表达式 (10.38), 求哈密顿量

$$H = \left(a^\dagger a + b^\dagger b + 1\right) + \mathrm{i}C\left(a^\dagger b^\dagger - ab\right) \tag{10.35}$$

的能级间隔.

7. 有人说, 坐标和动量在量子力学中满足不确定关系, 问如何从它们出发定义角动量? 你如何解释此问题.

10.4 习题解答

1. 根据下列关系式:

$$\begin{aligned}
\exp\left(-\mathrm{i}J_y\theta\right)J_z\exp\left(-\mathrm{i}J_y\theta\right) &= J_z\cos\theta + J_x\sin\theta, \\
\exp\left(-\mathrm{i}J_z\phi\right)J_x\exp\left(-\mathrm{i}J_z\phi\right) &= J_x\cos\phi + J_y\sin\phi,
\end{aligned} \tag{10.36}$$

可得

$$\exp\left(\mathrm{i}\varphi n\cdot J\right) = \exp\left(-\mathrm{i}J_z\phi\right)\exp\left(-\mathrm{i}J_y\theta\right)\exp\left(\mathrm{i}\varphi J_z\right)\exp\left(\mathrm{i}J_y\theta\right)\exp\left(\mathrm{i}J_z\phi\right). \tag{10.37}$$

在施温格玻色子实现下, 利用算符恒等式

$$\mathrm{e}^A B \mathrm{e}^{-A} = B + [A,B] + \frac{1}{2!}[A,[A,B]] + \frac{1}{3!}[A,[A,[A,B]]] + \cdots, \tag{10.38}$$

可得

$$\begin{aligned}
\exp\left(-\mathrm{i}J_z\phi\right)a_1^\dagger\exp\left(\mathrm{i}J_z\phi\right) &= a_1^\dagger\exp\left(-\frac{\mathrm{i}\phi}{2}\right), \\
\exp\left(-\mathrm{i}J_z\phi\right)a_2^\dagger\exp\left(\mathrm{i}J_z\phi\right) &= a_2^\dagger\exp\left(\frac{\mathrm{i}\phi}{2}\right), \\
\exp\left(-\mathrm{i}J_y\theta\right)a_1^\dagger\exp\left(\mathrm{i}J_y\theta\right) &= a_1^\dagger\cos\frac{\theta}{2} + a_2^\dagger\sin\frac{\theta}{2}, \\
\exp\left(-\mathrm{i}J_y\theta\right)a_2^\dagger\exp\left(\mathrm{i}J_y\theta\right) &= a_2^\dagger\cos\frac{\theta}{2} - a_1^\dagger\sin\frac{\theta}{2}.
\end{aligned} \tag{10.39}$$

联立式 (10.37),(10.39),可知

$$\begin{aligned}
\exp\left(\mathrm{i}\varphi n\cdot J\right)a_1^\dagger\exp\left(-\mathrm{i}\varphi n\cdot J\right) &= \left(\cos\frac{\varphi}{2}+\mathrm{i}\sin\frac{\varphi}{2}\cos\theta\right)a_1^\dagger + \mathrm{i}\sin\theta\sin\frac{\varphi}{2}\mathrm{e}^{\mathrm{i}\phi}a_2^\dagger, \\
\exp\left(\mathrm{i}\varphi n\cdot J\right)a_2^\dagger\exp\left(-\mathrm{i}\varphi n\cdot J\right) &= \mathrm{i}\sin\theta\sin\frac{\varphi}{2}\mathrm{e}^{-\mathrm{i}\phi}a_1^\dagger + \left(\cos\frac{\varphi}{2}-\mathrm{i}\sin\frac{\varphi}{2}\cos\theta\right)a_2^\dagger.
\end{aligned} \tag{10.40}$$

显然

$$\exp\left(\mathrm{i}\varphi n\cdot J\right)|00\rangle = |00\rangle. \tag{10.41}$$

利用相干态的过完备性和 IWOP 技术,可导出

$$\begin{aligned}
\exp\left(\mathrm{i}\varphi n\cdot J\right) &= \int\frac{\mathrm{d}^2 z_1 \mathrm{d}^2 z_2}{\pi^2}\exp\left(\mathrm{i}\varphi n\cdot J\right)\exp\left(z_1 a_1^\dagger + z_2 a_2^\dagger\right) \\
&\quad \times \exp\left(-\mathrm{i}\varphi n\cdot J\right)|00\rangle\langle z_1,z_2|\exp\left[-\frac{1}{2}\left(|z_1|^2+|z_2|^2\right)\right] \\
&= \int\frac{\mathrm{d}^2 z_1 \mathrm{d}^2 z_2}{\pi^2} : \exp\Big\{-|z_1|^2-|z_2|^2 \\
&\quad + \left[z_1\left(\cos\frac{\varphi}{2}+\mathrm{i}\sin\frac{\varphi}{2}\right)+\mathrm{i}z_2\sin\theta\sin\frac{\varphi}{2}\exp\left(-\mathrm{i}\phi\right)\right]a_1^\dagger \\
&\quad + \left[\mathrm{i}z_1\sin\theta\sin\frac{\varphi}{2}\exp\left(\mathrm{i}\phi\right)+z_2\left(\cos\frac{\varphi}{2}-\mathrm{i}\sin\frac{\varphi}{2}\cos\theta\right)\right]a_2^\dagger \\
&\quad + z_1^* a_1 + z_2^* a_2 - a_1^\dagger a_1 - a_2^\dagger a_2\Big\} : \\
&=: \exp\Big[\left(\cos\frac{\varphi}{2}+\mathrm{i}\sin\frac{\varphi}{2}\cos\theta-1\right)a_1^\dagger a_1 \\
&\quad + \left(\cos\frac{\varphi}{2}-\mathrm{i}\sin\frac{\varphi}{2}\cos\theta-1\right)a_2^\dagger a_2 \\
&\quad + \mathrm{i}\sin\theta\sin\frac{\varphi}{2}\exp\left(\mathrm{i}\phi\right)a_1 a_2^\dagger + \mathrm{i}\sin\theta\sin\frac{\varphi}{2}\exp\left(-\mathrm{i}\phi\right)a_1^\dagger a_2\Big]:,
\end{aligned} \tag{10.42}$$

这就是薛定谔玻色子实现下转动算符的正规乘积形式.

2. 利用 $[a,a^\dagger] = [b,b^\dagger] = 1$,可得如下算符对易关系:

$$\left[\left(a-b^\dagger\right)\left(a^\dagger-b\right),\left(a^\dagger+b\right)\left(a+b^\dagger\right)\right] = 4\left(a^\dagger b^\dagger - ab\right), \tag{10.43}$$

$$\left[\left(a-b^\dagger\right)\left(a^\dagger-b\right),\left(a^\dagger b^\dagger - ab\right)\right] = -2\left(a-b^\dagger\right)\left(a^\dagger-b\right), \tag{10.44}$$

$$\left[\left(a^\dagger+b\right)\left(a+b^\dagger\right),\left(a^\dagger b^\dagger - ab\right)\right] = 2\left(a^\dagger+b\right)\left(b^\dagger+a\right), \tag{10.45}$$

可证:
$$[J_z, J_+] = J_+, \quad [J_z, J_-] = -J_-, \quad [J_-, J_+] = -2J_z. \tag{10.46}$$

利用纠缠态的本征方程
$$\left(a - b^\dagger\right)|\eta\rangle = \eta|\eta\rangle, \quad \left(b - a^\dagger\right)|\eta\rangle = -\eta^*|\eta\rangle, \tag{10.47}$$

以及完备性关系式
$$\int \frac{\mathrm{d}^2\eta}{\pi}|\eta\rangle\langle\eta| = \int \frac{\mathrm{d}^2\eta}{\pi}:\mathrm{e}^{-|\eta|^2+\eta a^\dagger-\eta^* b^\dagger+a^\dagger b^\dagger+\eta^* a-\eta b+ab-a^\dagger a-b^\dagger b}: = 1, \tag{10.48}$$

可得 $\mathrm{e}^{2\lambda J_+}$ 的正规乘积展开:

$$\begin{aligned}
\mathrm{e}^{2\lambda J_+} &= \exp\left[\lambda\left(a - b^\dagger\right)\left(a^\dagger - b\right)\right] \\
&= \int \frac{\mathrm{d}^2\eta}{\pi}\mathrm{e}^{2\lambda|\eta|^2}|\eta\rangle\langle\eta| \\
&= \int \frac{\mathrm{d}^2\eta}{\pi}:\exp\left[-|\eta|^2(1-2\lambda)+\eta\left(a^\dagger - b\right)+\eta^*\left(a - b^\dagger\right)-\left(a^\dagger - b\right)\left(a - b^\dagger\right)\right]: \\
&= \frac{1}{1-2\lambda}:\exp\left[\frac{2\lambda}{1-2\lambda}\left(a^\dagger - b\right)\left(a - b^\dagger\right)\right]:.
\end{aligned} \tag{10.49}$$

由纠缠态的共轭态 $|\xi\rangle$ 的本征方程
$$\left(a + b^\dagger\right)|\xi\rangle = \xi|\xi\rangle, \quad \left(a^\dagger + b\right)|\xi\rangle = \xi^*|\xi\rangle, \tag{10.50}$$

以及它的完备性关系式
$$\int \frac{\mathrm{d}^2\xi}{\pi}|\xi\rangle\langle\xi| = 1, \tag{10.51}$$

可得
$$\begin{aligned}
\mathrm{e}^{2\lambda J_-} &= \exp\left[\lambda\left(a + b^\dagger\right)\left(a^\dagger + b\right)\right] = \int \frac{\mathrm{d}^2\xi}{\pi}\mathrm{e}^{2\lambda|\xi|^2}|\xi\rangle\langle\xi| \\
&= \frac{1}{1-2\lambda}:\exp\left[\frac{2\lambda}{1-2\lambda}\left(a^\dagger + b\right)\left(a + b^\dagger\right)\right]:.
\end{aligned} \tag{10.52}$$

3. 根据
$$2(J_+ + J_-) = \left(a - b^\dagger\right)\left(a^\dagger - b\right) + \left(a^\dagger + b\right)\left(a + b^\dagger\right)$$

$$= 2\left(a^\dagger a + b^\dagger b + 1\right), \tag{10.53}$$

可将式 (10.27) 中的哈密顿量化简为

$$H = (J_+ + J_-) + iCJ_z. \tag{10.54}$$

根据式 (10.47), 可得

$$ab|\eta\rangle = a\left(\eta^* - a^\dagger\right)|\eta\rangle = \left[\left(\eta^* - a^\dagger\right)\left(\eta - b^\dagger\right) - 1\right]|\eta\rangle. \tag{10.55}$$

由式 (10.46), 得到

$$r\frac{\partial}{\partial r}|\eta\rangle = \left(-|\eta|^2 + \eta a^\dagger + \eta^* b^\dagger\right)|\eta\rangle \quad (\eta = re^{i\varphi}). \tag{10.56}$$

对比式 (10.55) 和 (10.56), 可得

$$\left(ab - a^\dagger b^\dagger\right)|\eta\rangle = \left(|\eta|^2 - \eta a^\dagger - \eta^* b^\dagger - 1\right)|\eta\rangle$$
$$= -\left(1 + r\frac{\partial}{\partial r}\right)|\eta\rangle = -\frac{\partial}{\partial r} r|\eta\rangle. \tag{10.57}$$

式 (10.57) 可改写为

$$\langle\eta|H|\,\rangle = \langle\eta|\left[(J_+ + J_-) + 2iCJ_z\right]|\,\rangle$$
$$= \left[\left(\frac{1}{2}|\eta|^2 - 2\frac{\partial^2}{\partial\eta\partial\eta^*}\right) + iC\left(1 + r\frac{\partial}{\partial r}\right)\right]\langle\eta|\,\rangle = E\langle\eta|\,\rangle, \tag{10.58}$$

其中 $H|\,\rangle = E|\,\rangle$ 是能量算符本征方程. 利用

$$\frac{\partial}{\partial\eta} = \frac{1}{2}e^{-i\varphi}\left(\frac{\partial}{\partial r} - \frac{i}{r}\frac{\partial}{\partial\varphi}\right),$$
$$\frac{\partial}{\partial\eta^*} = \frac{1}{2}e^{i\varphi}\left(\frac{\partial}{\partial r} + \frac{i}{r}\frac{\partial}{\partial\varphi}\right), \tag{10.59}$$

$$\frac{\partial^2}{\partial\eta\partial\eta^*} = \frac{1}{4}\left(\frac{\partial^2}{\partial r^2} + \frac{1}{r}\frac{\partial}{\partial r} + \frac{1}{r^2}\frac{\partial^2}{\partial\varphi^2}\right), \tag{10.60}$$

可把式 (10.58) 改写为

$$\left\{\left[\frac{1}{2}r^2 - \frac{1}{2}\left(\frac{\partial^2}{\partial r^2} + \frac{1}{r}\frac{\partial}{\partial r} + \frac{1}{r^2}\frac{\partial^2}{\partial\varphi^2}\right)\right] + iC\left(1 + r\frac{\partial}{\partial r}\right)\right\}\langle\eta|\,\rangle = E\langle\eta|\,\rangle. \tag{10.61}$$

对式 (10.58) 分离变量 r 和 φ, 即

$$\langle\eta|\,\rangle = R(r)\Phi(\varphi), \tag{10.62}$$

可得

$$\left(r^2 R'' + rR' - 2\mathrm{i}Cr^3 R'\right)/R + (-2\mathrm{i}Cr^2 + 2Er^2 - r^4) = -\Phi''(\varphi)/\Phi(\varphi) = m^2. \tag{10.63}$$

于是得到以下方程:

$$\Phi''(\varphi) = -m^2 \Phi(\varphi), \quad \Phi(\varphi) = \frac{1}{\sqrt{2\pi}} \mathrm{e}^{\mathrm{i}m\varphi} \quad (m = \pm 1, \pm 2, \cdots); \tag{10.64}$$

$$r^2 R'' + (1 - 2\mathrm{i}Cr^2)rR' + (-2\mathrm{i}Cr^2 + 2Er^2 - r^4 - m^2)R = 0. \tag{10.65}$$

进一步, 有

$$\begin{aligned} R'' &+ \left[2\frac{A}{r} + 2f' + \left(\frac{\beta h'}{h} - h' - \frac{h''}{h'}\right)\right] R' \\ &+ \left[\left(\frac{\beta h'}{h} - h' - \frac{h''}{h'}\right)\left(\frac{A}{r} + f'\right) + \frac{A(A-1)}{r^2} + \frac{2Af'}{r} + f'' + f'^2 - \frac{\alpha h'^2}{h}\right] R \\ &= 0. \end{aligned} \tag{10.66}$$

如果取参数

$$\begin{gathered} A = -m, \quad \alpha = \frac{m+1}{2} - \frac{E}{2\sqrt{1-C^2}}, \quad \beta = m+1, \\ f = \frac{\sqrt{1-C^2} - \mathrm{i}C}{2} r^2, \quad h = \sqrt{1-C^2}\, r^2, \end{gathered} \tag{10.67}$$

则式 (10.66) 可转为式 (10.65), 即式 (10.65) 可以看做合流等式, 其解为

$$r^{-A} \mathrm{e}^{-f} M(\alpha, \beta, h), \tag{10.68}$$

其中 $M(\alpha, \beta, h)$ 是库默尔函数

$$M(\alpha, \beta, h) = \sum_{n=0}^{+\infty} \frac{(\alpha)_n}{(\beta)_n n!} h^n, \tag{10.69}$$

这里
$$(\alpha)_n \equiv \alpha(\alpha+1)\cdots(\alpha+n-1), \quad (\alpha)_0 = 1. \tag{10.70}$$

为确保 $r^{-A}e^{-f}M(\alpha,\beta,h)$ 平方可积，在 f 中的 $\sqrt{1-C^2}$ 必须为实数，故 $C^2 \leqslant 1$. 方程 (10.65) 的另一解为
$$r^{-A}e^{-f}U(\alpha,\beta,h), \tag{10.71}$$

其中
$$U(\alpha,\beta,h) = \frac{\pi}{\sin\pi\beta}\left[\frac{M(\alpha,\beta,h)}{\Gamma(1+\alpha-\beta)\Gamma(\beta)} - h^{1-\beta}\frac{M(1+\alpha-\beta,2-\beta,h)}{\Gamma(\alpha)\Gamma(2-\beta)}\right]. \tag{10.72}$$

因 $\beta = m+1$，故令 $\beta = m+1+0^+$，于是 $\sin\pi\beta \to 0$，在式 (10.72) 中的项 $[\cdots]$ 趋于零时，$U(\alpha,\beta,h)$ 是有意义的. 由 $\alpha = \dfrac{m+1}{2} - \dfrac{E}{2\sqrt{1-C^2}}$，我们可以确定系统的能级 E.

4. 由
$$\langle\eta|J = -|\eta|\langle 00|\left(e^{i\phi}b + e^{-i\phi}a\right)\exp\left(-\frac{|\eta|^2}{2} + \eta^*a - \eta b + ab\right)$$
$$= -i\frac{\partial}{\partial\phi}\langle\eta| \tag{10.73}$$

和
$$J|j\rangle = j|j\rangle, \tag{10.74}$$

可知
$$\langle\eta|J|j\rangle = i\frac{\partial}{\partial\phi}\langle\eta|j\rangle = j\langle\eta|j\rangle, \quad \langle\eta|j\rangle \sim e^{-ij\phi}. \tag{10.75}$$

根据波函数的归一性，在 $\phi = 0$ 和 $\phi = 2\pi$ 时 j 须为整数. 利用纠缠态表象的完备性，可得
$$|j\rangle = \int \frac{d^2\eta}{\pi}|\eta\rangle\langle\eta|j\rangle = \frac{1}{2\pi}\int_0^{2\pi}d\phi|\eta = re^{i\phi}\rangle e^{-ij\phi} \quad (r = |\eta|). \tag{10.76}$$

从式 (10.76) 的右边可见，对 ϕ 进行积分，只剩下参数 r，于是可将式 (10.74)~(10.76) 中的 $|j\rangle$ 换为 $|j,r\rangle$. 物理意义可由下式看出：
$$(a-b^\dagger)(a^\dagger-b)|j,r\rangle = \frac{1}{2}\left(X^2+P^2\right)|\eta\rangle = r^2|j,r\rangle. \tag{10.77}$$

因此 r 是 $(X^2+P^2)/2$ $(X=X_1-X_2, P=P_1+P_2)$ 的本征值. 式 (10.74) 可证明如下:

$$J|j,r\rangle = \int \frac{\mathrm{d}\varphi}{2\pi}\left[\left(-\mathrm{i}\frac{\partial}{\partial\varphi}\right)|\eta=r\mathrm{e}^{\mathrm{i}\varphi}\rangle\right]\mathrm{e}^{-\mathrm{i}j\varphi}$$
$$= \int \frac{\mathrm{d}\varphi}{2\pi}|\eta=r\mathrm{e}^{\mathrm{i}\varphi}\rangle\left(\mathrm{i}\frac{\partial}{\partial\varphi}\right)\mathrm{e}^{-\mathrm{i}j\varphi} = j|j,r\rangle. \tag{10.78}$$

根据纠缠态表象的性质, 对式 (10.78) 积分就得到 $|j,r\rangle$ 在双模福克空间的显式

$$|j,r\rangle = \exp\left(-\frac{1}{2}|\eta|^2 + a^\dagger b^\dagger\right)\sum_{n=\max(0,-j)}^{+\infty}(-1)^n\frac{r^{2n+j}}{\sqrt{n!(n+j)!}}|n+j,n\rangle, \tag{10.79}$$

可见, $|j,r\rangle$ 也是纠缠态. 我们可以证明 $|j,r\rangle$ 可以作为量子力学的表象, 其完备性关系式为

$$\sum_{j=-\infty}^{+\infty}\int_0^{+\infty}\mathrm{d}r^2|j,r\rangle\langle j,r| = 1, \tag{10.80}$$

同时正交性为

$$\langle j,r|j',r'\rangle = \delta_{jj'}\delta\left(r^2-r'^2\right) = \delta_{jj'}\frac{1}{2r}\delta\left(r-r'\right). \tag{10.81}$$

5. 将 $a-b^\dagger$ 作用于 $|j,r\rangle$, 得

$$(a-b^\dagger)|j,r\rangle = (a-b^\dagger)\frac{1}{2\pi}\int_0^{2\pi}\mathrm{d}\phi|\eta=r\mathrm{e}^{\mathrm{i}\phi}\rangle\mathrm{e}^{-\mathrm{i}j\phi}$$
$$= \frac{1}{2\pi}\int_0^{2\pi}\mathrm{d}\phi r\mathrm{e}^{\mathrm{i}\phi}|\eta=r\mathrm{e}^{\mathrm{i}\phi}\rangle\mathrm{e}^{-\mathrm{i}j\phi} = r|j-1,r\rangle, \tag{10.82}$$

同样, 有

$$(a^\dagger - b)|j,r\rangle = r|j+1,r\rangle. \tag{10.83}$$

根据相算符的定义, 可得

$$\mathrm{e}^{\mathrm{i}\hat{\phi}}|j,r\rangle = \sqrt{\frac{a-b^\dagger}{a^\dagger-b}}|j,r\rangle = \sqrt{\frac{1}{(a^\dagger-b)(a-b^\dagger)}}(a-b^\dagger)$$
$$= |j-1,r\rangle, \tag{10.84}$$

$$\mathrm{e}^{-\mathrm{i}\hat{\phi}}|j,r\rangle = \sqrt{\frac{a^\dagger - b}{a - b^\dagger}}|j,r\rangle = |j+1,r\rangle, \tag{10.85}$$

可见相算符在 $|j,r\rangle$ 中可以对角动量起到升降作用.

6. 自旋相干态的定义为

$$|\tau\rangle = \exp(\mu J_+ - \mu^* J_-)|j,-j\rangle, \tag{10.86}$$

其中 J_+ 是 $|j,m\rangle$ 的产生算符, $|j,-j\rangle$ 是由下降算符 J_- 产生的最低能级态. 当 $\mu = \frac{\theta}{2}\mathrm{e}^{-\mathrm{i}\varphi}, \tau = \mathrm{e}^{-\mathrm{i}\varphi}\tan\frac{\theta}{2}$ 时, 利用薛定谔玻色算符的角动量实现:

$$J_+ = a_1^\dagger a_2, \quad J_- = a_1 a_2^\dagger, \quad J_z = \frac{1}{2}\left(a_1^\dagger a_1 - a_2^\dagger a_2\right), \tag{10.87}$$

以及 J_z 与 J^2 在双模空间的本征态:

$$|j,m\rangle = \frac{a_1^{\dagger j+m} a_2^{\dagger j-m}}{\sqrt{(j+m)!(j-m)!}}|00\rangle = |j+m\rangle \otimes |j-m\rangle, \tag{10.88}$$

可知 $|\tau\rangle$ 的施密特分解为

$$|\tau\rangle = \exp(\mu J_+ - \mu^* J_-)|0\rangle \otimes |2j\rangle$$
$$= \frac{1}{\left(1+|\tau|^2\right)^j}\sum_{l=0}^{2j}\left[\frac{(2j)!}{l!(2j-l)!}\right]^{1/2}\tau^{2j-l}|2j-l\rangle \otimes |l\rangle. \tag{10.89}$$

7. 根据双变量厄米多项式 $\mathrm{H}_{m,n}(\epsilon,\epsilon^*)$ 的定义

$$\mathrm{H}_{m,n}(\epsilon,\epsilon^*) = \sum_{l=0}^{\min(n,m)}\frac{(-1)^l n!m!}{l!(m-l)!(n-l)!}\epsilon^{m-l}\epsilon^{*n-l}$$
$$= \frac{\partial^{m+n}}{\partial t^m \partial t'^n}\exp(-tt'+t\epsilon+t'\epsilon^*)\bigg|_{t=t'=0} = \mathrm{H}^*_{n,m}(\epsilon,\epsilon^*), \tag{10.90}$$

以及其产生函数

$$\sum_{m,n=0}^{+\infty}\frac{t^m t'^n}{m!n!}\mathrm{H}_{m,n}(\epsilon,\epsilon^*) = \exp(-tt'+t\epsilon+t'\epsilon^*), \tag{10.91}$$

可把 $\langle\eta|$ 表象表达为

$$\langle\eta| = \sum_{m,n=0}^{+\infty} \langle m,n| \frac{(-1)^n}{\sqrt{m!n!}} H_{n,m}(\eta,\eta^*), \tag{10.92}$$

其中 $\langle m,n| = \langle 00| \dfrac{a_1^m a_2^n}{\sqrt{m!n!}}$ 是双模粒子数态. 于是得到 $\langle\eta|$ 与 $|m,n\rangle$ 的内积

$$\langle\eta|m,n\rangle = \frac{(-1)^n}{\sqrt{m!n!}} H_{n,m}(\eta,\eta^*). \tag{10.93}$$

利用自旋相干态的定义, 可进一步得到 $\langle\eta|$ 和 $|\tau\rangle$ 的内积

$$\langle\eta|\tau\rangle = \frac{\sqrt{(2j)!}}{(1+|\tau|^2)^j} \sum_{l=0}^{2j} \frac{(-1)^l \tau^{2j-l} H_{l,2j-l}(\eta,\eta^*)}{l!(2j-l)!}. \tag{10.94}$$

根据双变量厄米多项式 $H_{m,n}(\zeta,\xi)$ 的积分形式

$$H_{m,n}(\zeta,\xi) = (-1)^n e^{\zeta\xi} \int \frac{d^2 z}{\pi} z^n z^{*m} \exp\left(-|z|^2 + \zeta z - \xi z^*\right), \tag{10.95}$$

可把式 (10.94) 改写为

$$\begin{aligned}
\langle\eta|\tau\rangle &= \frac{\sqrt{(2j)!} e^{|\eta|^2}}{\left(1+|\tau|^2\right)^j} \sum_{l=0}^{2j} (-1)^{2j} \int \frac{d^2 z}{\pi} \frac{(\tau z)^{2j-l} z^{*l}}{l!(2j-l)!} \exp\left(-|z|^2 + \eta z - \eta^* z^*\right) \\
&= \frac{e^{|\eta|^2}}{\left(1+|\tau|^2\right)^j \sqrt{(2j)!}} \int \frac{d^2 z}{\pi} (-1)^{2j} (\tau z + z^*)^{2j} \exp\left(-|z|^2 + \eta z - \eta^* z^*\right).
\end{aligned} \tag{10.96}$$

为简便起见, 我们取

$$z = z'^* - \tau^* z', \quad z^* = z' - \tau z'^*, \quad \tau z + z^* = (1-|\tau|^2)z', \tag{10.97}$$

$$d^2 z = -(1-|\tau|^2) d^2 z', \tag{10.98}$$

同时, 令

$$\kappa = \eta^* + \eta\tau^*, \tag{10.99}$$

于是式 (10.96) 可改写为

$$\langle\eta|\tau\rangle = \frac{(-1)e^{|\eta|^2}}{(1+|\tau|^2)^j \sqrt{(2j)!}} (1-|\tau|^2)^{2j+1} \left(\frac{\partial}{\partial\kappa}\right)^{2j}$$
$$\times \int \frac{\mathrm{d}^2 z'}{\pi} \exp\left[-\left(1+|\tau|^2\right)|z'|^2 + \tau^* z'^2 + \tau z'^{*2} - \kappa z' + \kappa^* z'^*\right]. \quad (10.100)$$

由积分公式

$$\int \frac{\mathrm{d}^2 z}{\pi} \exp\left(\zeta|z|^2 + \xi z + \lambda z^* + f z^2 + g z^{*2}\right) = \frac{1}{\sqrt{\zeta^2 - 4fg}} \exp\left(\frac{-\zeta\xi\lambda + \xi^2 g + \lambda^2 f}{\zeta^2 - 4fg}\right), \quad (10.101)$$

其中

$$\mathrm{Re}(\zeta \pm f \pm g) < 0, \quad \mathrm{Re}\left(\frac{\zeta^2 - 4fg}{\zeta \pm f \pm g}\right) < 0, \quad (10.102)$$

可得

$$\langle\eta|\tau\rangle = \frac{(-1)e^{|\eta|^2}\left(1-|\tau|^2\right)^{2j}}{\left(1+|\tau|^2\right)^j \sqrt{(2j)!}} \left(\frac{\partial}{\partial\kappa}\right)^{2j} \exp\left[\frac{-\left(1+|\tau|^2\right)|\kappa|^2 + \tau\kappa^2 + \tau^*\kappa^{*2}}{\left(1-|\tau|^2\right)^2}\right]. \quad (10.103)$$

由单变量厄米多项式 $H_m(x)$ 的罗德里格斯 (Rodrigues) 公式

$$H_m(x) = e^{x^2}\left(-\frac{\mathrm{d}}{\mathrm{d}x}\right)^m e^{-x^2}, \quad (10.104)$$

再令

$$\frac{1+|\tau|^2}{1-|\tau|^2} \frac{\kappa^*}{2\sqrt{\tau}} - \frac{\sqrt{\tau}}{1-|\tau|^2}\kappa = \frac{\eta - \tau\eta^*}{2\sqrt{\tau}} \equiv \zeta, \quad (10.105)$$

可以求得

$$\langle\eta|\tau\rangle = \frac{(-1)^{j+1}\tau^j H_{2j}(\mathrm{i}\zeta)}{\left(1+|\tau|^2\right)^j \sqrt{(2j)!}} \exp\left[|\eta|^2 + \frac{\tau^*\kappa^{*2}}{\left(1-|\tau|^2\right)^2} - \left(\frac{1+|\tau|^2}{1-|\tau|^2}\frac{\kappa^*}{2\sqrt{\tau}}\right)^2 + \zeta^2\right]. \quad (10.106)$$

将式 (10.105) 代入式 (10.106),可得自旋相干态 $|\tau\rangle$ 在 $\langle\eta|$ 表象中的波函数形式

$$\langle\eta|\tau\rangle = \frac{(-1)^{j+1}\tau^j}{(1+|\tau|^2)^j \sqrt{(2j)!}} H_{2j}\left(\mathrm{i}\frac{\eta-\tau\eta^*}{2\sqrt{\tau}}\right). \quad (10.107)$$

8. 我们取磁矢势为 $\tilde{A} = \frac{1}{2}(-By, Bx, 0)$, 于是

$$H = \frac{1}{2m}\left(P_x^2 + P_y^2\right) + \frac{1}{2}m\left(\omega_x^2 x^2 + \omega_y^2 y^2\right) - \omega_{\mathrm{L}}\left(xP_y - yP_x\right), \tag{10.108}$$

其中

$$\omega_{\mathrm{L}} = \frac{eB}{2m}, \quad \omega_i^2 = \omega_{0i}^2 + \omega_L^2 \quad (i = x, y). \tag{10.109}$$

令

$$a_1 = \left(\frac{m\omega_x}{2\hbar}\right)^{1/2} x + \mathrm{i}\frac{P_x}{(2m\omega_x\hbar)^{1/2}}, \quad a_2 = \left(\frac{m\omega_y}{2\hbar}\right)^{1/2} y + \mathrm{i}\frac{P_y}{(2m\omega_y\hbar)^{1/2}}, \tag{10.110}$$

则可将式 (10.108) 的哈密顿量 H 改写为

$$H = \hbar\omega_1\left(a_1^\dagger a_1 + \frac{1}{2}\right) + \hbar\omega_2\left(a_2^\dagger a_2 + \frac{1}{2}\right) + \mathrm{i}\hbar\omega_{\mathrm{L}}\left(a_1^\dagger a_2 - a_1 a_2^\dagger\right). \tag{10.111}$$

假设自旋相干态 $|\tau\rangle$ 是 H 的本征态, 对应于本征值 E, 即

$$\langle\eta|H|\tau\rangle = E\langle\eta|\tau\rangle, \tag{10.112}$$

则进一步可得

$$\langle\eta|H|\tau\rangle = \left\{\hbar\omega_1\left[\left(-\frac{\partial}{\partial\eta} + \eta^*\right)\frac{\partial}{\partial\eta^*} + \frac{1}{2}\right] + \hbar\omega_2\left[-\left(\frac{\partial}{\partial\eta^*} - \eta\right)\frac{\partial}{\partial\eta} + \frac{1}{2}\right] \right.$$
$$\left. + \mathrm{i}\hbar\omega_{\mathrm{L}}\left(\frac{\partial^2}{\partial\eta^2} - \frac{\partial^2}{\partial\eta^{*2}} - \eta^*\frac{\partial}{\partial\eta} + \eta\frac{\partial}{\partial\eta^*}\right)\right\}\langle\eta|\tau\rangle. \tag{10.113}$$

利用式 (10.107), 可知

$$\langle\eta|H|\tau\rangle = D\left[\frac{\hbar}{2}(\omega_1+\omega_2)\mathrm{H}_{2j}(\zeta) + \mathrm{i}\hbar\left(\omega_2\frac{\eta}{2\sqrt{\tau}} - \omega_1\frac{\eta^*\sqrt{\tau}}{2} - \mathrm{i}\omega_{\mathrm{L}}B\right)\right.$$
$$\left. \times \mathrm{H}'_{2j}(\zeta) - \frac{C\hbar}{4}\mathrm{H}''_{2j}(\zeta)\right], \tag{10.114}$$

其中

$$B = \frac{\eta^*}{2\sqrt{\tau}} + \frac{\eta\sqrt{\tau}}{2}, \quad C = (\omega_1+\omega_2) + \mathrm{i}\omega_{\mathrm{L}}\left(\frac{1}{\tau} - \tau\right),$$
$$D = \frac{(-1)^{j+1}\tau^j}{\left(1+|\tau|^2\right)^j\sqrt{(2j)!}}. \tag{10.115}$$

9.3 思考练习

1. 利用位力定理讨论两个粒子的哈密顿量, 其动量和坐标分别耦合的情况为

$$H = \sum_{i=1}^{2}\left(\frac{P_i^2}{2m} + \frac{m\omega^2}{2}Q_i^2\right) + \lambda(P_1P_2 + Q_1Q_2), \tag{9.58}$$

其中 λ 为耦合系数.

2. 如果上题的哈密顿量为

$$H = \sum_{i=1}^{2}\left(\frac{P_i^2}{2m} + \frac{m\omega^2}{2}Q_i^2\right) + \lambda(P_1Q_2 + P_2Q_1), \tag{9.59}$$

试讨论其耦合部分对系统平均能量的贡献.

3. 对于存在互感且无外源的两个 LC 回路, 可用如下哈密顿量来描述:

$$H = \sum_{i=1}^{2}\frac{1}{2}\left(\frac{P_i^2}{Kl_i} + \frac{Q_i^2}{c_i}\right) - \frac{k}{Kl_1l_2}P_1P_2, \tag{9.60}$$

其中 $K = 1 - k/(l_1l_2), k = \sqrt{l_1l_2}, l_i$ 与 c_i 分别是两个 LC 回路的电感系数和电容系数. 试用广义 FH 定理导出两个 LC 回路的哈密顿量的系综平均.

4. 在不计系综有平均能量的前提下, 利用位力定理, 求下面哈密顿量各项对系统总能量的贡献:

$$H = \omega_1 a^\dagger a + \omega_2 b^\dagger b + \lambda\left(a^\dagger b + ab^\dagger\right) + g\left(ab + a^\dagger b^\dagger\right). \tag{9.61}$$

9.4 习题解答

1. 我们可将式 (9.47) 改写为

$$H = \frac{1}{2L}p^2 + \frac{1}{2C}(q - C\varepsilon e)^2 - \frac{1}{2}C\varepsilon^2 e^2, \tag{9.62}$$

根据厄米多项式的性质

$$2\zeta \mathrm{H}'_m(\zeta) - 2m\mathrm{H}_m(\zeta) = \mathrm{H}''_m(\zeta), \tag{10.116}$$

得

$$\begin{aligned}E\mathrm{H}_{2j}(\zeta) =& \frac{\hbar}{2}(\omega_1+\omega_2+2Cj)\mathrm{H}_{2j}(\zeta) \\ &+ \mathrm{i}\hbar\left(\omega_2\frac{\eta}{2\sqrt{\tau}} - \omega_1\frac{\eta^*\sqrt{\tau}}{2} - \mathrm{i}\omega_\mathrm{L} B + \mathrm{i}\frac{1}{2}C\zeta\right)\mathrm{H}'_{2j}(\zeta).\end{aligned} \tag{10.117}$$

由

$$\mathrm{H}'_{2j}(\zeta) = 4j\mathrm{H}_{2j-1}(\zeta), \tag{10.118}$$

再根据厄米多项式的正交性, 可知 $\mathrm{H}'_{2j}(\zeta)$ 应该是零, 即

$$\omega_2\frac{\eta}{2\sqrt{\tau}} - \omega_1\frac{\eta^*\sqrt{\tau}}{2} - \mathrm{i}\omega_\mathrm{L} B + \mathrm{i}\frac{1}{2}C\zeta = 0. \tag{10.119}$$

为使对任意的 η 和 η^*, 式 (10.119) 皆成立, 必须有

$$\mathrm{i}\omega_\mathrm{L}\tau^2 + (\omega_1-\omega_2)\tau + \mathrm{i}\omega_\mathrm{L} = 0, \tag{10.120}$$

故方程 (10.119) 的解为

$$\tau_\pm = \frac{(\omega_2-\omega_1) \pm \sqrt{(\omega_1-\omega_2)^2 + 4\omega_\mathrm{L}^2}}{\mathrm{i}2\omega_\mathrm{L}}. \tag{10.121}$$

由 $|\tau_\pm\rangle$ 的性质, 可知此哈密顿量的能级为

$$E_\pm = \hbar\left[(\omega_1+\omega_2)\left(\frac{1}{2}+j\right) - \mathrm{i}\omega_\mathrm{L}\left(\tau_\pm - \frac{1}{\tau_\pm}\right)j\right]. \tag{10.122}$$

9. (1) 由纠缠态表象 $|\eta\rangle$, 可以求 J_+ 的本征态:

$$J_+|\eta\rangle = \frac{1}{2}\left(a_1 - a_2^\dagger\right)\left(a_1^\dagger - a_2\right)|\eta\rangle = \frac{|\eta|^2}{2}|\eta\rangle. \tag{10.123}$$

(2) 由纠缠态表象 $|\xi\rangle$, 可以求 J_-:

$$J_-|\xi\rangle = \frac{1}{2}\left(a_1 + a_2^\dagger\right)\left(a_1^\dagger + a_2\right)|\xi\rangle = \frac{|\xi|^2}{2}|\xi\rangle. \tag{10.124}$$

10. 由纠缠态表象的完备性, 可得

$$
\begin{aligned}
\mathrm{e}^{\sigma J_-}\mathrm{e}^{\lambda J_+} &= \mathrm{e}^{\sigma J_-}\int \frac{\mathrm{d}^2\xi}{\pi}|\xi\rangle\langle\xi|\int\frac{\mathrm{d}^2\eta}{\pi}|\eta\rangle\langle\eta|\mathrm{e}^{\lambda J_+} \\
&= \int\frac{\mathrm{d}^2\eta}{2\pi}\frac{d^2\xi}{\pi}:\exp\left\{\frac{1}{2}\left[\xi^*\eta-\xi\eta^*-(1-\sigma)|\xi|^2-(1-\lambda)|\eta|^2\right]\right. \\
&\quad \left.+\xi a_1^\dagger+\xi^*a_2^\dagger+\eta^*a_1-\eta a_2-a_1^\dagger a_2^\dagger+a_1a_2-a_1^\dagger a_1-a_2^\dagger a_2\right\}: \\
&= \frac{1}{1-\sigma}\int\frac{\mathrm{d}^2\eta}{\pi}:\exp\left\{-\frac{D}{2(1-\sigma)}|\eta|^2+\eta\left(\frac{a_1^\dagger}{1-\sigma}-a_2\right)\right. \\
&\quad \left.+\eta^*\left(a_1-\frac{a_2^\dagger}{1-\sigma}\right)+\frac{1+\sigma}{1-\sigma}a_1^\dagger a_2^\dagger+a_1a_2-a_1^\dagger a_1-a_2^\dagger a_2\right\}: \\
&= \frac{2}{D}:\exp\left[\frac{2-D}{D}\left(a_1^\dagger a_1+a_2^\dagger a_2\right)+\frac{D+2\sigma-2}{D}a_1a_2-\frac{D+2\lambda-2}{D}a_2^\dagger a_1^\dagger\right]:,
\end{aligned}
$$
(10.125)

其中 $D=1+(1-\lambda)(1-\sigma)$.

11. 由

$$\exp\left[\lambda\left(a_1^\dagger a_2^\dagger-a_1a_2\right)\right]=\int\frac{\mathrm{d}^2\eta}{\pi\mu}|\eta/\mu\rangle\langle\eta|\quad(\mu=\mathrm{e}^\lambda), \tag{10.126}$$

可得

$$
\begin{aligned}
&\exp\left(\frac{\lambda}{1+\lambda\sigma}J_+\right)\exp\left(2J_z\ln\frac{1}{1+\lambda\sigma}\right)\exp\left(\frac{\sigma}{1+\lambda\sigma}J_-\right) \\
&= (1+\lambda\sigma)\exp\left(\frac{\lambda}{1+\lambda\sigma}J_+\right)\int\frac{\mathrm{d}^2\eta}{\pi}|(1+\lambda\sigma)\eta\rangle\langle\eta|\int\frac{\mathrm{d}^2\xi}{\pi}|\xi\rangle\langle\xi|\exp\left(\frac{\sigma}{1+\lambda\sigma}J_-\right) \\
&= (1+\lambda\sigma)\int\frac{\mathrm{d}^2\eta}{\pi}\exp\left[\frac{\lambda|\eta|^2}{2}(1+\lambda\sigma)\right]|(1+\lambda\sigma)\eta\rangle\langle\eta|\int\frac{\mathrm{d}^2\xi}{\pi}|\xi\rangle\langle\xi|\exp\left[\frac{\sigma|\xi|^2}{2(1+\lambda\sigma)}\right] \\
&= \frac{(1+\lambda\sigma)}{2}\int\frac{\mathrm{d}^2\eta\mathrm{d}^2\xi}{\pi^2}:\exp\left\{-\left[\frac{(1+\lambda\sigma)^2-\lambda(1+\lambda\sigma)}{2}\right]|\eta|^2+\eta(1+\lambda\sigma)a_1^\dagger\right. \\
&\quad \left.-\eta^*(1+\lambda\sigma)a_2^\dagger+a_1^\dagger a_2^\dagger+\frac{\eta^*\xi-\eta\xi^*}{2}-a_1^\dagger a_1-a_2^\dagger a_2-\left[\frac{(1+\lambda\sigma)-\sigma}{2(1+\lambda\sigma)}\right]|\xi|^2\right. \\
&\quad \left.+\xi^*a_1+\xi a_2-a_1a_2\right\}:
\end{aligned}
$$

$$= \frac{1}{1+\lambda\sigma-\lambda} \int \frac{\mathrm{d}^2\xi}{\pi} : \exp\left\{ \frac{2}{(1+\lambda\sigma)^2 - \lambda(1+\lambda\sigma)} \left[(1+\lambda\sigma)a_1^\dagger - \frac{\xi^*}{2} \right] \right.$$
$$\times \left[\frac{\xi}{2} - (1+\lambda\sigma)a_2^\dagger \right] + a_1^\dagger a_2^\dagger - a_1^\dagger a_1 - a_2^\dagger a_2 - \left[\frac{(1+\lambda\sigma) - \sigma}{2(1+\lambda\sigma)} \right] |\xi|^2$$
$$+ \xi^* a_1 + \xi a_2 - a_1 a_2 \bigg\} :$$

$$= \frac{1}{1+\lambda\sigma-\lambda} \int \frac{\mathrm{d}^2\xi}{\pi} : \exp\left\{ -\frac{(1+\lambda\sigma-\sigma)(1+\lambda\sigma-\lambda)+1}{2[(1+\lambda\sigma)^2 - \lambda(1+\lambda\sigma)]} |\xi|^2 \right.$$
$$+ \xi\left(a_2 + \frac{1}{1+\lambda\sigma-\lambda} a_1^\dagger \right) + \xi^*\left(a_1 + \frac{1}{1+\lambda\sigma-\lambda} a_2^\dagger \right)$$
$$- \frac{2(1+\lambda\sigma)}{1+\lambda\sigma-\lambda} a_1^\dagger a_2^\dagger + a_1^\dagger a_2^\dagger - a_1^\dagger a_1 - a_2^\dagger a_2 - a_1 a_2 \bigg\} :$$

$$= \frac{2(1+\lambda\sigma)}{(1+\lambda\sigma-\sigma)(1+\lambda\sigma-\lambda)+1} : \exp\left\{ \frac{2[(1+\lambda\sigma)^2 - \lambda(1+\lambda\sigma)]}{(1+\lambda\sigma-\sigma)(1+\lambda\sigma-\lambda)+1} \right.$$
$$\times \left(a_2 + \frac{1}{1+\lambda\sigma-\lambda} a_1^\dagger \right)\left(a_1 + \frac{1}{1+\lambda\sigma-\lambda} a_2^\dagger \right)$$
$$- \frac{2(1+\lambda\sigma)}{1+\lambda\sigma-\lambda} a_1^\dagger a_2^\dagger + a_1^\dagger a_2^\dagger - a_1^\dagger a_1 - a_2^\dagger a_2 - a_1 a_2 \bigg\} :, \tag{10.127}$$

进一步化简，可得

$$\frac{2(1+\lambda\sigma)}{1-[\sigma-(1+\lambda\sigma)][(1+\lambda\sigma)-\lambda]} : \exp\left\{ a_1^\dagger a_2^\dagger - a_1^\dagger a_1 - a_2^\dagger a_2 - a_1 a_2 - \frac{2(1+\lambda\sigma)}{(1+\lambda\sigma)-\lambda} a_1^\dagger a_2^\dagger \right.$$
$$+ \frac{2(1+\lambda\sigma)[(1+\lambda\sigma)-\lambda]}{1-[\sigma-(1+\lambda\sigma)][(1+\lambda\sigma)-\lambda]} \left[\frac{a_1^\dagger}{(1+\lambda\sigma)-\lambda} + a_2 \right]\left[\frac{a_2^\dagger}{(1+\lambda\sigma)-\lambda} + a_1 \right] \bigg\} :$$

$$= \frac{2}{\lambda\sigma-\lambda-\sigma+2} : \exp\left[\frac{-\lambda\sigma+\lambda+\sigma}{\lambda\sigma-\lambda-\sigma+2}(a_2^\dagger a_2 + a_1^\dagger a_1) \right.$$
$$+ \frac{\lambda\sigma-\lambda+\sigma}{\lambda\sigma-\lambda-\sigma+2} a_1 a_2 + \frac{-\lambda\sigma-\lambda+\sigma}{\lambda\sigma-\lambda-\sigma+2} a_2^\dagger a_1^\dagger \bigg] : \tag{10.128}$$

12. 由纠缠态表象，可证明如下：

$$\exp(fJ_+) = \int \frac{\mathrm{d}^2\eta}{\pi} \exp\left[\frac{f}{2}\left(a_1 - a_2^\dagger \right)\left(a_1^\dagger - a_2 \right) \right] |\eta\rangle\langle\eta|$$

$$= \frac{2}{2-f} : \exp\left[\frac{f}{2-f}\left(a_1^\dagger - a_2\right)\left(a_1 - a_2^\dagger\right)\right] :$$

$$= \frac{2}{2-f} \exp\left(\frac{f}{f-2} a_1^\dagger a_2^\dagger\right) \exp\left[(a_1^\dagger a_1 + a_2^\dagger a_2)\ln\frac{2}{2-f}\right] \exp\left(\frac{f}{f-2} a_1 a_2\right), \tag{10.129}$$

$$\exp(gJ_-) = \int \frac{\mathrm{d}^2\xi}{\pi} \exp\left[\frac{g}{2}\left(a_1 + a_2^\dagger\right)\left(a_1^\dagger + a_2\right)\right] |\xi\rangle\langle\xi|$$

$$= \frac{2}{2-g} : \exp\left[\frac{g}{2-g}\left(a_1 + a_2^\dagger\right)\left(a_1^\dagger + a_2\right)\right] :$$

$$= \frac{2}{2-g} \exp\left(\frac{g}{2-g} a_1^\dagger a_2^\dagger\right) \exp\left[(a_1^\dagger a_1 + a_2^\dagger a_2)\ln\frac{2}{2-g}\right] \exp\left(\frac{g}{2-g} a_1 a_2\right). \tag{10.130}$$

13. 角动量算符的平方 J^2 可以展开:

$$J^2 = J_z^2 + J_z + J_-J_+ = \frac{1}{2}\left(a_1^\dagger a_1 + a_2^\dagger a_2\right)\left[\frac{1}{2}\left(a_1^\dagger a_1 + a_2^\dagger a_2\right) + 1\right]. \tag{10.131}$$

不难看出其满足以下对易关系:

$$\left[J^2, J_-\right] = 0, \quad \left[J^2, J_+\right] = 0, \quad \left[J^2, J_z\right] = 0. \tag{10.132}$$

假设 J^2 与 J_- 满足本征方程

$$J^2 |j,r\rangle = j^2 |j,r\rangle, \quad J_- |j,r\rangle = r |j,r\rangle. \tag{10.133}$$

因为在双模纠缠态表象

$$|\eta\rangle = \exp\left(-\frac{1}{2}|\eta|^2 + \eta a_1^\dagger - \eta^* a_2^\dagger + a_1^\dagger a_2^\dagger\right)|00\rangle \quad (\eta = \eta_1 + \mathrm{i}\eta_2) \tag{10.134}$$

中, 关系

$$\left(a_1^\dagger a_1 - a_2^\dagger a_2\right)|\eta\rangle = \left(\eta a_1^\dagger + \eta^* a_2\right)|\eta\rangle$$

$$= |\eta|\left(\mathrm{e}^{\mathrm{i}\varphi} a_1^\dagger + \mathrm{e}^{-\mathrm{i}\varphi} a_2^\dagger\right)|\eta\rangle = -\mathrm{i}\frac{\partial}{\partial\varphi}|\eta\rangle \tag{10.135}$$

成立, 所以我们构造 $|j,r\rangle$ 的形式为

$$|j,r\rangle = \frac{\sqrt{j!}}{2\pi\mathrm{i}} \oint_{|\eta|=1} \mathrm{d}\eta \frac{|\eta\rangle}{\eta^{n+1}}. \tag{10.136}$$

将式 (10.134) 进一步变形为

$$\begin{aligned} |\eta\rangle &= \mathrm{e}^{-\frac{1}{2}|\eta|^2} \sum_{m,n=0}^{+\infty} \frac{\left(\mathrm{i}a_1^\dagger\right)^m \left(\mathrm{i}a_2^\dagger\right)^n}{m!n!} \mathrm{H}_{m,n}(-\mathrm{i}\eta,\mathrm{i}\eta^*)|00\rangle \\ &= \mathrm{e}^{-\frac{1}{2}|\eta|^2} \sum_{m,n'=0}^{+\infty} \frac{(-1)^n}{\sqrt{m!n'!}} \mathrm{H}_{m,n'}(r,r) \left(\mathrm{e}^{\mathrm{i}\varphi}\right)^{m-n'} |m,n'\rangle. \end{aligned} \tag{10.137}$$

然后, 将式 (10.137) 代入式 (10.136), 得

$$\begin{aligned} |j,r\rangle &= \frac{1}{2\pi\mathrm{i}} \oint_{|\eta|=1} \mathrm{d}\eta \frac{1}{\eta^{n+1}} \sum_{m,n=0}^{+\infty} \frac{\left(\mathrm{i}a_1^\dagger\right)^m \left(\mathrm{i}a_2^\dagger\right)^n}{m!n!} \mathrm{H}_{m,n}(-\mathrm{i}\eta,\mathrm{i}\eta^*)|00\rangle \\ &= \frac{1}{2\pi} \oint_C \mathrm{d}\varphi \frac{1}{\mathrm{e}^{\mathrm{i}\varphi n}} \sum_{m,n'=0}^{+\infty} \frac{1}{\sqrt{m!n!}} (-1)^n \mathrm{H}_{m,n'}(r,r) \left(\mathrm{e}^{\mathrm{i}\varphi}\right)^{m-n'} |m,n'\rangle \\ &= \sum_{m,n'=0}^{+\infty} \frac{1}{\sqrt{m!n!}} (-1)^n \mathrm{H}_{m,n}(r,r) \delta(m-n'-n) |m,n'\rangle \\ &= \sum_{m,n'=0}^{+\infty} (-1)^n \frac{1}{\sqrt{(n'+n)!n!}} \mathrm{H}_{n'+n,n}(r,r) |n'+n,m\rangle. \end{aligned} \tag{10.138}$$

14. 用二维谐振子的湮灭算符和产生算符来表示角动量算符, 其形式为

$$J_x = \frac{1}{2}\left(a^\dagger b + b^\dagger a\right), \quad J_y = \frac{1}{2\mathrm{i}}\left(a^\dagger b - b^\dagger a\right), \quad J_z = \frac{1}{2}\left(a^\dagger a - b^\dagger b\right), \tag{10.139}$$

其中 $b, b^\dagger$ 分别是第二个模的谐振子的湮灭算符和产生算符, 满足 $[b,b^\dagger] = 1, [a,b^\dagger] = 0, [a,b] = 0$. 容易证明 J_y 有以下性质:

$$[J_y, a^\dagger] = \frac{\mathrm{i}}{2} b^\dagger, \quad [J_y, b^\dagger] = -\frac{\mathrm{i}}{2} a^\dagger, \quad \mathrm{e}^{-\mathrm{i}J_y\theta}|00\rangle = |00\rangle. \tag{10.140}$$

由此给出关系:

$$\frac{\partial}{\partial\theta}\left(\mathrm{e}^{-\mathrm{i}J_y\theta} a^\dagger \mathrm{e}^{\mathrm{i}J_y\theta}\right) = -\mathrm{i}\mathrm{e}^{-\mathrm{i}J_y\theta}\left[J_y, a^\dagger\right]\mathrm{e}^{\mathrm{i}J_y\theta} = \frac{1}{2}\mathrm{e}^{-\mathrm{i}J_y\theta} b^\dagger \mathrm{e}^{\mathrm{i}J_y\theta}, \tag{10.141}$$

$$\frac{\partial}{\partial \theta}\left(\mathrm{e}^{-\mathrm{i}J_y\theta} b^\dagger \mathrm{e}^{\mathrm{i}J_y\theta}\right) = -\mathrm{i}\mathrm{e}^{-\mathrm{i}J_y\theta}\left[J_y, b^\dagger\right]\mathrm{e}^{\mathrm{i}J_y\theta} = -\frac{1}{2}\mathrm{e}^{-\mathrm{i}J_y\theta} a^\dagger \mathrm{e}^{\mathrm{i}J_y\theta}. \tag{10.142}$$

方程 (10.141) 和 (10.142) 的解分别为

$$\mathrm{e}^{-\mathrm{i}J_y\theta} a^\dagger \mathrm{e}^{\mathrm{i}J_y\theta} = a^\dagger \cos\frac{\theta}{2} + b^\dagger \sin\frac{\theta}{2}, \tag{10.143}$$

$$\mathrm{e}^{-\mathrm{i}J_y\theta} b^\dagger \mathrm{e}^{\mathrm{i}J_y\theta} = b^\dagger \cos\frac{\theta}{2} - a^\dagger \sin\frac{\theta}{2}. \tag{10.144}$$

记双模谐振子的相干态为 $|z_1 z_2\rangle = |z_1\rangle_a |z_2\rangle_b$,

$$|z_1 z_2\rangle = \mathrm{e}^{-\frac{1}{2}\left(|z_1|^2 + |z_2|^2\right) + z_1 a^\dagger + z_2 b^\dagger}|00\rangle, \tag{10.145}$$

其过完备关系为

$$\int \frac{\mathrm{d}^2 z_1 \mathrm{d}^2 z_2}{\pi^2} |z_1 z_2\rangle \langle z_1 z_2| = 1, \tag{10.146}$$

则其相应的真空态满足

$$|00\rangle\langle 00| =: \mathrm{e}^{-a^\dagger a - b^\dagger b}:, \quad a|00\rangle = b|00\rangle = 0. \tag{10.147}$$

利用双模谐振子的上述关系, 可以把转动算符 $\mathrm{e}^{-\mathrm{i}J_y\theta}$ 表示成

$$\begin{aligned}
&\mathrm{e}^{-\mathrm{i}J_y\theta} \\
&= \int \frac{\mathrm{d}^2 z_1 \mathrm{d}^2 z_2}{\pi^2} \mathrm{e}^{-\mathrm{i}J_y\theta}|z_1 z_2\rangle\langle z_1 z_2| \\
&= \int \frac{\mathrm{d}^2 z_1 \mathrm{d}^2 z_2}{\pi^2} : \mathrm{e}^{-|z_1|^2 - |z_2|^2 + z_1\left(a^\dagger \cos\frac{\theta}{2} + b^\dagger \sin\frac{\theta}{2}\right) + z_2\left(b^\dagger \cos\frac{\theta}{2} - a^\dagger \sin\frac{\theta}{2}\right) + z_1^* a + z_2^* b - a^\dagger a - b^\dagger b} : \\
&=: \mathrm{e}^{\left(\cos\frac{\theta}{2} - 1\right)\left(a^\dagger a + b^\dagger b\right) + \sin\frac{\theta}{2}\left(b^\dagger a - a^\dagger b\right)} :,
\end{aligned} \tag{10.148}$$

或者写成矩阵形式

$$\mathrm{e}^{-\mathrm{i}J_y\theta} =: \exp\left[\left(a^\dagger, b^\dagger\right)\begin{pmatrix} \cos\frac{\theta}{2} - 1 & -\sin\frac{\theta}{2} \\ \sin\frac{\theta}{2} & \cos\frac{\theta}{2} - 1 \end{pmatrix}\begin{pmatrix} a \\ b \end{pmatrix}\right] :, \tag{10.149}$$

此即转动算符 $\mathrm{e}^{-\mathrm{i}J_y\theta}$ 的正规乘积形式.

15. 由式 (10.148) 给出 $\mathrm{e}^{-\mathrm{i}J_y\theta}$ 的相干态矩阵元

$$\langle z_1' z_2' | \mathrm{e}^{-\mathrm{i}J_y\theta} | z_1 z_2 \rangle = \mathrm{e}^{\cos\frac{\theta}{2}\left(z_1'^* z_1 + z_2'^* z_2\right) + \sin\frac{\theta}{2}\left(z_2'^* z_1 - z_1'^* z_2\right) - \frac{1}{2}\left(|z_1|^2 + |z_2|^2 + |z_1'|^2 + |z_2'|^2\right)}, \tag{10.150}$$

其中利用了相干态的内积性质. 它与相干态 $\langle z_1 z_2|$ 的内积为

$$\langle z_1 z_2 | jm \rangle = \mathrm{e}^{-\frac{1}{2}\left(|z_1|^2 + |z_2|^2\right)} \frac{z_1^{*j+m} z_2^{*j-m}}{\sqrt{(j+m)!(j-m)!}}. \tag{10.151}$$

利用双模相干态的特性, 可得

$$\begin{aligned}
d^j_{m'm} &= \int \frac{\mathrm{d}^2 z_1 \mathrm{d}^2 z_2 \mathrm{d}^2 z_1' \mathrm{d}^2 z_2'}{\pi^4} \langle jm' | z_1' z_2' \rangle \langle z_1' z_2' | \mathrm{e}^{-\mathrm{i}J_y\theta} | z_1 z_2 \rangle \langle z_1 z_2 | jm \rangle \\
&= \int \frac{\mathrm{d}^2 z_1 \mathrm{d}^2 z_2 \mathrm{d}^2 z_1' \mathrm{d}^2 z_2'}{\pi^4} \mathrm{e}^{-|z_1|^2 - |z_2|^2 - |z_1'|^2 - |z_2'|^2 + \cos\frac{\theta}{2}\left(z_1'^* z_1 + z_2'^* z_2\right) + \sin\frac{\theta}{2}\left(z_2'^* z_1 - z_1'^* z_2\right)} \\
&\quad \times z_1'^{j+m'} z_2'^{j-m'} z_1^{*j+m} z_2^{*j-m} \left[(j+m')!(j-m')!(j+m)!(j-m)!\right]^{-1/2} \\
&= \sum_{l=0} \frac{(-1)^l \sqrt{(j+m')!(j-m')!(j+m)!(j-m)!}}{l!(j+m'-l)!(j-m-l)!(m-m'+l)!} \\
&\quad \times \cos^{2l+m'-m-2l}\frac{\theta}{2} \sin^{2l+m-m'}\frac{\theta}{2},
\end{aligned} \tag{10.152}$$

其中利用了以下数学公式:

$$\int \frac{\mathrm{d}^2 z}{\pi} f(z^*) \mathrm{e}^{\lambda |z|^2 + cz} = -\frac{1}{\lambda} f\left(-\frac{c}{\lambda}\right) \quad (\mathrm{Re}\,\lambda < 0), \tag{10.153}$$

$$\int \frac{\mathrm{d}^2 z}{\pi} z^m z^{*n} \mathrm{e}^{\lambda |z|^2} = \delta_{mn} m! (-1)^{m+1} \left(\frac{1}{\lambda}\right)^{m+1} \quad (\mathrm{Re}\,\lambda < 0). \tag{10.154}$$

16. 仿照第 14 题的做法, 转动矩阵的正规乘积形式为

$$\mathrm{e}^{-\mathrm{i}\alpha J_x} \mathrm{e}^{-\mathrm{i}\theta J_y} \mathrm{e}^{-\mathrm{i}\gamma J_z}$$

$$=: \exp\left[\left(a^\dagger, b^\dagger\right) \begin{pmatrix} \mathrm{e}^{-\frac{1}{2}(\alpha+\gamma)} \cos\frac{\theta}{2} - 1 & -\mathrm{e}^{-\frac{1}{2}(\alpha-\gamma)} \sin\frac{\theta}{2} \\ \mathrm{e}^{\frac{1}{2}(\alpha-\gamma)} \sin\frac{\theta}{2} & \mathrm{e}^{\frac{1}{2}(\alpha+\gamma)} \cos\frac{\theta}{2} - 1 \end{pmatrix} \begin{pmatrix} a \\ b \end{pmatrix}\right] : . \tag{10.155}$$

点评 作为特例, 当把 θ 换为 2θ, 并取 $\alpha = -\gamma = -\varphi$ 时, 式 (10.155) 变为

$$e^{i\varphi J_x} e^{-i2\theta J_y} e^{i\varphi J_z} =: \exp\left[\begin{pmatrix} a^\dagger, b^\dagger \end{pmatrix} M \begin{pmatrix} a \\ b \end{pmatrix}\right]: \equiv R, \tag{10.156}$$

其中

$$M \equiv \begin{pmatrix} \cos\theta - 1 & -e^{i\varphi}\sin\theta \\ e^{-i\varphi}\sin\theta & \cos\theta - 1 \end{pmatrix}. \tag{10.157}$$

这个算符可以用来描述入射光模 a_i 经过一个光分束器后变为出射光模 a_i' 的过程, 且有

$$a_i^{\dagger\prime} = \sum_k M_{ik} a_k^\dagger. \tag{10.158}$$

附录　一些常用公式

1.
$$\frac{2}{\pi\sqrt{i}} \int_0^{+\infty} \exp\left(\frac{it^2}{\pi}\right) \cos(2\sqrt{n}t)\mathrm{d}t = \mathrm{e}^{-i\pi n}. \tag{1}$$

2.
$$\int \frac{\mathrm{d}^2 z}{\pi} \exp\left(\zeta|z|^2 + \xi z + \eta z^* + fz^2 + gz^{*2}\right)$$
$$= \frac{1}{\sqrt{\zeta^2 - 4fg}} \exp\left(\frac{-\zeta\xi\eta + \xi^2 g + \eta^2 f}{\zeta^2 - 4fg}\right), \tag{2}$$

收敛条件为
$$\mathrm{Re}(\xi + f + g) < 0, \quad \mathrm{Re}\left(\frac{\zeta^2 - 4fg}{\xi + f + g}\right) < 0,$$

或者
$$\mathrm{Re}(\xi - f - g) < 0, \quad \mathrm{Re}\left(\frac{\zeta^2 - 4fg}{\xi - f - g}\right) < 0.$$

3.
$$\int \frac{\mathrm{d}^2 z}{\pi} \exp\left(\zeta|z|^2 + \xi z + \eta z^*\right) = -\frac{1}{\zeta} \exp\left(-\frac{\xi\eta}{\zeta}\right), \tag{3}$$

收敛条件为 $\mathrm{Re}\,\zeta < 0$.

4.
$$\int_{-\infty}^{+\infty} \exp\left(-\alpha x^2 + \beta x\right) \mathrm{d}x = \sqrt{\frac{\pi}{\alpha}} \exp\left(\frac{\beta^2}{4\alpha}\right) \quad (\mathrm{Re}\,\alpha > 0), \tag{4}$$

5. 双变量厄米多项式的积分形式
$$H_{m,n}(\xi, \eta) = (-1)^n \mathrm{e}^{\xi\eta} \int \frac{\mathrm{d}^2 z}{\pi} z^n z^{*m} \exp\left(-|z|^2 + \xi z - \eta z^*\right). \tag{5}$$

6. 双变量厄米多项式的微分形式

$$\mathrm{H}_{m,n}(x,y) = \frac{\partial^{m+n}}{\partial t^m \partial t'^n} \exp\left(-tt' + tx + t'y\right)\bigg|_{t=t'=0}. \tag{6}$$

7. 单变量厄米多项式的母函数

$$\sum_{n=0}^{+\infty} \frac{\mathrm{H}_n(x)}{n!} t^n = \exp\left(2xt - t^2\right), \tag{7}$$

其微分形式为

$$\frac{\partial^k}{\partial t^k} \exp\left(2xt - t^2\right) = \sum_{n=k}^{+\infty} \frac{t^{n-k}}{(n-k)!} \mathrm{H}_n(x). \tag{8}$$

8. 拉盖尔多项式

$$\mathrm{L}_n^\mu(x) = \sum_{l=0}^n \frac{(n+\mu)!}{(n-l)!(\mu+l)!} \frac{(-x)^l}{l!}. \tag{9}$$

9. 厄米多项式与拉盖尔多项式的关系

$$\begin{aligned}
\mathrm{H}_{m,n}(\xi,\kappa) &= \sum_{l=0}^{\min(m,n)} \frac{m!n!(-1)^l}{(n-l)!(m-l)!} \frac{\xi^{m-l}\kappa^{n-l}}{l!} \\
&= (-1)^n \xi^{m-n} \sum_{l=0}^n \frac{m!n!}{l!(m-l)!} \frac{(-\xi\kappa)^{n-l}}{(n-l)!} \\
&= n!(-1)^n \xi^{m-n} \sum_{k=0}^n \frac{m!}{(n-k)!(m-n+k)!} \frac{(-\xi\kappa)^k}{k!}, \\
&= n!(-1)^n \xi^{m-n} \mathrm{L}_n^{m-n}(\xi\kappa),
\end{aligned} \tag{10}$$

因此

$$\mathrm{H}_{m,n}(\xi,\kappa) = \begin{cases} n!(-1)^n \xi^{m-n} \mathrm{L}_n^{m-n}(\xi\kappa), & m > n, \\ m!(-1)^m \kappa^{n-m} \mathrm{L}_m^{n-m}(\xi\kappa), & m < n. \end{cases} \tag{11}$$

10. 积分公式

$$\int \frac{\mathrm{d}^2 z_1}{\pi} \exp\left(-|z_1|^2 + \tau z_1\right) f(z_1^*) = f(\tau). \tag{12}$$

11. 相干态的内积

$$\langle z | z' \rangle = \exp\left(-\frac{1}{2}|z|^2 - \frac{1}{2}|z'|^2 + z^* z'\right). \tag{13}$$

12. 平移算符的乘积

$$D(z)D(\alpha) = D(z+\alpha)\exp\left[\frac{1}{2}(z\alpha^* - z^*\alpha)\right]. \tag{14}$$

13. 双变量厄米多项式的微分公式

$$\frac{\partial}{\partial \xi} H_{m,n}(\xi,\xi^*) = m H_{m-1,n}(\xi,\xi^*), \tag{15}$$

$$\frac{\partial}{\partial \xi^*} H_{m,n}(\xi,\xi^*) = n H_{m,n-1}(\xi,\xi^*), \tag{16}$$

$$\frac{\partial^{l+k}}{\partial \xi^l \partial \xi^{*k}} H_{m,n}(\xi,\xi^*) = \frac{m!n!}{(m-l)!(n-k)!} H_{m-l,n-k}(\xi,\xi^*). \tag{17}$$

14. 在 $[A,B] = \tau B$ 条件下，e 指数算符的分解公式

$$e^{\lambda(A+\sigma B)} = e^{\lambda A}\exp\left[\frac{\sigma B(1-e^{-\lambda\tau})}{\tau}\right] = \exp\left[\frac{\sigma B(e^{\lambda\tau}-1)}{\tau}\right]e^{\lambda A}. \tag{18}$$

15.

$$\exp\left[-\lambda\left(a^\dagger - \frac{\nu}{\lambda}\right)\left(a - \frac{\mu}{\lambda}\right)\right] = :\exp\left[-(1-e^{-\lambda})\left(a^\dagger - \frac{\nu}{\lambda}\right)\left(a - \frac{\mu}{\lambda}\right)\right]:. \tag{19}$$

16. su(1,1) 李代数

$$[K_-, K_+] = 2K_0, \quad [K_0, K_\pm] = \pm K_\pm, \tag{20}$$

$$\exp(\xi K_+ - \xi^* K_-) = \exp(\xi K_+)\exp[K_0 \ln(1-|\xi|^2)]\exp(-\xi^* K_-). \tag{21}$$

17. 博戈柳博夫 (Bogolyubov) 变换

$$e^A B e^{-A} = B + [A,B] + \frac{1}{2!}[A,[A,B]] + \frac{1}{3!}[A,[A,[A,B]]] + \cdots. \tag{22}$$

18. 贝克–豪斯多夫定理: 如果 $[A,[A,B]] = [B,[A,B]] = 0$，那么

$$e^{A+B} = e^A e^B e^{-[A,B]/2} = e^B e^A e^{[A,B]/2}, \tag{23}$$

$$e^A e^B = e^B e^A e^{[A,B]}. \tag{24}$$

19.
$$\int \frac{\mathrm{d}^2 z}{\pi} \exp\left(-|z|^2 + \tau z\right) f(z^*) = f(\tau), \tag{25}$$

$$\int \frac{\mathrm{d}^2 z}{\pi} z^{*n} z^k \exp\left(\varsigma |z|^2\right) = \delta_{nk}(-1)^{k+1} \varsigma^{-(k+1)} k!. \tag{26}$$

结　语

破题与解题的各种训练对于发现与提出科学问题也是十分有用的. 例如, 分析光学图像相当于破题, 用傅里叶变换处理就相当于搋破法, 因为傅里叶变换是用平面波展开, 而平面波是长波. 如果改用分破法, 那就相当于对光学图像作小波变换, 这也许是20世纪七八十年代人们发明小波变换的动机吧. 希望读者能在研读这本书的基础上自己提出新的题目, 作出科学发现.

构思全新的习题本身是大脑的一种创新活动. 这些问题不但产生于人们的研究过程, 也会"冒尖"于有进取心的教师授课中, 因为上课会迫使教师再思考已经相当熟悉的问题. 有才能的人能从不起眼的地方找出一些有意义的问题来, 并把这种多重的感知用艺术手段表现出来; 有才能的人也注重解物理题的多种方法, 与解数学题不同的是, 解物理题不拘泥于找到捷径, 因为不同的物理方法体现不同的物理思想, 而它们对于寻找物理原理都不可忽视. 一个典型的例子是量子力学中海森伯方程与薛定谔方程是等价的理论, 尽管它们采用的数学形式不同. 另一个例子是牛顿力学必须发展为哈密顿形式, 这是物理思想的一个飞跃.

好的物理问题有时可以开拓一个崭新的研究方向, 就像铸造一个大钟那样, "试看脱胎成器后, 一声敲下满天霜".

让我们在解物理题时多下工夫, 心存目想, 神领意造, 使物理图像了然在目, 则可默从神会, 欣然题解, 是谓活笔.